"十二五"职业教育国家规划教
经全国职业教育教材审定委员会审

工业和信息化人才培养规划教材　高职高专计算机系列

Oracle 数据库管理与应用实例教程（第 2 版）

Database Management and
Application of Oracle

刘志成 冯向科 ◎ 主编

陈维克 ◎ 副主编

人民邮电出版社

北 京

图书在版编目（CIP）数据

Oracle数据库管理与应用实例教程 / 刘志成，冯向科主编. -- 2版. -- 北京：人民邮电出版社，2015.1
工业和信息化人才培养规划教材. 高职高专计算机系列
ISBN 978-7-115-34828-9

Ⅰ. ①O… Ⅱ. ①刘… ②冯… Ⅲ. ①关系数据库系统—高等职业教育—教材 Ⅳ. ①TP311.138

中国版本图书馆CIP数据核字(2014)第137064号

内 容 提 要

本书全面、翔实地介绍了应用 Oracle 11g 数据库管理系统进行数据库管理的各种操作以及数据库程序开发所需的各种知识和技能。主要内容包括：案例数据库设计、初识 Oracle 11g、数据库操作、数据表操作、查询操作、视图和索引操作、存储过程操作、游标、事务和锁、触发器操作、数据库安全操作、数据库管理操作和 Oracle 数据库程序开发。

作者在多年的数据库应用与教学经验的基础上，根据软件行业程序员和数据库管理员的岗位能力要求以及学生的认知规律，精心组织编写了本书内容。全书通过一个实际的"eBuy 电子商城"数据库的管理和应用，以案例的形式介绍 Oracle 11g 的管理和开发技术，适合"理论实践一体化"的教学方法，将知识讲解和技能训练有机结合，融"教、学、做"于一体。同时提供教材中数据库的完整脚本和配套电子课件。

本书可作为高职高专软件技术、网络技术、信息管理和电子商务等专业的教材，也可作为计算机培训班的教材及 Oracle 11g 数据库自学者的参考书。

- ♦ 主　　编　刘志成　冯向科
  - 副 主 编　陈维克
  - 责任编辑　王　威
  - 责任印制　杨林杰
- ♦ 人民邮电出版社出版发行　　北京市丰台区成寿寺路 11 号
  - 邮编　100164　电子邮件　315@ptpress.com.cn
  - 网址　http://www.ptpress.com.cn
  - 北京九州迅驰传媒文化有限公司印刷
- ♦ 开本：787×1092　1/16
  - 印张：20.5　　　　　　　　　　2015 年 1 月第 2 版
  - 字数：525 千字　　　　　　　　2024 年 8 月北京第 17 次印刷

定价：49.80 元

读者服务热线：**(010)81055256**　印装质量热线：**(010)81055316**
反盗版热线：**(010)81055315**

前　言

本书是国家示范性建设院校重点建设专业（软件技术专业）的特色教材，是创新教学方法、强化操作技能的实验教材。

作为 Oracle 公司最近 30 年来推出的最重要的 Oracle 版本，Oracle 11g 大大地提高了系统的性能和安全性。它一如既往地秉承了前期 Oracle 版本的优点，在与最新 Internet 技术衔接方面做得更好，为企业开发分布式、海量数据存取和高可靠性应用系统提供了完美的支持。Oracle 已经成为大型数据库管理的首选产品。

本书是作者在总结了多年基于 Oracle 的开发实践与教学经验的基础上编写的。全书围绕一个实际的项目（eBuy 电子商城），从数据库物理设计、Oracle 数据库管理和 Oracle 数据库应用这 3 个层次全面、翔实地介绍了 Oracle 11g 数据库管理系统的各种知识和技术。本书内容以 PL/SQL 语句操作方式为重点，兼顾 OEM 和 SQL Developer 图形管理方式。本书作为"项目驱动、案例教学、理论实践一体化"教学方法的载体，主要有以下特色。

（1）准确的课程定位。根据软件企业对 Oracle 数据库管理技术的应用现状，将课程目标定位为培养掌握 Oracle 数据库管理技术的 DBA 和基于 Oracle 进行数据库程序开发的程序员。该课程在软件技术专业 Java 方向的课程体系中的位置如图 1 所示。

（2）层次化的知识结构。按照软件开发的实际过程，遵循学生的认知规律，设定了"数据库设计"、"数据库管理"和"数据库应用"层次递进的知识模块，如图 2 所示。

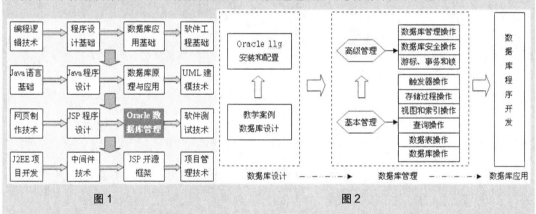

图1　　　　　　　　　　　　图2

（3）完整的案例教学。围绕实用项目，针对重点和难点精心设计了 52 个完整的典型案例。每个案例的讲解都按照"案例学习目标"→"案例知识要点"→"案例完成步骤"这些环节详细展开。

本书由刘志成和冯向科任主编，陈维克任副主编，彭勇、陈承欢、林东升、谢树新、杨茜玲、翁健红、刘荣胜、左振宇、胡亮参与了部分章节的编写工作。

本书适合作为高职高专计算机类专业的教材，也可以作为培训教材使用。由于编者水平有限，书中难免存在疏漏之处，欢迎广大读者提出宝贵的意见和建议。

编　者
2014 年 1 月

目 录 CONTENTS

第 5 章　查询操作　102

第 6 章　视图和索引操作　132

第 7 章　存储过程操作　158

## PART 1

第 1 章
案例数据库设计

【学习目标】

本章将向读者介绍"Oracle 数据库管理与应用"课程面向的职业岗位和课程定位，并详细介绍本书所用的案例系统——eBuy 电子商城的数据库设计和 BookData 图书管理系统的数据库设计。本章的学习要点主要包括：

（1）数据库管理员职业岗位分析；

（2）"Oracle 数据库管理与应用"课程定位；

（3）eBuy 电子商城系统数据库设计；

（4）BookData 图书管理系统数据库设计。

【学习导航】

本章内容是介绍性的，并假定面向实际应用系统，经历了数据库设计的需求分析、概念设计和逻辑设计阶段，只需要选择合适的 DBMS，完成数据库的物理设计和实现，然后在数据库物理实现基础上对 eBuy 数据库或 BookData 数据库进行管理和应用程序开发。本章内容在 Oracle 数据库系统管理与应用中的位置如图 1-1 所示。

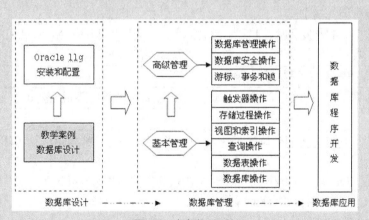

图 1-1　本章学习导航

1.1 职业岗位需求分析

通过对前程无忧、中华英才、智联招聘、博天人才网等专业招聘网站中的上万份招聘信息和几十个与软件开发、数据库应用系统开发及网站开发相关的职业岗位的调查分析，我们对Oracle 数据库管理和开发人才需求情况有了一定的了解，下面我们浏览几则具有代表性的招聘信息。

（1）数据库管理员的招聘信息。

招聘职位：数据库管理员（DBA）	招聘单位：上海 A 信息技术有限公司
基本要求	
具有两年以上数据库管理员工作经历	
具有数据仓库项目开发经验，有数据仓库项目的 DBA 工作经验者优先	
精通数据库技术，精通 InforMix、DB2、Oracle、Sybase 等主流数据库，能做模型设计者优先	
非常熟悉 SQL 的设计和开发（包括表设计和优化，复杂查询语句的调试和优化）	
熟悉银行的业务系统和数据结构，了解银行业务知识，精通银行业务者优先	
积极进取，善于沟通，能及时高质地完成自己的任务	
团队合作精神，积极的工作态度和较强的责任心，良好的沟通和学习能力	

（2）管理软件开发人员的招聘信息。

招聘职位：管理软件开发人员	招聘单位：北京 B 科技有限公司
基本要求	
精通 Oracle、SQL Server 2005、PL/SQL、T-SQL、存储过程和触发器、SQL 优化及数据库管理，能够快速解决数据库的故障	
熟悉数据库理论及开发技术，精通数据库建模，熟悉常用数据库建模工具，熟悉 VC、VB 等开发工具，熟悉 Windows 平台下的程序开发	
熟悉软件开发流程，能熟练进行系统的概要设计和详细设计，有良好的编程风格和文档习惯	
熟悉数据库各种调优技术	
有 2 年以上数据库的开发经验，熟悉 C#开发语言，有数据库开发经验者优先	
踏实、敬业，具有主观能动性、团队合作精神和强烈的事业心	

（3）数据库程序开发工程师的招聘信息。

招聘职位：数据库程序开发工程师	招聘单位：北京 C 科技有限责任公司
基本要求	
熟悉数据库技术，熟悉 Oracle、SQL Server 2000 或 MySQL，了解 Sqlite、PostGRE、BerkleyDB 等嵌入式数据库	
熟悉 Windows、Linux、VxWorks、Solaris 操作系统中的两种，并有过实际工程经验	
熟练使用 ADO.NET 进行数据库的操作	
精通 C#编程、ASP.NET 编程，熟悉 WinForm 开发	
较强的敬业精神，创新精神，开拓意识和团队协作能力	

（4）软件开发工程师的招聘信息。

招聘职位：软件开发工程师	招聘单位：北京 D 科技有限公司
基本要求	
能熟练使用 SQL Server 后台管理和 SQL 编程 有 SQL Server 或 Oracle 系统编程和管理经验者优先，有开发数据库管理系统经验者优先 熟悉 Dot Net Framework，精通 C#或 VB.NET 语言，对 ADO.NET 有深入的了解 有良好的团队合作意识、善于沟通	

（5）Java 软件开发工程师的招聘信息。

招聘职位：Java 软件开发工程师	招聘单位：北京 E 科技有限公司
基本要求	
精通 Java，具有一定的 Java 编程能力，深刻地理解面向对象编程思想 至少能够熟练使用一种 Java 编程工具，最好精通 Eclipse 及相关插件的使用 熟悉并了解 Weblogic、Tomcat 等 J2EE 中间件 熟悉 Oracle、DB2、SQL Server 等数据库 善于沟通、强烈的客户服务意识、较强的理解能力，善于学习，能够在压力下独立完成工作	

（6）网站程序员的招聘信息。

招聘职位：网站程序员	招聘单位：中山市 F 科技有限公司
基本要求	
熟悉 ASP + PHP 或 ASP + ASP.NET 两种网络编程，书写程序规范 熟悉 Access、MSSQL/MYSQL 等数据库操作 熟悉 JavaScript、Dreamweaver（CSS），有一定美工基础 主动性及自我规范能力强，团队精神良好，能吃苦耐劳，承受压力，能按时完成任务 至少已独立完成 3 个以上网站作品，有较复杂的网站后台开发经验，多网站制作经验者优先考虑	

通过对网上招聘信息的分析，总结出数据库相关职业岗位包括信息系统程序员、Web 系统程序员、数据库管理员和数据库维护员。同时，我们对软件行业的软件开发、网站开发、数据库应用系统开发与管理等职业岗位对从业人员的知识、技能和素质的基本要求有了深入的、了解。

（1）在软件开发工具、网站开发工具及编程语言方面，必须要熟练掌握以下知识或具备以下技能。

① 熟悉或精通 C#、VB.NET、Java、VB、VC 等开发工具中的一种或几种。

② 熟悉 ASP.NET、ASP、JSP 和 PHP 等网络编程技术中的一种或几种。

③ 熟悉 Windows 平台下的程序开发，了解 Linux、VxWorks、Solaris 开发平台。

④ 能熟练使用 ADO.NET 实现数据库访问的操作。

⑤ 熟悉 JavaScript、Dreamweaver（CSS）。

（2）在数据库设计、管理和程序开发方面，必须要熟练掌握以下知识或具备以下技能。

① 熟悉或精通 Access、Microsoft SQL Server、Oracle、DB2、Sybase、InforMix、MySQL 等主流数据库管理系统中的一种或几种。

② 了解 Sqlite、PostGRE、BerkleyDB 等嵌入式数据库管理系统。

③ 了解数据库理论及开发技术，了解数据库建模，熟悉常用数据库建模工具。

④ 精通 T−SQL 或 PL/SQL、存储过程和触发器、SQL 优化及数据库管理，能够快速解决

数据库的故障。

⑤ 熟悉 SQL 的设计和开发（包括表的设计和优化，以及复杂查询语句的调试和优化）。

⑥ 熟悉数据库后台管理和 SQL 编程。

（3）应具备以下基本素质和工作态度。

① 积极的工作态度和较强的责任心，良好的沟通和学习能力。

② 较好的主观能动性、团队合作精神和强烈的事业心。

③ 较强的敬业精神、创新精神、开拓意识及自我规范能力。

④ 强烈的客户服务意识、较强的理解能力，能够在压力下独立完成工作。

1.2 课程设置和课程定位分析

数据库技术是现代信息科学与技术的重要组成部分，是计算机处理数据和管理信息的基础，是数据库应用系统的核心部分。随着计算机技术与网络技术的飞速发展，数据库技术得到了广泛的应用与发展，如今各类信息系统和动态网站的开发都需要使用后台数据库，各行各业的数据大多数都是利用数据库进行存储和管理的，数据库几乎已成为信息系统和动态网站中一个不可缺少的组成部分。

目前，软件开发与动态网站开发时经常使用的数据库管理系统主要有 Access、Microsoft SQL Server、Oracle、MySQL、DB2、Sybase 和 InforMix 等，这些数据库管理系统也是企业招聘时要求掌握或了解的，其中又以 Microsoft SQL Server、Oracle、MySQL 和 Access 使用面最广、需求量最多。通过调研网上招聘的 7 224 个数据库相关岗位并进行统计分析，得出的结果如图 1-2 所示。

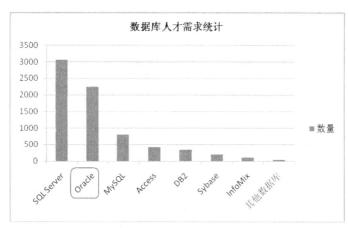

图 1-2 数据库人才需求统计

Oracle 和许多优秀的关系数据库管理系统一样，不仅可以有效地存储和管理数据，而且可以把数据库技术与 Web 技术给合在一起，为在局域网和 Internet 中共享数据奠定了基础。Oracle 11g 是甲骨文公司 Oracle 系列产品之一，也是当前应用最广泛、功能最强大、具有面向对象特点的大型关系型数据库系统。

数据库技术课程已成为高职院校计算机教学中的重要课程，是计算机类专业的一门必修的核心课程。根据对数据库相关职业岗位的知识、技能和素质需求的分析，同时充分考虑高职学生的认知规律和专业技能的形成规律，为使学生熟练掌握数据库的基本理论和开发技术，高职院校一般选用 Access、SQL Server 和 Oracle 这 3 种主流数据库管理系统进行教学内容，高职院校的软件开发实训、信息系统和动态网站开发类毕业设计等教学环节一般选择这 3 种数据库进行后台处理和数据管理。许多高职院校计算类专业都开设了 2~3 门数据库技术方面的课程，如"数据库应用基础"、"SQL Server 数据库程序设计"和"Oracle 数据库管理与应用"。

　　本书就是一本为高职院校"Oracle 数据库管理与应用"课程教学量身定做的教材，选用 Oracle 11g 作为数据库平台，主要介绍了数据库、数据表空间、方案、数据表、索引、视图、存储过程、存储函数、触发器、序列、同义词、用户、角色、概要文件、数据库连接、PL/SQL 包、数据库完整性、数据库安全性、数据库并发控制等数据库管理和应用操作。本课程的定位是基于 Oracle 的数据库管理和以 Oracle 数据库为后台数据库的应用课程，而不是将 Oracle 作为简单应用系统开发工具，所以本课程的核心内容是基于图形用户界面和 PL/SQL 语句的管理。本教材的教学目的和教学重点如表 1-1 所示。

表 1-1　　　　　　　　　"Oracle 数据库管理与应用"课程的教学目的和教学重点

教学目的	熟练掌握 DBCA、OEM、SQL Plus、SQL Developer 的使用
	熟练掌握管理数据库、表空间、表和视图的操作
	熟练掌握管理数据完整性和索引的操作
	熟练掌握 SQL 语言和 PL/SQL 语言的常用语法与应用
	熟练掌握管理存储过程、存储函数与触发器的操作
	掌握对用户、角色和概要文件的管理
	熟练掌握数据库备份与恢复的操作
	掌握 Oracle 数据库的安全控制
	体验项目中的 Oracle 数据库访问与应用技术
教学重点	管理数据库、表空间、表和视图
	管理数据完整性和索引
	PL/SQL 语言的常用语法与应用
	管理存储过程、存储函数与触发器
	数据库备份与恢复
	数据库安全技术

　　"Oracle 数据库管理与应用"课程是数据库系列课程的最后一门。其前导课程有"数据库应用基础（Access）"或"SQL Server 数据库管理和应用"，相关课程有"ADO.NET 数据库访问技术"、"Windows 应用程序设计"和"Web 应用程序设计"等程序设计类课程。

1.3　教学案例

1.3.1　eBuy 数据库设计

　　eBuy 是一个 B-C 模式的电子商城，该电子商务系统要求能够实现前台用户购物和后台管理两大部分功能。

　　前台购物系统包括会员注册、会员登录、商品展示、商品搜索、购物车、产生订单和会员资料修改等功能。后台管理系统包括管理用户、维护商品库、处理订单、维护会员信息和其他管理功能。

根据系统功能描述和实际业务分析，进行了 eBuy 电子商城的数据库设计，主要数据表及其内容如下所示。

1．Customers 表（会员信息表）

会员信息表结构的详细信息如表 1-2 所示。

表 1-2   Customers 表结构

表 序 号	1		表 名		Customers		
用 途	存储客户基本信息						
序 号	属 性 名 称	含 义	数 据 类 型	长 度	为 空 性	约 束	
1	c_ID	客户编号	字符型	5	not null	主键	
2	c_Name	客户名称	变长字符型	30	not null	唯一	
3	c_TrueName	真实姓名	变长字符型	30	not null		
4	c_Gender	性别	字符型	2	not null		
5	c_Birth	出生日期	日期型		not null		
6	c_CardID	身份证号	变长字符型	18	not null		
7	c_Address	客户地址	变长字符型	50	null		
8	c_Postcode	邮政编码	字符型	6	null		
9	c_Mobile	手机号码	变长字符型	11	null		
10	c_Phone	固定电话	变长字符型	15	null		
11	c_Password	密码	变长字符型	30	not null		
12	c_SafeCode	安全码	字符型	6	not null		
13	c_Email	电子邮箱	变长字符型	50	null		
14	c_Question	提示问题	变长字符型	50	not null		
15	c_Answer	提示答案	变长字符型	50	not null		
16	c_Type	用户类型	变长字符型	10	not null		

会员信息表的内容详细信息如表 1-3 所示。

表 1-3   Customers 表内容

c_ID	C_Name	c_TrueName	c_Gender	c_Birth	c_CardID	c_Address	c_Postcode	c_Mobile
C0001	liuzc	刘志成	男	1972-5-18	111111111111111111	湖南株洲市	412000	11111111111
C0002	liujj	刘津津	女	1986-4-14	111111111111111111	湖南长沙市	410001	11111111111
C0003	wangym	王咏梅	女	1976-8-6	111111111111111111	湖南长沙市	410001	11111111111
C0004	huangxf	黄幸福	男	1978-4-6	111111111111111111	广东顺德市	310001	11111111111
C0005	huangrong	黄蓉	女	1982-12-1	111111111111111111	湖北武汉市	510001	11111111111
C0006	chenhx	陈欢喜	男	1970-2-8	111111111111111111	湖南株洲市	412001	11111111111
C0007	wubo	吴波	男	1979-10-10	111111111111111111	湖南株洲市	412001	11111111111
C0008	luogh	罗桂华	女	1985-4-26	111111111111111111	湖南株洲市	412001	11111111111
C0009	wubing	吴兵	女	1987-9-9	111111111111111111	湖南株洲市	412001	11111111111
C0010	wenziyu	文子玉	女	1988-5-20	111111111111111111	河南郑州市	622000	11111111111

c_Phone	c_SafeCode	c_Password	c_Email	c_Question	c_Answer	c_Type
0731-28208290	6666	123456	liuzc518@163.com	你的生日哪一天	5月18日	普通
0731-28888888	6666	123456	amy@163.com	你出生在哪里	湖南长沙	普通
0731-28666666	6666	123456	wangym@163.com	你最喜爱的人是谁	女儿	VIP
0757-25546536	6666	123456	huangxf@sina.com	你最喜爱的人是谁	我的父亲	普通
024-89072346	6666	123456	huangrong@sina.com	你出生在哪里	湖北武汉	普通
0731-26545555	6666	123456	chenhx@126.com	你出生在哪里	湖南株洲	VIP
0731-26548888	6666	123456	wubo@163.com	你的生日哪一天	10月10日	普通
0731-28208888	6666	123456	guihua@163.com	你的生日哪一天	4月26日	普通
0731-28208208	6666	123456	wubing0808@163.com	你出生在哪里	湖南株洲	普通
0327-8208208	6666	123456	wenziyu@126.com	你的生日哪一天	5月20日	VIP

2. Types 表（商品类别表）

商品类别表结构的详细信息如表 1-4 所示。

表 1-4　　　　　　　　　　　Types 表结构

表 序 号	2		表　　名		Types	
含　　义	存储商品类别信息					
序　　号	属性名称	含　　义	数据类型	长　　度	为 空 性	约　　束
1	t_ID	类别编号	字符型	2	not null	主键
2	t_Name	类别名称	变长字符型	50	not null	
3	t_Description	类别描述	变长字符型	100	null	

商品类别表内容的详细信息如表 1-5 所示。

表 1-5　　　　　　　　　　　Types 表内容

t_ID	t_Name	t_Description
01	通信产品	包括手机和电话等通信产品
02	电脑产品	包括台式电脑、笔记本电脑及电脑配件
03	家用电器	包括电视机、洗衣机、微波炉等
04	服装服饰	包括服装产品和服饰商品
05	日用商品	包括家庭生活中常用的商品
06	运动用品	包括篮球、排球等运动器具
07	礼品玩具	包括针对儿童、情侣、老人等对象的礼品
08	女性用品	包括化妆品等女性用品
09	文化用品	包括光盘、图书、文具等文化用品
10	时尚用品	包括一些流行的商品

3. Goods 表（商品信息表）

商品信息表结构的详细信息如表 1-6 所示。

表 1-6　　　　　　　　　　　　　　Goods 表结构

表　序　号	3		表　　名		Goods	
含　　义	存储商品信息					
序　　号	属性名称	含　　义	数据类型	长　　度	为　空　性	约　　束
1	g_ID	商品编号	字符型	6	not null	主键
2	g_Name	商品名称	变长字符型	50	not null	
3	t_ID	商品类别	字符型	2	not null	外键
4	g_Price	商品价格	浮点型		not null	
5	g_Discount	商品折扣	浮点型		not null	
6	g_Number	商品数量	短整型		not null	
7	g_ProduceDate	生产日期	日期型		not null	
8	g_Image	商品图片	变长字符型	100	null	
9	g_Status	商品状态	变长字符型	10	not null	
10	g_Description	商品描述	变长字符型	1 000	null	

商品信息表内容的详细信息如表 1-7 所示。

表 1-7　　　　　　　　　　　　　　Goods 表内容

g_ID	g_Name	t_ID	g_Price	g_Discount	g_Number	g_ProduceDate	g_Image	g_Status	g_Description
010001	诺基亚 6500 Slide	01	1500	0.9	20	2007-6-1	略	热点	略
010002	三星 SGH-P520	01	2500	0.9	10	2007-7-1	略	推荐	略
010003	三星 SGH-F210	01	3500	0.9	30	2007-7-1	略	热点	略
010004	三星 SGH-C178	01	3000	0.9	10	2007-7-1	略	热点	略
010005	三星 SGH-T509	01	2020	0.8	15	2007-7-1	略	促销	略
010006	三星 SGH-C408	01	3400	0.8	10	2007-7-1	略	促销	略
010007	摩托罗拉 W380	01	2300	0.9	20	2007-7-1	略	热点	略
010008	飞利浦 292	01	3000	0.9	10	2007-7-1	略	热点	略
020001	联想旭日 410MC520	02	4680	0.8	18	2007-6-1	略	促销	略
020002	联想天逸 F30T2250	02	6680	0.8	18	2007-6-1	略	促销	略
030002	海尔电冰箱 HDFX01	03	2468	0.9	15	2007-6-1	略	热点	略
030003	海尔电冰箱 HEF02	03	2800	0.9	10	2007-6-1	略	热点	略
040001	劲霸西服	04	1468	0.9	60	2007-6-1	略	推荐	略
060001	红双喜牌乒乓球拍	06	46.8	0.8	45	2007-6-1	略	促销	略
999999	测试商品	01	8888	0.8	8	2007-8-8	略	热点	略

4. Employees 表（员工表）

员工信息表结构的详细信息如表 1-8 所示。

表 1-8 Employees 表结构

表 序 号	4		表 名			Employees	
含 义				存储员工信息			
序 号	属性名称	含 义	数据类型	长 度	为 空 性	约 束	
1	e_ID	员工编号	字符型	10	not null	主键	
2	e_Name	员工姓名	变长字符型	30	not null		
3	e_Gender	性别	字符型	2	not null		
4	e_Birth	出生年月	日期型		not null		
5	e_Address	员工地址	变长字符型	100	null		
6	e_Postcode	邮政编码	字符型	6	null		
7	e_Mobile	手机号码	变长字符型	11	null		
8	e_Phone	固定电话	变长字符型	15	not null		
9	e_Email	电子邮箱	变长字符型	50	not null		

员工信息表内容的详细信息如表 1-9 所示。

表 1-9 Employees 表内容

e_ID	e_Name	e_Gender	e_Birth	e_Address	e_Postcode	e_Mobile	e_Phone	e_Email
E0001	张小路	男	1982-9-9	湖南株洲市	412000	11111111111	0731-28208290	zhangxd@163.com
E0002	李玉蓓	女	1978-6-12	湖南株洲市	412001	11111111111	0731-28208290	liyp@126.com
E0003	王忠海	男	1966-2-12	湖南株洲市	412000	11111111111	0731-28208290	wangzhh@163.com
E0004	赵光荣	男	1972-2-12	湖南株洲市	412000	11111111111	0731-28208290	zhaogr@163.com
E0005	刘丽丽	女	1984-5-18	湖南株洲市	412002	11111111111	0731-28208290	liulili@163.com

5．Payments 表（支付方式表）

商品类别信息表结构的详细信息如表 1-10 所示。

表 1-10 Payments 表结构

表 序 号	5		表 名			Payments	
含 义				存储支付信息			
序 号	属性名称	含 义	数据类型	长 度	为 空 性	约 束	
1	p_Id	支付编号	字符型	2	not null	主键	
2	p_Mode	支付名称	变长字符型	20	not null		
3	p_Remark	支付说明	变长字符型	100	null		

商品类别信息表内容的详细信息如表 1-11 所示。

表 1-11 Payments 表内容

p_Id	p_Mode	p_Remark
01	货到付款	货到之后再付款
02	网上支付	采用支付宝等方式
03	邮局汇款	通过邮局汇款方式
04	银行电汇	通过各商业银行电汇
05	其他方式	赠券等其他方式

6．Orders 表（订单信息表）

订单信息表结构的详细信息如表 1-12 所示。

表 1-12　　　　　　　　　　　　　　Orders 表结构

表 序 号	6	表 名		Orders		
含 义	存储订单信息					
序 号	属性名称	含 义	数据类型	长 度	为 空 性	约 束
1	o_ID	订单编号	字符型	12	not null	主键
2	c_ID	客户编号	字符型	5	not null	外键
3	o_Date	订单日期	日期型		not null	
4	o_Sum	订单金额	浮点型		not null	
5	e_ID	处理员工	字符型	10	not null	外键
6	o_SendMode	送货方式	变长字符型	50	not null	
7	p_Id	支付方式	字符型	2	not null	外键
8	o_Status	订单状态	短整型		not null	

订单信息表内容的详细信息如表 1-13 所示。

表 1-13　　　　　　　　　　　　　　Orders 表内容

o_ID	c_ID	o_Date	o_Sum	e_ID	o_SendMode	p_Id	o_Status
200708011012	C0001	2007-8-1	1387.44	E0001	送货上门	01	0
200708011430	C0001	2007-8-1	5498.64	E0001	送货上门	01	1
200708011132	C0002	2007-8-1	2700	E0003	送货上门	01	1
200708021850	C0003	2007-8-2	9222.64	E0004	邮寄	03	0
200708021533	C0004	2007-8-2	2720	E0003	送货上门	01	0
200708022045	C0005	2007-8-2	2720	E0003	送货上门	01	0

7．OrderDetails 表（订单详情表）

订单详情表结构的详细信息如表 1-14 所示。

表 1-14　　　　　　　　　　　　　　OrderDetails 表结构

表 序 号	7	表 名		OrderDetails		
含 义	存储订单详细信息					
序 号	属性名称	含 义	数据类型	长 度	为 空 性	约 束
1	d_ID	编号	整型		not null	主键
2	o_ID	订单编号	字符型	14	not null	外键
3	g_ID	商品编号	字符型	6	not null	外键
4	d_Price	购买价格	浮点型		not null	
5	d_Number	购买数量	短整型		not null	

订单详情表内容的详细信息如表 1-15 所示。

表 1-15　　　　　　　　　　　　　　OrderDetails 表内容

d_ID	o_ID	g_ID	d_Price	d_Number
1	200708011012	010001	1350	1
2	200708011012	060001	37.44	1
3	200708011430	060001	37.44	1
4	200708011430	010007	2070	2
5	200708011430	040001	1321.2	1
6	200708011132	010008	2700	1
7	200708021850	030003	2520	1
8	200708021850	020002	5344	1
9	200708021850	040001	1321.2	1
10	200708021850	060001	37.44	1
11	200708021533	010006	2720	1
12	200708022045	010006	2720	1

8．Users 表（用户表）

用户表结构的详细信息如表 1-16 所示。

表 1-16　　　　　　　　　　　　　　Users 表结构

表　序　号	8	表　　名		Users			
含　　义		存储管理员基本信息					
序　　号	属性名称	含　　义	数据类型	长　　度	为　空　性	约　　束	
1	u_ID	用户编号	变长字符型	10	not null	主键	
2	u_Name	用户名称	变长字符型	30	not null		
3	u_Type	用户类型	变长字符型	10	not null		
4	u_Password	用户密码	变长字符型	30	null		

用户表内容的详细信息如表 1-17 所示。

表 1-17　　　　　　　　　　　　　　Users 表内容

u_ID	u_Name	u_Type	u_Password
01	admin	超级	admin
02	amy	超级	amy0414
03	wangym	普通	wangym
04	luogh	查询	luogh

1.3.2　BookData 数据库设计

BookData 数据库包含 BookType、Publisher、BookInfo、BookStore、ReaderType、ReaderInfo 和 BorrowReturn 7 个表。

1. BookType 表（图书类别表）

图书类别表结构的详细信息如表 1-18 所示。

表 1-18   BookType 表结构

表 序 号	1		表 名		BookType		
含 义	存储图书类别信息						
序 号	属性名称	含 义	数据类型	长 度	为 空 性	约 束	
1	bt_ID	图书类别编号	字符型	10	not null	主键	
2	bt_Name	图书类别名称	变长字符型	20	not null		
3	bt_Description	描述信息	变长字符型	50	null		

图书类别表内容的详细信息如表 1-19 所示。

表 1-19   BookType 表内容

bt_ID	bt_Name	bt_Description
01	A 马、列、毛著作	null
02	B 哲学	关于哲学方面的书籍
03	C 社会科学总论	null
04	D 政治、法律	关于政治和法律方面的书籍
05	E 军事	关于军事方面的书籍
06	F 经济	关于宏观经济和微观经济方面的书籍
07	G 文化、教育、体育	null
08	H 语言、文字	null
09	I 文学	null
10	J 艺术	null
11	K 历史、地理	null
12	N 自然科学总论	null
13	O 数理科学和化学术	null
14	P 天文学、地球	null
15	R 医药、卫生	null
16	S 农业技术（科学）	null
17	T 工业技术	null
18	U 交通、运输	null
19	V 航空、航天	null
20	X 环境科学、劳动科学	null
21	Z 综合性图书	null
22	M 期刊杂志	null
23	W 电子图书	null

2. Publisher 表（出版社信息表）

出版社信息表结构的详细信息如表 1-20 所示。

表 1-20   Publisher 表结构

表 序 号	2		表 名		Publisher		
含 义	存储出版社信息						
序 号	属性名称	含 义	数据类型	长 度	为 空 性	约 束	
1	p_ID	出版社编号	字符型	4	not null	主键	
2	p_Name	出版社名称	变长字符型	30	not null		
3	p_ShortName	出版社简称	变长字符型	8	not null		
4	p_Code	出版社代码	字符型	4	not null		
5	p_Address	出版社地址	变长字符型	50	not null		
6	p_PostCode	邮政编码	字符型	6	not null		
7	p_Phone	联系电话	字符型	15	not null		

出版社信息表内容的详细信息如表 1-21 所示。

表 1-21   Publisher 表内容

p_ID	p_Name	p_ShortName	p_Code	p_Address	p_PostCode	p_Phone
001	电子工业出版社	电子	7-12	北京市海淀区万寿路 173 信箱	100036	(010)68279077
002	高等教育出版社	高教	7-04	北京西城区德外大街 4 号	100011	(010)58581001
003	清华大学出版社	清华	7-30	北京清华大学学研大厦	100084	(010)62776969
004	人民邮电出版社	人邮	7-11	北京市丰台区成寿寺路 11 号	100164	(010)67170985
005	机械工业出版社	机工	7-11	北京市西城区百万庄大街 22 号	100037	(010)68993821
006	西安电子科技大学出版社	西电	7-56	西安市太白南路 2 号	710071	(010)88242885
007	科学出版社	科学	7-03	北京东黄城根北街 16 号	100717	(010)62136131
008	中国劳动社会保障出版社	劳动	7-50	北京市惠新东街 1 号	100029	(010)64911190
009	中国铁道出版社	铁道	7-11	北京市宣城区右安门西街 8 号	100054	(010)63583215
010	北京希望电子出版社	希望电子	7-80	北京市海淀区车道沟 10 号	100089	(010)82702660
011	化学工业出版社	化工	7-50	北京市东城区青年湖南路 13 号	100029	(010)64982530
012	中国青年出版社	中青	7-50	北京市东四十二条 21 号	100708	(010)84015588
013	中国电力出版社	电力	7-50	北京市三里河路 6 号	100044	(010)88515918
014	北京工业大学出版社	北工大	7-56	北京市朝阳区平乐园 100 号	100022	(010)67392308
015	冶金工业出版社	冶金	7-50	北京市沙滩嵩祝院北巷 39 号	100009	(010)65934239

3. BookInfo 表（图书信息表）

图书信息表结构的详细信息如表 1-22 所示。

表 1-22   BookInfo 表结构

表 序 号	3		表 名		BookInfo		
含 义	存储图书信息						
序 号	属性名称	含 义	数据类型	长 度	为 空 性	约 束	
1	b_ID	图书编号	变长字符型	16	not null	主键	
2	b_Name	图书名称	变长字符型	50	not null		
3	bt_ID	图书类型编号	字符型	10	not null	外键	
4	b_Author	作者	变长字符型	20	not null		

表 序 号	3	表 名		BookInfo	
含 义	存储图书信息				
序 号	属性名称	含 义	数据类型	长 度	为 空 性	约 束

序 号	属性名称	含 义	数据类型	长 度	为 空 性	约 束
5	b_Translator	译者	变长字符型	20	null	
6	b_ISBN	ISBN	变长字符型	30	not null	
7	p_ID	出版社编号	字符型	4	not null	外键
8	b_Date	出版日期	日期型		not null	
9	b_Edition	版次	短整型		not null	
10	b_Price	图书价格	货币型		not null	
11	b_Quantity	副本数量	短整型		not null	
12	b_Detail	图书简介	变长字符型	100	null	
13	b_Picture	封面图片	变长字符型	50	null	

图书信息表内容的详细信息如表 1-23 所示。

表 1-23   BookInfo 表内容

b_ID	b_Name	bt_ID	b_Author	b_Translater	b_ISBN
TP3/2737	Visual Basic.NET 实用教程	17	佟伟光	无	7-5053-8956-4
TP3/2739	C#程序设计	17	李德奇	无	7-03-015754-0
TP3/2741	JSP 程序设计案例教程	17	刘志成	无	7-115-15380-9
TP3/2742	数据恢复技术	17	戴士剑、陈永红	无	7-5053-9036-8
TP3/2744	Visual Basic.NET 进销存程序设计	17	阿惟	无	7-302-06731-7
TP3/2747	VC.NET 面向对象程序设计教程	17	赵卫伟、刘瑞光	无	7-111-18764-4
TP3/2752	Java 程序设计案例教程	17	刘志成	无	7-111-18561-7
TP312/146	C++程序设计与软件技术基础	17	梁普选	无	7-121-00071-7
TP39/707	数据库基础	17	沈祥玖	无	7-04-012644-3
TP39/711	管理信息系统基础与开发	17	陈承欢、彭勇	无	7-115-13103-1
TP39/713	关系数据库与 SQL 语言	17	黄旭明	无	7-04-01375-4
TP39/716	UML 用户指南	17	Grady Booch 等	邵维忠等	7-03-012096
TP39/717	UML 数据库设计应用	17	[美]Eric J.Naiburg 等	陈立军、郭旭	7-5053-6432-4
TP39/719	SQL Server 2005 实例教程	17	刘志成、陈承欢	无	7-7-302-14733-6
TP39/720	数据库及其应用系统开发	17	张迎新	无	7-302-12828-6

p_ID	b_Date	b_Edition	b_Price	b_Quantity	b_Detail	b_Picture
001	2003-8-1	1	¥18.00	9		
007	2005-8-1	1	¥26.00	14		
004	2007-9-1	1	¥27.00	4		
001	2003-8-1	1	¥39.00	4		
003	2003-7-1	1	¥38.00	4		

p_ID	b_Date	b_Edition	b_Price	b_Quantity	b_Detail	b_Picture
005	2006−5−1	1	¥20.00	9		
003	2006−9−1	1	¥26.00	14		
001	2004−7−1	1	¥28.00	7		
002	2003−9−1	1	¥18.50	4		
004	2005−2−1	1	¥23.00	2		
002	2004−1−1	1	¥15.00	4		
007	2003−8−1	1	¥35.00	4		
001	2001−3−1	1	¥30.00	9		
001	2006 −10−1	1	¥34.00	3		
003	2006−7−1	1	¥26.00	4		

4．BookStore 表（图书存放信息表）

图书存放信息表结构的详细信息如表 1−24 所示。

表 1−24　　　　　　　　　　　　BookStore 表结构

表 序 号	4		表　　名		BookStore		
含　　义	存储图书存放信息						
序　　号	属 性 名 称	含　　义	数 据 类 型	长　　度	为 空 性	约　　束	
1	s_ID	条型码	字符型	8	not null	主键	
2	b_ID	图书编号	变长字符型	16	not null	外键	
3	s_InDate	入库日期	日期型		not null		
4	s_Operator	操作员	变长字符型	10	not null		
5	s_Position	存放位置	变长字符型	12	not null		
6	s_Status	图书状态	变长字符型	4	not null		

图书存放信息表内容的详细信息如表 1−25 所示。

表 1−25　　　　　　　　　　　　BookStore 表内容

s_ID	b_ID	s_InDate	s_Operator	s_Position	s_Status
121497	TP39/719	2006−10−20	林静	03−03−07	借出
121498	TP39/719	2006−10−20	林静	03−03−07	借出
121499	TP39/719	2006−10−20	林静	03−03−07	在藏
128349	TP3/2741	2007−9−20	林静	03−03−01	借出
128350	TP3/2741	2007−9−20	林静	03−03−01	借出
128351	TP3/2741	2007−9−20	林静	03−03−01	借出
128352	TP3/2741	2007−9−20	林静	03−03−01	遗失
128353	TP39/711	2005−9−20	谭芳洁	03−03−01	借出
128354	TP39/711	2005−9−20	谭芳洁	03−03−01	在藏
128374	TP3/2752	2006−12−4	林静	03−03−02	借出

s_ID	b_ID	s_InDate	s_Operator	s_Position	s_Status
128375	TP39/716	2005-9-20	谭芳洁	03-03-02	借出
128376	TP39/717	2005-9-20	谭芳洁	03-03-02	在藏
145353	TP3/2744	2004-9-20	谭芳洁	03-03-02	在藏
145354	TP3/2744	2004-9-20	谭芳洁	03-03-02	借出
145355	TP3/2744	2004-9-20	谭芳洁	03-03-02	借出

5. ReaderType 表（读者类别信息表）

读者类别信息表结构的详细信息如表 1-26 所示。

表 1-26　　　　　　　　　　ReaderType 表结构

表　序　号	5		表　　名		ReaderType	
含　　义			存储读者类别信息			
序　　号	属 性 名 称	含　　义	数 据 类 型	长　　度	为 空 性	约　　束
1	rt_ID	读者类型编号	字符型	2	not null	主键
2	rt_Name	读者类型名称	变长字符型	10	not null	唯一
3	rt_Quantity	限借数量	短整型		not null	
4	rt_Long	限借期限	短整型		not null	
5	rt_Times	续借次数	短整型		not null	
6	rt_Fine	超期日罚金	货币型		not null	

读者类别信息表内容的详细信息如表 1-27 所示。

表 1-27　　　　　　　　　　ReaderType 表内容

rt_ID	rt_Name	rt_Quantity	rt_Long	rt_Times	rt_Fine
01	特殊读者	30	12	5	¥1.00
02	一般读者	20	6	3	¥0.50
03	管理员	25	12	3	¥0.50
04	教师	20	6	5	¥0.50
05	学生	10	6	2	¥0.10

6. ReaderInfo 表（读者信息表）

读者信息表结构的详细信息如表 1-28 所示。

表 1-28　　　　　　　　　　ReaderInfo 表结构

表　序　号	6		表　　名		ReaderInfo	
含　　义			存储读者信息			
序　　号	属 性 名 称	含　　义	数 据 类 型	长　　度	为 空 性	约　　束
1	r_ID	读者编号	字符型	8	not null	主键
2	r_Name	读者姓名	变长字符型	10	not null	
3	r_Date	发证日期	日期型		not null	
4	rt_ID	读者类型编号	字符型	2	not null	
5	r_Quantity	可借书数量	短整型		not null	
6	r_Status	借书证状态	变长字符型	4	not null	

读者信息表内容的详细信息如表1-29所示。

表1-29 ReaderInfo 表内容

r_ID	r_Name	r_Date	rt_ID	r_Quantity	r_Status
0016584	王周应	2003-9-16	03	24	有效
0016585	阳杰	2003-9-16	02	19	有效
0016586	谢群	2003-9-16	02	17	有效
0016587	黄莉	2003-9-16	04	19	有效
0016588	向鹏	2003-9-16	05	10	注销
0016589	龙川玉	2003-12-12	01	28	有效
0016590	谭涛涛	2003-12-12	04	20	有效
0016591	黎小清	2003-12-12	05	10	注销
0016592	蔡鹿其	2003-12-12	03	25	有效
0016593	王谢恩	2003-12-12	05	10	注销
0016594	罗存	2004-9-23	05	10	注销
0016595	熊薇	2004-9-23	02	20	挂失
0016596	王彩梅	2004-9-23	05	10	注销
0016597	粟彬	2004-9-23	05	8	注销
0016598	孟昭红	2005-10-17	02	30	有效

7．BorrowReturn 表（借还信息表）

借还信息表结构的详细信息如表1-30所示。

表1-30 BorrowReturn 表结构

表 序 号	7	表 名		BorrowReturn			
含 义	存储借还书信息						
序 号	属性名称	含 义	数据类型	长 度	为 空 性	约 束	
1	br_ID	借阅编号	字符型	6	not null	主键	
2	s_ID	条型码	字符型	8	not null	外键	
3	r_ID	借书证编号	字符型	8	not null	外键	
4	br_OutDate	借书日期	日期型		not null		
5	br_InDate	还书日期	日期型		null		
6	Br_LostDate	挂失日期	日期型		null		
7	br_Times	续借次数	短整型		null		
8	br_Operator	操作员	变长字符型	10	not null		
9	br_Status	图书状态	变长字符型	4	not null		

借还信息表内容的详细信息如表1-31所示。

表 1-31　　　　　　　　　　　　　BorrowReturn 表内容

br_ID	s_ID	r_ID	br_OutDate	br_InDate	br_LostDate	br_Times	br_Operator	br_Status
000001	128349	0016584	2007-6-15	2007-9-1		0	张颖	已还
000002	121497	0016584	2007-9-15			0	张颖	未还
000003	128376	0016584	2007-9-15	2007-9-30		1	张颖	已还
000004	128350	0016587	2007-9-15			1	张颖	未还
000005	128353	0016589	2007-9-15			0	张颖	未还
000006	128354	0016590	2007-9-15	2007-9-30		0	张颖	已还
000007	128349	0016584	2007-9-15			1	张颖	未还
000008	128375	0016585	2007-9-15			0	江丽娟	未还
000009	128376	0016586	2007-6-24	2007-9-24		0	江丽娟	已还
000010	145355	0016598	2007-10-24			0	江丽娟	未还

课外实践

【任务 1】

进入"中国互动出版网"（http://www.china-pub.com/），通过网站提供的注册功能注册成会员。体会注册时输入的信息和数据库的关系。

【任务 2】

（1）试着利用 china-pub 的主页面提供的搜索功能，搜索作者名为"刘志成"的图书信息，体验简单搜索功能。

（2）试着使用高级搜索功能，搜索书名为"Oracle"开头，出版社为"人民邮电出版社"的图书信息，体验高级搜索和简单搜索功能的区别。

【任务 3】

根据实际的网上购物经验，分组讨论 eBuy 电子商城的数据库设计情况。

【任务 4】

根据实际的图书馆借还书经验，分组讨论 BookData 图书管理系统的数据库设计情况。

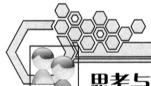

思考与练习

【简答题】

1. 简要说明数据库设计的基本流程，并结合实例说明数据库设计各阶段的主要任务。

2. 依据你对数据库管理员和程序员职业岗位的了解，说明这两个岗位对数据库知识和能力的需求。

PART 2

第 2 章
初识 Oracle 11g

【学习目标】

本章内容是在第 1 章的数据库逻辑设计的基础上，选择 Oracle 11g 数据库管理系统进行数据库的物理设计和实现。本章将向读者介绍 Oracle 的概述、Oracle 11g 的安装和配置、Oracle 11g 的体系结构、PL/SQL 语言基础等内容。本章的学习要点主要包括：

（1）Oracle 的发展变迁；

（2）Oracle 11g 的新特性；

（3）Oracle 11g 的体系结构；

（4）Oracle 11g 的安装过程；

（5）Oracle 11g 的基本组件；

（6）Oracle 11g 服务的启动与关闭；

（7）PL/SQL 语言基础。

【学习导航】

Oracle 11g 是 Oracle 公司最近 30 年来推出的最重要的 Oracle 版本，其系统的性能和安全性大增强，它也一如既往地秉承了前期 Oracle 版本的优点，在与最新的 Internet 技术衔接方面做得更好，为企业开发分布式、海量数据存取和高可靠性应用系统提供了足够的支持。本章内容在 Oracle 数据库系统管理与应用中的位置如图 2-1 所示。

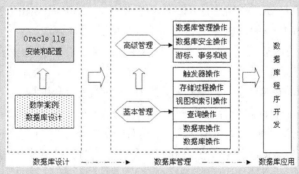

图 2-1　本章学习导航

2.1 Oracle 概述

Oracle 是最早商品化的关系型数据库管理系统，它是世界上最大的数据库专业厂商甲骨文（Oracle）公司的核心产品，也是当前应用最广泛、功能最强大、具有面向对象特点、采用了客户机/服务器架构的数据库系统。

2.1.1 Oracle 的发展变迁

1977 年 Larry Ellison、Bob Miner 和 Ed Oates 共同创建了软件开发实验室（Software Development Laboratories），该公司即为 Oracle 公司的前身。同年，RSI 公司使用 C 语言开发了公司的第一个关系数据库管理系统——Oracle。不久后，他们推出了 Oracle 的一个原型版本为版本 1。

1978 年，软件开发实验室从原来的圣克拉克迁至位于硅谷心脏的 Menlo Park 的 Sand Hill 大街上。为了让人们了解公司的主要业务范围，他们将软件开发实验室更名为关系软件公司（Relational Software Inc.，即 RSI）。

1979 年，Oracle 的第一个产品被发行。随后推出的 Oracle 2 版本最初工作在 Digital PDP-11 机器上，后来工作在 DEC VAX 系统上。

1983 年，RSI 公司推出了 Oracle 3 版本，它几乎全由 C 语言编写，RSI 公司也随之改名为 Oracle 公司。

1984 年，Oracle 公司推出了 Oracle 4 版本，该版本运行在 VAX 系统和 IBM VM 操作系统上。

1985 年成为 Oracle 的一个新的里程碑，Oracle 在这一年公司推出的版本 5，使用了 SQL*Net，引入了 Client/Server 计算。

1987 年，Oracle 公司的营业收入达到 1.31 亿美元，正式成为世界上第一大关系数据库管理系统产品公司。

1988 年，Oracle 公司推出了 Oracle 6 版本，它引入了低层锁的机制，同时 Oracle 中的许多性能都得以改善，功能得到增强。此时，Oracle 已经可以运行在多种平台和操作系统上了。

1989 年，Oracle 公司推出了 OLTP 服务，并进入了中国市场，随后 Oracle 中国公司正式在中国注册为"北京甲骨文软件系统有限公司"。

1991 年，在 DEC VAX 平台上的 Oracle 6.1 版本引入了 Oracle Parallel Server 选项，并行服务器选项被运用。Oracle 公司也成为世界上第四大软件公司。

1992 年，Oracle 公司推出了 Oracle 7，它在 CPU、内存和 I/O 使用方面进行了许多结构性修改。

1997 年推出的 Oracle 8 增加了对象扩展和许多新特性及管理工具。

1998 年推出的 Oracle 8i 是世界上第一个全面支持 Internet 的数据库，也是当时唯一一个具有集成式 Web 信息管理工具的数据库，第一个具有内置 Java 引擎可扩展的企业级数据库平台，"i"代表"Internet"。Oracle 8i 具有易于管理的服务器，同时支持数千个用户使用，可以帮助企业充分利用 Java 以满足其迅速增长的 Internet 应用需求。Oracle 8i 也使 Oracle 公司连续 3 年成为世界第一大数据库供应商。

2001 年 6 月，在 Oracle Open World 大会中，Oracle 发布了 Oracle 9i。在 Oracle 9i 的诸多新特性中，最重要的就是 Real Application Clusters（RAC）。RAC 使得多个集群计算机能够共享对某个单一数据库的访问，以获得更高的可伸缩性、可用性和经济性。Oracle 9i 的 RAC 在

TPC-C 的基准测试中打破了数项纪录，一时间令业内瞩目。这个新的数据库还包含集成的商务智能（BI）功能。Oracle 9i 第 2 版还做了很多重要的改进，使 Oracle 数据库成为一个本地的 XML 数据库；此外还包括自动管理、Data Guard 等高可用性方面的特性。

2003 年 9 月，在旧金山举办的 Oracle World 大会上，Ellison 宣布下一代数据库产品为"Oracle 10g"。Oracle 应用服务器 10g（Oracle Application Server 10g）也将作为甲骨文公司下一代应用基础架构软件集成套件。"g"代表"grid，网格"。这一版本最大的特性就是加入了网格计算的功能。网格计算可以把分布在世界各地的计算机连接在一起，并且将各地的计算机资源通过高速的互联网组成充分共享的资源集成，通过合理调度，不同的计算环境被综合利用并共享。

2007 年 11 月，Oracle 11g 正式发布，功能上大大加强了。11g 是 Oracle 公司 30 年来发布的最重要的数据库版本，它根据用户的需求实现了信息生命周期管理（Information Lifecycle Management）等多项创新，大幅度提高了系统性能和安全性，全新的 Data Guard 最大化了可用性，全新的高级数据压缩技术降低了数据存储的支出，明显缩短了应用程序测试环境部署及分析测试结果所花费的时间，增加了 RFID Tag、DICOM 医学图像、3D 空间等重要数据类型的支持，加强了对 Binary XML 的支持和性能优化。

需要特别说明的是，在 2012 年 10 月的 Oracle 全球大会上 Oracle 公司首次发布了 Oracle 12c，以应对未来的云计算需要，"c"代表"cloud，云"。Oracle 12c 引入了一个新的多承租方架构，使用该架构可轻松部署和管理数据库云。此外，一些创新特性可最大限度地提高资源使用率和灵活性，如 Oracle Multitenant 可快速整合多个数据库，而 Automatic Data Optimization 和 Heat Map 能以更高的密度压缩数据和对数据分层。这些独一无二的技术进步再加上其可用性、安全性和大数据支持方面的增强，使得 Oracle 12c 成为私有云和公有云部署的理想平台。

2.1.2　Oracle 11g 的新特性

Oracle 11g 秉承了 Oracle 10g 在网格计算方面的特性，但在许多方面进行了改进，具体表现在以下方面。

1．数据库管理部分

（1）数据库重演（Database Replay）。这一特性可以捕捉整个数据的负载，并且传递到一个从备份或者 standby 数据库中创建的测试数据库上，然后重演负载以测试系统调优后的效果。

（2）SQL 重演（SQL Replay）。和数据库重演特性类似，但是只是捕捉 SQL 负载部分，而不是全部负载。

（3）计划管理（Plan Management）。这一特性允许用户将某一特定语句的查询计划固定下来，无论统计数据变化还是数据库版本变化都不会改变查询计划。

（4）自动诊断知识库（Automatic Diagnostic Repository，ADR）。当 Oracle 探测到重要错误时，会自动创建一个事件（incident），并且捕捉到和这一事件相关的信息，同时自动进行数据库健康检查并通知 DBA。此外，这些信息还可以打包发送给 Oracle 支持团队。

（5）事件打包服务（Incident Packaging Service）。如果用户需要进一步测试或者保留相关信息，利用这一特性可以将与某一事件相关的信息打包，并且还可以将打包信息发给 Oracle 支持团队。

（6）基于特性打补丁（Feature Based Patching）。在打补丁包时，这一特性可以使用户很容易区分出补丁包中的哪些特性是自己正在使用而必须打的。企业管理器（EM）使用户能订阅一个基于特性的补丁服务，因此企业管理器可以自动扫描用户正在使用的哪些特性有补丁可以打。

（7）自动 SQL 优化（Auto SQL Tuning）。Oracle 10g 的自动优化建议器可以将优化建议写在 SQL profile 中；而在 Oracle 11g 中，可以让 Oracle 自动将 3 倍于原有性能的 profile 应用到 SQL 语句上。性能比较由维护窗口中的一个新管理任务来完成。

（8）访问建议器（Access Advisor）。Oracle 11g 的访问建议器可以给出分区建议，包括对新的间隔分区（interval partitioning）的建议。间隔分区相当于范围分区（range partitioning）的自动化版本，它可以在必要时自动创建一个相同大小的分区。范围分区和间隔分区可以同时存在于一张表中，并且范围分区可以转换为间隔分区。

（9）自动内存优化（Auto Memory Tuning）。在 Oracle 9i 中，引入了自动 PGA 优化；在 Oracle 10g 中，又引入了自动 SGA 优化。到了 Oracle 11g，所有内存可以通过只设定一个参数来实现全表自动优化。只要告诉 Oracle 有多少内存可用，它就可以自动指定将多少内存分配给 PGA、多少内存分配给 SGA，以及多少内存分配给操作系统进程。当然也可以设定最大、最小阈值。

（10）资源管理器（Resource Manager）。Oracle 11g 的资源管理器不仅可以管理 CPU，还可以管理 IO。用户可以设置特定文件的优先级、文件类型和 ASM 磁盘组。

（11）ADDM。ADDM 在 Oracle 10g 中被引入。在 Oracle 11g 中，ADDM 不仅可以给单个实例建议，而且可以对整个 RAC（即数据库级别）给出建议。另外，还可以将一些指示（directive）加入 ADDM，使之忽略一些不需要关心的信息。

（12）AWR 基线（AWR Baselines）。AWR 基线得到了扩展，可以为使用到的其他一些特性自动创建基线。默认会创建周基线。

2．PL/SQL 部分

（1）结果集缓存（Result Set Caching）。这一特性大大提高了很多程序的性能。在一些 MIS 系统或者 OLAP 系统中，需要使用到很多类似 "SELECT COUNT(*)" 这样的查询。之前，如果要提高这样的查询性能，可能需要使用物化视图或者查询重写的技术。在 Oracle 11g 中，只需要加一个 /*+result_cache*/ 的提示就可以将结果集缓存，这样就大大提高了查询性能。由于结果集是被独立缓存的，在查询期间，任何其他 DML 语句都不会影响结果集中的内容，因而可以保证数据的完整性。

（2）对象依赖性改进。在 Oracle 11g 之前，如果有函数或者视图依赖于某张表，一旦这张表发生结构变化，无论是否涉及函数或视图所依赖的属性，都会使函数或视图变为 invalid。在 Oracle 11g 中，对这种情况进行了调整：如果表改变的属性与相关的函数或视图无关，则相关对象状态不会发生变化。

（3）正则表达式的改进。在 Oracle 10g 中，引入了正则表达式，这一特性大大方便了开发人员。在 Oracle 11g 中，Oracle 再次对这一特性进行了改进。其中，增加了一个名为 regexp_count 的函数。另外，其他的正则表达式函数也得到了改进。

（4）新的 SQL 语法 "=>"。在调用某一函数时，可以通过 "=>" 来为特定的函数参数指定数据。而在 Oracle 11g 中，这一语法也同样可以出现在 SQL 语句中了。例如，可以写这样的语句：

```
SELECT f(x=>6) FROM DUAL;
```

（5）对 TCP 包（utl_tcp、utl_smtp…）支持 FGAC（Fine Grained Access Control）安全控制。

（6）增加了只读表（read-only table）。在以前，通过触发器或者约束来实现对表的只读控制。而在 Oracle 11g 中可以直接指定表为只读表。

（7）提高了触发器执行效率。

（8）内部单元内联（Intra-Unit Inlining）。在 C 语言中，可以通过内联（inline）函数或者宏实现使某些小的、被频繁调用的函数内联，编译后，调用内联函数的部分会编译成内联函数的函数体，因而提高了函数效率。在 Oracle 11g 的 PL/SQL 中，也同样可以实现这样的内联函数。

（9）设置触发器顺序。如果在一张表上存在多个触发器，在 Oracle 11g 中，可以指定它们的触发顺序，而不必担心顺序混乱导致数据混乱。

（10）混合触发器（Compound Trigger）。这是 Oracle 11g 中新出现的一种触发器，它可以让用户在同一触发器中同时具有声明部分、BEFORE 过程部分、AFTER EACH ROW 过程部分和 AFTER 过程部分。

（11）创建无效触发器（Disabled Trigger）。在 Oracle 11g 中，开发人员可以创建一个 invalid 触发器，需要时再编译它。

（12）在非 DML 语句中使用序列（Sequence）。在之前的版本中，如果要将 sequence 的值赋给变量，需要通过类似以下语句实现：

```
SELECT seq_x.next_val INTO v_x FROM DUAL;
```

在 Oracle 11g 中，通过下面语句就可以实现：

```
v_x := seq_x.next_val;
```

（13）PLSQL_Warning。在 Oracle 11g 中，可以通过设置 PLSQL_Warning=enable all，在"when others"没有错误报出时就发出警告信息。

（14）PL/SQL 的可继承性。可以在 Oracle 对象类型中通过 super（和 Java 中类似）关键字来实现继承性。

（15）提高了编译速度。因为不再使用外部 C 编译器了，因此提高了编译速度。

（16）改进了 DBMS_SQL 包。其中的改进之一就是 DBMS_SQL 可以接收大于 32KB 的 CLOB。另外，还能支持用户自定义类型和 bulk 操作。

（17）增加了 continue 关键字。在 PL/SQL 的循环语句中可以使用 continue 关键字了（功能和其他高级语言中的 continue 关键字相同）。

（18）新的 PL/SQL 数据类型——SIMPLE_INTEGER。这是一个比 pls_integer 效率更高的整数数据类型。

3．其他部分

（1）增强的压缩技术。可以最多压缩 2/3 的空间。

（2）高速推进技术。可以大大提高对文件系统的数据读取速度。

（3）增强了 Data Guard。可以创建 standby 数据库的快照，用于测试。结合数据库重演技术，可以实现模拟生成系统负载的压力测试。

（4）在线应用升级。也就是热补丁——安装升级或打补丁不需要重启数据库。

（5）数据库修复建议器。可以在错误诊断和解决方案实施过程中指导 DBA。

（6）逻辑对象分区。可以对逻辑对象进行分区，并且可以自动创建分区以方便管理超大数据库（Very Large Databases，VLDB）。

（7）新的高性能的 LOB 基础结构。

（8）新的 PHP 驱动。

2.2 安装 Oracle 11g

2.2.1 Oracle 11g 运行环境简介

Oracle 公司于 2007 年 11 月推出了 Oracle 11g 的 Windows 版，用户可以从 Oracle 公司的网站（http://www.oracle.com）上免费下载安装程序和使用文档。用户可以在 Oracle 10g 的基础上进行升级安装，得到 Oracle 11g 数据库管理系统，也可以通过执行全新安装的方式安装 Oracle 11g。

1．安装准备

在安装 Oracle 11g 数据库管理系统之前，最好确保用户的计算机系统内没有安装 Oracle 系统，否则安装难以顺利进行。对于已经安装了 Oracle 系统的计算机系统，用户必须执行一系列卸载操作，以清理原有版本的 Oracle 的痕迹，大致过程如下所示。

（1）使用 Oracle 的卸载程序或操作系统的卸载程序卸载 Oracle 系统。

（2）删除操作系统内的 Oracle 安装主目录。

（3）删除操作系统内系统盘中有关 Oracle 的目录。

（4）删除注册表中与 Oracle 有关的项和键值。

（5）正式安装 Oracle 11g 数据库管理系统。

2．系统要求

Oracle 11g for Windows 对计算机系统的要求也比较高，对软硬件的详细要求如表 2-1 所示。

表 2-1 Oracle 11g 安装要求

系 统 要 求	最 小 值
物理内存	1GB
虚拟内存	2 倍物理内存
可用磁盘空间	基本安装需要 4.55GB 高级安装需要 4.92GB
显示适配器	256 色
处理器	550MHz 主频的 Intel (x86)、AMD64 和 Intel EM64T 系列
系统结构	32 位或 64 位系统处理器
操作系统	Windows 2000 SP1 以上 Windows Server 2003 所有版本 Windows Server 2003 R2 所有版本 Windows XP Professional 版 Windows Vista Business、Enterprise 和 Ultimate 版
网络协议	TCP/IP（SSL）、命名管道
Web 浏览器	Netscape Navigator 7.2 以上 Mozilla 1.7 Microsoft Internet Explorer 6.0 SP2 以上 Firefox 1.0.4 以上

2.2.2 课堂案例1——安装 Oracle 11g

【**案例学习目标**】了解 Oracle 11g 安装需要的软硬件环境,掌握 Oralce 11g 的具体安装过程。

【**案例知识要点**】Oralce 11g 的下载、Oralce 11g 的主目录的设置、Oralce 11g 的安装、Oralce 11g 安装过程中启动数据库的创建。

【**案例完成步骤**】

下载 Oracle 11g 的安装文件"win32_11gR1_database.zip",将其解压到本地目录,接着就可以正式开始安装 Oracle 11g 了。

(1)运行 database 目录下的"setup.exe"文件,正式开始安装 Oracle 11g。

(2)安装程序首先打开"选择要安装的产品"对话框,选择安装方法,如图 2-2 所示。用户既可以选择"基本安装",也可以选择"高级安装"。在"基本安装"方式下,完成以下设置。

● 在"Oracle 基位置"中指定 Oracle 11g 的基位置。

● 在"Oracle 主目录位置"中指定安装主目录。

● 指定安装类型为"企业版"。

● 选中"创建启动数据库"选项,在安装 Oracle 11g 数据库管理系统过程中,可以同时创建启动数据库。

● 指定全局数据库名为 eBuy,数据库口令为 123456,该口令也是系统用户 SYS 和 SYSTEM 的默认登录口令,请牢记此口令。

(3)单击"下一步"按钮,打开"产品特定的先决条件检查"对话框,执行产品特定的先决条件检查,以检查当前计算机系统是否符合安装 Oracle 11g 的条件,如图 2-3 所示。

图 2-2 选择安装方法

图 2-3 产品特定的先决条件检查

(4)单击"下一步"按钮,打开"分析相关性"对话框,执行分析相关性操作,如图 2-4 所示。

(5)单击"下一步"按钮,打开"Oracle Configuration Manager 注册"对话框,进行 Oracle Configuration Manager 注册,此处使用默认的设置,如图 2-5 所示。

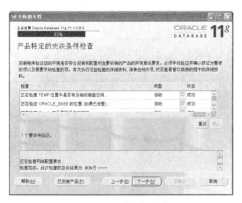

图 2-4　分析相关性

图 2-5　Oracle Configuration Manager 注册

（6）单击"下一步"按钮，打开"概要"对话框，将显示安装 Oracle 11g 的一些概要信息，如全局设置、产品语言、空间要求和新安装组件等，如图 2-6 所示。

（7）单击"安装"按钮，打开"安装"对话框，开始正式安装 Oracle 11g 数据库管理系统。系统开始执行文件复制过程，如图 2-7 所示。在此过程中，用户也可以单击"帮助"按钮获得有关安装的帮助主题。

（8）文件复制过程结束后，将使用配置助手（Configuration Assistant）进行 Oracle 11g 的配置，如图 2-8 所示。

图 2-6　安装概要

图 2-7　复制 Oracle 11g 文件

图 2-8　配置助手

（9）完成配置并启动先前所选的组件以后，接下来开始创建 Oracle 11g 的启动数据库 eBuy，如图 2-9 所示。

（10）"数据库配置助手"依次完成复制数据库文件、创建并启动 Oracle 实例和创建数据库后，数据库创建完成，将显示启动数据库的信息，如图 2-10 所示。

图 2-9　创建启动数据库

图 2-10　完成启动数据库的创建

（11）在 Oracle 11g 的安装过程中，默认情况下，只有系统账户 SYS 和 SYSTEM 处于开启状态，其余用户账户全部处于锁定状态。用户可以通过单击"口令管理"按钮，打开"口令管理"对话框，以开启或锁定指定的 Oracle 11g 用户账户，如图 2-11 所示。口令设置完成后单击"确定"按钮结束。

- 为了保证 Oracle 11g 数据库操作的安全，建议用户开启 SCOTT 用户账户，并设置口令。
- 本例中 SCOTT 用户的口令设置为"123456"。
- 本书后面章节中介绍的数据库对象，默认情况下都属于 SCOTT。

（12）在图 2-10 所示的对话框中单击"确定"按钮后，打开"安装结束"对话框，完成整个 Oracle 11g 数据库系统的安装，如图 2-12 所示。

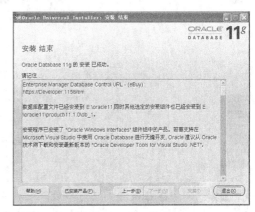

图 2-11　"口令管理"对话框

图 2-12　安装结束

（13）单击"帮助"按钮可以了解已经安装完成的 Oracle 11g 的产品清单；单击"退出"按钮，完成 Oracle 11g 的安装。

2.2.3　验证 Oracle 11g 安装

Oracle 11g 安装完成后，我们可以通过以下几种形式验证 Oracle 是否已正常安装。

1．查看安装的产品

在操作系统主界面上选择"开始"→"程序"→"Oracle-OraDb11g_home1"→"Oracle Installation Products"菜单项，启动 Oracle 通用安装器，在出现的窗口中单击"已安装产品"按钮，将看到已经成功安装的 Oracle 11g 产品组件，如图 2-13 所示。

2．查看程序组

在操作系统主界面上选择"开始"→"程序"，可以看到安装完 Oracle 11g 系统后的程序组，如图 2-14 所示。

图 2-13　已安装的产品清单

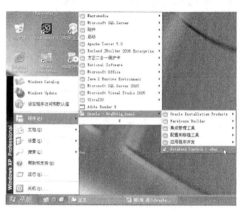

图 2-14　已安装的程序组

3．查看服务

在操作系统主界面上依次选择"设置"→"控制面板"→"管理工具"→"服务"，打开"服务"窗口，其中列出了该计算机上的所有服务，与 Oracle 11g 有关的服务如图 2-15 所示。

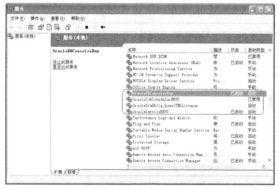

图 2-15　Oracle 11g 相关的服务

- 当 Oracle 安装完毕后，一些服务已经启动，机器运行速度会变慢。
- 建议将 Oracle 服务项中具有"自动"启动类型的服务更改为"手动"启动类型。修改方法为选中需修改服务项→单击鼠标右键→选择"属性"命令→设置"启动类型"为手动。

4．启动 OEM 控制台

在 Oralce 安装结束时，安装程序提示我们记住访问当前服务器的 URL 地址，如 https://Developer:1158/em，通过这个地址可以登录 Oracle 的 Web 方式的 OEM 管理界面，如图 2-16 和图 2-17 所示。

图 2-16　Oracle 11g OEM 登录界面

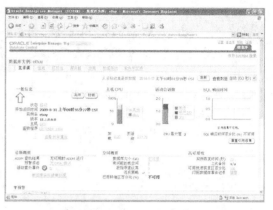

图 2-17　Oracle 11g OEM 管理界面

2.3　Oracle 11g 的基本组件

2.3.1　SQL Plus

SQL Plus 是 Oracle 公司提供的一个工具程序，它不仅可用于运行、调试 SQL 语句和 PL/SQL 块，还可以用于管理 Oracle 数据库。该工具可以在命令行执行，也可以在 Windows 窗口环境中运行。SQL Plus 提供用户与 Oracle 数据库系统进行交互式操作的环境。

从系统的 Oracle 主菜单中依次选择"应用程序开发"→"SQL Plus"，启动 SQL Plus，如图 2-18 所示。

启动 SQL Plus 成功后，首先提示用户输入用户名（如：system），接着提示输入口令（如：123456），如果验证成功，将出现登录成功的提示信息。此时，用户可以使用 SQL Plus 工具以命令方式进行 Oracle 数据库管理、联机分析处理（On-Line Analytical Processing，OLAP）、数据挖掘（Data Mining）和实时应用程序测试。

用户也可以打开 Windows 命令窗口，输入以下格式的命令直接进入 SQL Plus（见图 2-18）：

```
SQLPLUS <用户名>/<口令>@<数据库实例名> AS <身份类型>
```

例如：

```
C:\>SQLPLUS SYS/123456@eBuy AS SYSDBA
```

结果如图 2-19 所示。

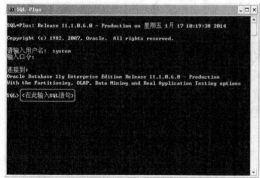

图 2-18　运行 SQL Plus

图 2-19　登录 SQL Plus

> 在 OEM 和 SQL Plus 中使用哪个登录用户，取决于 DBA 的操作要求，同时，对登录用户的选择也决定了对数据库拥有的权限。

一般情况下，在 SQL Plus 中执行命令有两种方法。

1. 直接执行 SQL 语句

如果要在当前用户状态下查询 SCOTT 用户下的 emp 表中的信息，可以使用以下 PL/SQL 语句：

```
SELECT * FROM SCOTT.EMP;
```

运行结果如图 2-20 所示。

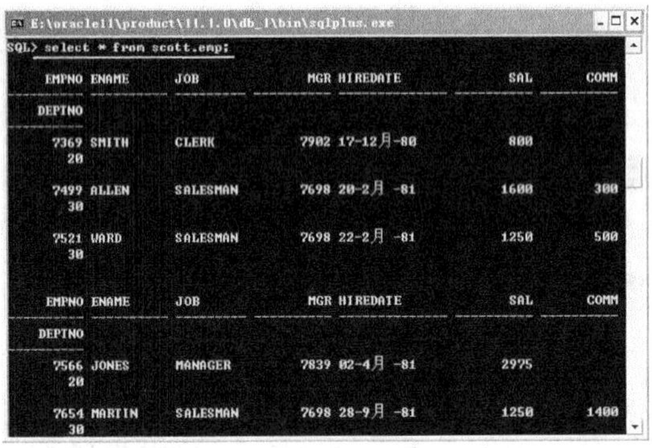

图 2-20　SQL Plus 下直接执行命令

2. 执行保存 SQL 语句的脚本文件

由于在 SQL Plus 中直接输入命令时，编辑起来不方便。因此，如果要执行的语句较长或者要执行的是 PL/SQL 语句块时，一般会把要执行的命令先编辑到.sql 文件中，然后在 SQL Plus 中通过"@"或者"START"命令执行对应的 SQL 脚本文件。执行 SQL 脚本文件的命令格式如下：

```
START C:\DEMO.SQL
```

或

```
@ C:\DEMO.SQL
```

如果在 demo.sql 文件中包含有一条命令：

```
desc scott.emp;
```

则在 SQL Plus 中运行脚本文件的情况如图 2-21 所示。

图 2-21　SQL Plus 执行脚本文件

● 在命令窗口中输入 quit 或 exit 命令可以退出 SQL Plus。

● Oracle 11g 没有提供类似于 Oracle 10g 中的 iSQLPlus 的方式。

2.3.2　SQL Developer

SQL Developer 是一款功能强大的 RDBMS 管理工具，它提供了适应于 Oracle、Access、MySQL、SQL Server 等多种不同 RDBMS 的集成开发环境。使用 SQL Developer，既可以同时管理各种 RDBMS 的数据库对象，还可以在该环境中进行 SQL 程序开发。

Oracle 11g 集成了 SQL Developer 1.1.3，要求拥有至少 JDK 1.5 以上版本的 Java 平台。（在 Oracle 11g 的安装过程中已经集成安装了 JDK1.5.0_11，安装目录为%Oracle_HOME%\product\11.1.0\db_1\jdk。）

下面简单介绍 SQL Developer 的启动和使用。

（1）从系统的 Oracle 主菜中依次选择"应用程序开发"→"SQL Developer"，启动 Oracle SQL Developer。在第一次启动 SQL Developer 的过程中，用户需要选择合适的 Java 平台的 java.exe 命令以运行 SQL Developer 环境，此时选择%Oracle_HOME%\product\11.1.0\db_1\jdk\bin 目录下的"java.exe"即可，如图 2-22 所示。用户也可以选择自己安装的最新版本的 JDK 环境。

（2）程序启动后进入 Oracle SQL Developer 主界面，如图 2-23 所示。

图 2-23　SQL Developer 主界面

图 2-22　选择 java.exe

（3）使用 SQL Developer 进行数据库管理和开发时，首先需要从左边栏内双击 Connections 图标，打开如图 2-24 所示的对话框，以新建一个数据库连接。

根据前面的安装过程，指定任意符合标识符定义的连接名称，如 eBuy，指定用户名和口令分别为 SYSTEM 和 123456；选择数据库类型为 Oracle，并指定系统标识符（SID）为已经在 Oracle 11g 中存在的 eBuy。此时 SYSTEM 用户将以数据库管理员的身份登录服务器。默认情况下用户的 Role（角色）为"default"，可以更改 Role 为 SYSDBA。

设置完成后，单击"Test"按钮，可以测试与 Oracle 数据库服务器的连接，如果连接成功，将在对话框左下角处显示"Status：Success"。

（4）最后，单击"Connect"按钮，建立 SQL Developer 与 Oracle 11g 系统中 SID 为 eBuy 的数据库的连接。建立连接后的 SQL Developer 运行界面如图 2-25 所示。

图 2-24 新建数据库连接　　　　　　图 2-25　建立连接后的 SQL Developer 运行界面

- Oracle 10g 并没有集成 SQL Developer，需要单独进行安装。
- 利用 SQL Developer 可以方便地实现对 Oracle 数据库的管理，在后续的章节中将进行详细介绍。

2.3.3　Database Console

Database Console 是 Oracle 提供的基于 Web 方式的图形用户管理界面。有关 Oracle 数据库的大部分管理操作都可以在 Database Console 中完成。Oracle 中的 Database Console 称为 Oracle Enterprise Manager（OEM），基于 OEM 的数据库管理方式也是本书要介绍的重要内容。

用户可以从系统的 Oracle 主菜单中选择"Database Console − eBuy"，启动 Oracle 数据库 Web 控制台。也可以直接在浏览器中输入"https://localhost:1158/em"进入 Database Console 登录界面，如图 2−26 所示。

输入用户名 SYS 和口令 123456 后，选择 SYSDBA 连接身份，单击"登录"按钮，以超级管理员身份进入 Database Console 主界面，如图 2−27 所示。

图 2-26　Database Console 登录界面

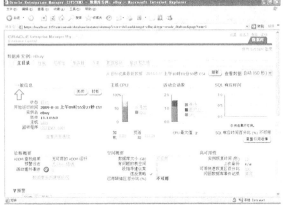

图 2-27　Database Console 主界面

- 与 Oracle 10g 及以前版本不同的是，Oracle 11g 的 Database Console 的 URL 通信传输协议已经由 HTTP 改变为 HTTPS。
- Oracle 中的 OEM 类似于 SQL Server 2000 中的企业管理器和 SQL Server 2005 中的 SQL Server Management Studio（SSMS）。

2.4 Oracle 11g 服务的启动与关闭

Oracle 11g 安装成功后，将在操作系统中注册多项服务，这些都是 Oracle 11g 运行所必需的。以仅安装 eBuy 数据库实例的 Oracle 11g 系统为例，有以下服务被注册：

- OracleOraDb11g_home1TNSListener；
- OracleDBConsoleeBuy；
- OracleServiceeBuy；
- OracleJobSchedulereBuy。

通常当创建数据库并完成安装后，以下两个主要服务会自动启动。

（1）OracleService<SID>。Oracle 数据库服务。该服务为数据库实例系统标识符 SID 而创建，SID 是 Oracle 安装期间输入的数据库服务名字（如 eBuy）。该服务是强制性的，它担负着启动数据库实例的任务。

如果没有启动该服务，则当使用任何 Oracle 工具（如 SQL Plus）时，将出现 ORA-12560 的错误信息提示。该信息内容是 "ORA-12560 TNS: protocol adapter error"，这也意味着数据库管理系统的管理对象没有启动，即数据库没有工作。当系统中安装了多个数据库时，会有多个 OracleService<SID>，SID 会因数据库不同而不同。一般将服务的启动类型设置为 "自动"，这样，当计算机系统启动后该服务会自动启动。也可通过手动方式启动服务，如：

```
C:\>net start OracleService<SID>。
```

（2）OracleOraDb11g_home1TNSListener。Oracle 数据库监听服务。该服务承担着监听并接收来自客户端应用程序的连接请求任务。当 Windows 操作系统重新启动后，该服务将自动启动。如果该服务没有启动，那么当使用一些 Oracle 图形化的工具进行连接时，将出现错误信息 "ORA-12541 TNS: no listener"，但对一般的连接并无影响。例如，启动 SQL Plus 并进行连接时，不会出现错误信息提示。一般将该服务的启动类型设置为 "自动"，这样，当计算机系统启动后该服务会自动启动。也可通过手动方式启动服务，如：

```
C:\>net start OracleOraDb11g_home1TNSListener。
```

要启动和关闭 Oralce 11g 的相关服务，一般情况下有两种方法：通过 Windows 操作系统的 "服务" 管理器启动和停止、以命令方式启动和关闭。

1．通过 Windows 操作系统的服务管理器启动和停止

启动 Windows 操作系统的服务管理器，如图 2-15 所示。在服务管理器中对指定的服务执行启动和停止操作即可。

2．在命令提示符下通过命令完成启动

事实上，除了在 Windows 操作系统的服务管理器中启动或停止以上数据库服务外，也可在 DOS 提示符中通过使用 net 命令来启动或停止服务，格式如下。

- 启动服务：net start <Service_name>。
- 停止服务：net stop <Service_name>。
- 查找帮助：net-h。

对 Listener 的操作可以在命令行提示符下输入 lsnrctl 对 LSNRCTL 状态进行操作，也可以使用 lsnrctl status 等方式操作，格式如下。

- 停止监听服务：lsnrctl stop listener。
- 启动监听服务：lsnrctl start listener。
- 查看当前 Listener 的状态：status。

查看当前 Listener 状态的情况如图 2-28 所示。

图 2-28   在命令提示符下查看 Listener

在 Oracle 11g 连接上出现的问题多数都与 OracleOraDb11g_home1TNSListener 服务有关。如果在启动 SQL Plus 时出现 "ORA-12560:TNS：协议适配器错误"，一般的解决方法如下。

（1）检查监听服务是否启动。

执行如下操作：开始→程序→管理工具→服务，打开服务面板，启动 oraclehome 92TNSlistener 服务。

（2）检查 Database Instance 是否启动。

执行如下操作：开始→程序→管理工具→服务，打开服务面板，启动 oracleservice ×××，其中×××就是数据库的 SID。

（3）检查注册表。

- 运行 Regedit 命令，然后进入 HKEY_LOCAL_MACHINE\SOFTWARE\Oracle\ HOME0，将环境变量 Oracle_SID 设置为×××，其中×××就是数据库的 SID；
- 执行如下操作：我的电脑→属性→高级→环境变量→系统变量→新建，设置 "变量名=Oracle_sid"，"变量值=×××"，其中×××就是数据库的 SID；
- 进入 SQL Plus 之前，在命令行提示符下输入 SET Oracle_sid=×××，其中× ××就是数据库的 SID。

2.5   Oracle 11g 的体系结构

Oracle 11g 数据库管理系统的体系结构大致如图 2-29 所示，它由 Oracle 数据库和 Oracle 实例组成。每个运行的 Oracle 数据库都和一个 Oracle 实例相对应。

Oracle 实例是存取和控制 Oracle 数据库的软件机制。在数据库服务器中，当每次启动一个 Oracle 数据库实例时，分配系统全局区（System Global Area，SGA）来启动一个或多个 Oracle 进程。SGA 和 Oracle 进程的集合就是一个 Oracle 实例。实例的内存和进程用于管理数据库的数据，并服务于数据库的一个或多个用户。

Oracle 数据库的物理结构和逻辑结构是分开的。Oracle 11g 的物理结构包括数据文件、重做日志文件和控制文件，每个 Oracle 数据库包含一个或多个数据文件、两个或更多的重做日志文件以及一个或多个控制文件，这些文件为数据库信息提供了实际的物理存储。Oracle 11g 的逻辑结构包括表空间、用户方案对象、数据块、范围和段，通过这些逻辑结构来控制磁盘空间的使用。

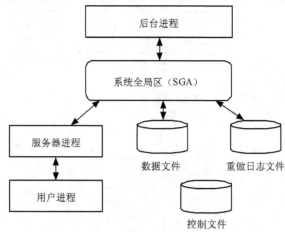

图 2-29　Oracle 数据库管理系统的体系结构

2.5.1　Oracle 进程结构

Oracle 11g 实例是一种多进程实例，其中的服务器进程既可以和用户进程之间保持一对一的关系，也可以是一对多的关系。每个 Oracle 实例可以有许多后台进程，包括：

● 数据库写进程（DBW0 或 DBWn）；
● 日志写进程（LGWR）；
● 检查点进程（CKPT）；
● 系统监控进程（SMON）；
● 进程监控（PMON）；
● 存档进程（ARCH）；
● 恢复进程（RECO）；
● 锁进程（LCKn）；
● 作业队列进程（SNPn）；
● 队列监控进程（QMNn）；
● 调度程序进程（Dnnn）；
● 共享服务器进程（Snnn）。

每个后台进程的作用及其相互关系如图 2-30 所示。

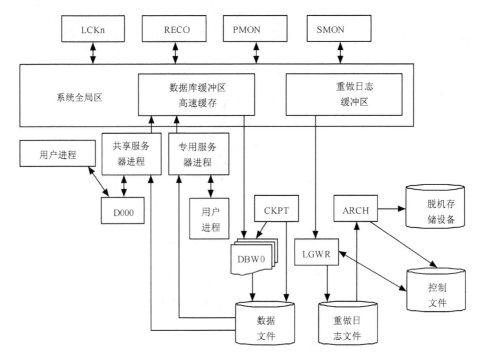

图 2-30   多进程 Oracle 实例的后台进程

2.5.2   Oracle 内存结构

Oracle 在内存中保存以下信息：

● 正在执行的程序代码；

● 连接的会话信息；

● 在程序执行期间需要的信息（如查询的当前状态）；

● 在 Oracle 进程间共享和通信的信息（如锁信息）；

● 永久保存在辅存中的高速缓存数据（如数据块和重做日志条目）。

通常，计算机系统可用的内存越多，Oracle 系统的性能就越佳。Oracle 的基本内存结构有软件代码区、系统全局区、程序全局区和排序区。

1．软件代码区

软件代码区用于保存正在执行或可能执行的代码。软件代码区的大小一般不变，只在软件被安装或重新安装时修改，它的大小根据操作系统而异。

软件代码区是只读的，可以被安装为共享的或非共享的。当 Oracle 代码共享时，所有 Oracle 用户都可以存取它而不需要在内存中有多份复制。

2．系统全局区

系统全局区（SGA）是由 Oracle 系统为实例分配的共享内存结构，包含该实例的数据和控制信息。若多个用户同时连接到一个实例，则该实例的 SGA 中的数据在用户之间被共享，SGA 因此也被称为共享全局区。

在启动实例时，SGA 被自动分配内存；当关闭实例时，操作系统回收内存。SGA 是可读写的，连接到多进程 Oracle 数据库实例的所有用户都可以读取该实例的 SGA 中的信息，但只有几个特殊进程可以写 SGA。

SGA 中的存储信息可以将 SGA 划分为以下几个区。

● 数据库缓冲区高速缓存：由一组缓冲区组成，用于保存来自数据文件的复制，同时连接到 Oracle 实例的所有用户进程共享其中的共享缓冲区。

● 重做日志缓冲区：用于保存对数据库所做的全部修改信息的环形缓冲区，这些修改信息的产生由 INSERT、UPDATE、DELETE、CREATE、ALTER 或 DROP 等操作对数据库所做的修改所致，保存在重做条目中。在需要时，重做条目可用于恢复数据库，用于重建或回滚对数据库所做的修改。

● 共享池：主要包含库高速缓存、数据字典高速缓存和控制结构。

3．程序全局区

程序全局区（Program Global Areas，PGA）包含服务器和后台进程的数据及控制信息，因此 PGA 也被称为进程全局区。

PGA 是进程可以写的非共享内存区域。在用户连接到 Oracle 数据库和创建会话时，Oracle 将为每个服务器进程分配 PGA。PGA 进程是独占的，它只能由该进程上的 Oracle 代码来读/写。

PGA 的内容取决于实例是否运行多进程服务器，包括堆栈空间、会话信息和私有 SQL 区，其大小固定，由操作系统指定。初始化参数 OPEN_LINKS、DB_FILE 和 LOG_FILES 会影响 PGA 的大小。

4．排序区

Oracle 利用排序区的内存部分进行排序，排序区存在于要求排序的用户进程的内存中。排序区可以增长到容纳下被排序的全部数据，但它受初始化参数 SORT_AREA_SIZE 值的限制。

若被排序的数据不能全部放入排序区中，则数据将被分割为更小的块，这些块被单独排序，从而能够放入排序区。

2.6 PL/SQL 语言基础

2.6.1 PL/SQL 简介

PL/SQL（Procedural Language/SQL）是 Oracle 对标准 SQL 进行扩展的结构化查询语言，它在保留标准 SQL 的基础上，适当增加了部分内容，如包、数据类型、异常处理等。它不仅允许嵌入 SQL 语句，而且允许定义常量和变量，允许过程语言结构（条件分支语句和循环语句），也允许使用异常处理 Oracle 错误等，在运行 Oracle 的任何平台上，应用开发人员都可以使用 PL/SQL。通过使用 PL/SQL，可以在一个 PL/SQL 块中包含多条 SQL 语句和 PL/SQL 语句，各个语句以分号（；）作为结束标记。

2.6.2 PL/SQL 块

块（Block）是 PL/SQL 的基本程序单元，编写 PL/SQL 程序实际上就是编写 PL/SQL 块。完成相对简单的功能时，可以需要一个 PL/SQL 块，而完成相对复杂的功能时，可能需要在一个 PL/SQL 块中嵌套其他 PL/SQL 块，Oracle 对块的嵌套次数没有限制。

1．PL/SQL 块结构

PL/SQL 块由 3 个部分组成：定义部分、执行部分和异常处理部分。其中，定义部分用于定义常量、变量、游标、异常、复杂数据等；执行部分用于实现应用模块功能，它包含了待执行的 PL/SQL 语句和 SQL 语句；异常处理部分用于处理执行部分可能出现的运行时的错误。PL/SQL 块的基本结构如下所示：

```
[ DECLARE
    /* 定义部分 */ ]
BEGIN
    /* 执行部分 */
[ EXCEPTION
    /* 异常处理部分 */ ]
END;
```

其中，定义部分是以 DECLARE 开始的可选项，执行部分是从 BEGIN 开始的必选项，异常处理部分是以 EXCEPTION 开始的可选项，而 END 是整个 PL/SQL 块的结束标记。

【例 2-1】 显示问候语的简单 PL/SQL 块。

```
SET SERVEROUTPUT ON
BEGIN
    DBMS_OUTPUT.PUT_LINE('Hello, world!');
END;
```

在该 PL/SQL 块中，DBMS_OUTPUT 是 Oracle 所提供的系统包，PUT_LINE 是该包所包含的过程，用于输出字符串信息。当使用该包输出数据或消息时，必须将环境变量 SERVEROUTPUT 设置为 ON，而且在同一个 PL/SQL 运行环境中，只需设置一次即可。关于包的详细介绍，请参见第 7 章的内容。

执行该 PL/SQL 块时，将输出消息"Hello，world!"。

2．PL/SQL 块分类

根据需要实现的应用模块功能，PL/SQL 块可以分为匿名块、命名块、存储过程和触发器 4 种类型。下面分别介绍匿名块和命名块，关于存储过程和触发器，请分别参见第 7 章和第 9 章。

（1）匿名块。匿名块是指没有指定名称的 PL/SQL 块，匿名块既可以被嵌入应用程序（如 Pro*C/C++）中，也可以在交互式环境（如 SQL Plus）中直接使用。【例 2-1】所示的就是一个没有给出任何名称的匿名块。

（2）命名块。命名块是指具有特定名称标识的 PL/SQL 块，同匿名块一样，命名块也可以被嵌入到应用程序中或在交互式环境中直接使用。但与匿名块不同的是，命名块在定义之前以 "<<" 和 ">>" 标识。

【例 2-2】 简单的 PL/SQL 命名块。

```
SET SERVEROUTPUT ON
<<print_hello>>
BEGIN
    DBMS_OUTPUT.PUT_LINE('Hello,world!');
END;
```

其中，"<<print_hello>>"是命名块的标识。

当使用嵌套块时，为了区分嵌套层次关系，可以通过对不同的块使用不同的名称加以标识和区分。

【例 2-3】 嵌套的 PL/SQL 命名块。

```
SET SERVEROUTPUT ON
<<outer>>
DECLARE
    v_name VARCHAR(20);
BEGIN
    <<inner>>
    BEGIN
        v_name := ' 刘志成' ;
    END;
    DBMS_OUTPUT.PUT_LINE(v_name);
END;
```

其中，"<<outer>>"和"<<inner>>"分别表示外层块（主块）和内层块（子块）的标识。

执行该块，将输出显示"刘志成"。

2.6.3 PL/SQL 标识符

为了有效地使用 PL/SQL 进行程序设计，必须引入标识符以区分各种常量、变量、存储过程名、函数名、触发器名等。PL/SQL 的标识符遵循以下命名规则：

（1）标记符只能包含字母（a~z 或 A~Z）、数字（0~9）或符号（ ）＋－＊/＜＞＝！～；：．` @ ％，"'＃^＆|｛｝？［］；

（2）标识符不能超过 30 个字符；

（3）标识符不区分大小写，如 v_empname 和 v_EmpName 是同样的标识符，但使用大小写区分的标识符可读性更强。

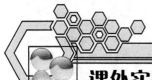

课外实践

【任务 1】
从网上搜索并下载 Oracle 11g 试用版，根据 Oracle 11g 的安装要求配置好计算机的软硬件。

【任务 2】
安装所下载的 Oracle 11g，并记录安装步骤和安装过程中出现的问题（特别要记住安装时的口令和访问 OEM 的 URL 地址）。

【任务 3】
启动 Oracle 11g 的 OEM，并试着以 SYSTEM 用户和 SYS 用户登录 OEM，认识 Oracle 11g 的基本界面和基本操作方式。

【任务 4】
启动 SQL Plus，并试着以 SYSTEM 用户和 SYS 用户登录，通过运行简单的 PL/SQL 命令体会 SQL Plus 的基本使用方式。

【任务 5】
启动 SQL Developer，试着建立到 Oralce 数据库的连接，认识 SQL Developer 的各个组成部分，通过操作体会其基本用法。

【任务 6】
查阅资料，以小组形式讨论 SQL Server 2008 与 Oracle 11g 的异同。

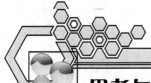

思考与练习

一、填空题

1. 默认情况下 OEM 的 URL 地址是_____。

2. Oracle 9i 发布于_____年，其中的"i"代表_____；Oracle11g 发布于_____

年，其中的"g"代表_____。

3. 在 Oracle 的内存结构中，用于保存正在执行或可能执行的代码的区是_____。

4. 在 Oracle 的进程结构中，用于实现进程监控功能的进程是_____。

二、选择题

1. _____是 Oracle 系统为实例分配的共享内存结构。

A. 代码区　　　　B. 系统全局区　　　　C. 程序全局区　　　　D. 排序区

2. 在 Oracle 的进程结构中，检查点进程是_____。

A. LGWR　　　　B. CKPT　　　　C. SMON　　　　D. PMON

3. 下列用于启动 Listener 服务的命令是_____。

A. net start <Service_name>　　　　　　B. net stop <Service_name>

C. lsnrctl stop listener　　　　　　D. lsnrctl start listener

4. 在安装 Oracle 时，自动开启了的账号是_____。

A. System　　　　B. Sa　　　　C. Scott　　　　D. Administrator

三、简答题

1. 查阅资料，了解目前主流的关系型数据管理系统有哪些，并对这些数据库管理系统进行简单比较。

2. 简要说明 Oracle 数据库体系的内存结构。

3. 简要说明多进程 Oracle 实例系统中各后台进程的作用。

PART 3

第 3 章
数据库操作

【学习目标】

本章将向读者介绍 Oracle 数据库概述、使用 DBCA 方式管理数据库实例、使用 PL/SQL 方式管理数据库实例、使用 OEM 和 PL/SQL 方式管理表空间等基本内容。本章的学习要点主要包括：

（1）Oracle 数据库概述；

（2）使用 DBCA 和 PL/SQL 方式创建数据库实例；

（3）使用 DBCA 和 PL/SQL 方式修改数据库实例；

（4）使用 DBCA 和 PL/SQL 方式删除数据库实例；

（5）使用 OEM 和 PL/SQL 方式管理表空间。

【学习导航】

Oracle 数据库实例是存取和控制 Oracle 数据库的软件机制。Oracle 11g 为 DBA 提供了 DBCA 和 PL/SQL 命令两种方式来管理数据库实例。表空间作为数据库的一种逻辑单元，负责管理组成数据库的数据文件，可以通过 OEM 和 PL/SQL 语句进行管理。本章内容在 Oracle 数据库系统管理与应用中的位置如图 3-1 所示。

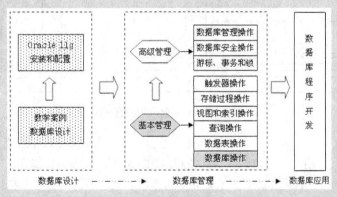

图 3-1　本章学习导航

3.1 数据库概述

数据库的创建和管理是 Oracle 11g 最基本的工作之一，数据库是 Oracle 11g 用于组织和管理数据的对象。用户使用 Oracle 11g 物理设计和实现应用系统中的数据库，首先就是要设计和实现数据的表示和存储结构。

3.1.1 Oracle 数据库

Oracle 11g 数据库作为一种数据容器，包含了表、索引、视图、存储过程、函数、触发器、包和聚集等对象，并对其进行统一管理。数据库用户只有建立和指定数据库的连接后，才可以管理该数据库中的数据库对象和数据。

Oracle 11g 数据库从结构上可以分为逻辑结构和物理结构两类。Oracle 11g 数据库的逻辑结构从数据库内部考虑 Oracle 数据库的组成，包括表空间、表、段、分区和数据块等；物理结构从操作系统的角度认识 Oracle 数据库的组成，包括数据文件、重做日志文件和控制文件等各种文件。

1. Oracle 数据库的逻辑结构

Oracle 数据库系统逻辑结构中的各种组成元素（表空间、表、段、分区、数据块）之间存在一定的联系，如图 3-2 所示。

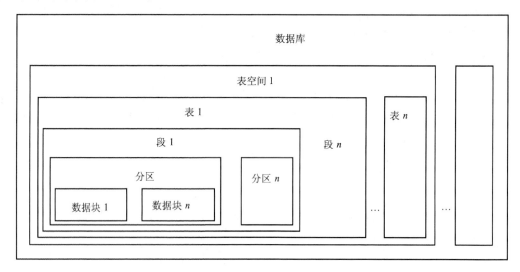

图 3-2　Oracle 数据库的逻辑结构

（1）表空间（Table Space）。每个数据库在逻辑上由一个或多个表空间组成，每个表空间由一个或多个数据文件组成，表空间中其他逻辑结构的数据均物理的存储在这些数据文件中。

（2）表（Table）。表是存放数据的数据库对象，它是一种二维表格结构。Oracle 数据库中的表分为系统表和用户表，系统表存储数据字典，用户表存储用户的数据。

（3）段（Segment）。按照数据处理要求的不同，有时候需要将表空间划分为不同区域，以存放不同的数据，这些区域称为"段"。Oracle 11g 数据库中有 4 种类型的段：数据段、索引段、回滚段和临时段。

● 数据段：每个表拥有一个数据段，用来存放所有数据。

● 索引段：每个索引拥有一个索引段，用来存储索引数据。

● 回滚段：回滚段由数据库管理员建立，用于临时存储可能会被撤销的信息，这些信息用于生成读一致性的数据库信息，在数据库恢复时回滚未提交的事务。

● 临时段：临时段是当 PL/SQL 语句需要临时工作区时由 Oracle 数据库创建的，PL/SQL 语句执行完毕后，临时段的区间由 Oracle 系统收回。

（4）分区（Extent）。分区是在数据库存储空间中分配的一个逻辑单元，由多个分区组成一个段。当段中已有空间用完时，该段就会获取另外的分区。

（5）数据块（Data Block）。数据块是 Oracle 数据库中数据文件的最小存储空间单位，Oracle 11g 数据库常用的数据块大小可以是 2KB 或 4KB。

2．Oracle 数据库的物理结构

Oracle 数据库系统以各种文件（数据文件、重做日志文件、控制文件等）的形式存储。在磁盘空间中，这些文件具有活动性和可扩充性，可以随着应用程序的增大和数据的增加而发生变化。

（1）数据文件（Data File）。Oracle 数据库的数据文件包含该数据库的全部数据，每个 Oracle 数据库拥有一个或多个数据文件，但一个数据文件只能属于一个数据库，也可能属于一个表空间。一个或多个数据文件组成一个表空间，这些数据文件的大小是可以动态改变的，每当创建新的表空间时，新的数据文件就被创建到该表空间中。数据文件一旦被加入到指定的表空间中，就一直逻辑固定在该表空间中，不能再从这个表空间中移走，也不能联系其他表空间。

有时候，需要将数据库对象存储在不同的表空间中，可以通过将它们各自的数据文件存放在不同的磁盘空间上进行物理分割来实现。

（2）重做日志文件（Redo Log Files）。Oracle 数据库的重做日志文件记录了所有的数据库事务，包括用户对数据库所做的任何改变。当数据库中的数据遭到破坏时，可以使用这些重做日志来恢复数据库。

一个 Oracle 数据库至少有两个重做日志文件。在创建数据库时，可以设置一个或者多个重做日志组同时工作，每个重做日志组包含一个或多个重做日志文件。Oracle 以循环方式向重做日志文件写入日志记录，当第 1 个日志文件被填满后，就向第 2 个日志文件继续写入，依此类推，直至所有重做日志文件都被填满时，再返回第 1 个日志文件，使用新事务日志记录对第 1 个日志文件进行重写。

（3）控制文件（Control File）。控制文件用于记录 Oracle 数据库的物理结构和数据库中所有文件的控制文件，包括 Oracle 数据库的名称与建立时间、数据文件与重做日志文件的名称及其所在位置、日志记录序列码等。

每个 Oracle 数据库都有一个或多个控制文件，当数据库启动时，Oracle 系统会立即读取控制文件的内容，核实在上次关闭数据库时与该数据库关联的文件是否均已就位，根据这些信息通知数据库实例是否需要对数据库执行恢复操作。由于控制文件对于数据库的重要性，为了避免由于控制文件被破坏而导致 Oracle 数据库系统异常，应该为数据库配备多个控制文件，并将各个控制文件分散到不同的磁盘空间中，以降低单个磁盘空间失效所带来的风险。

实际上，表空间和数据文件分别是 Oracle 数据库在逻辑结构和物理结构上的存储单元，它们和数据库之间的关系如图 3-3 所示。

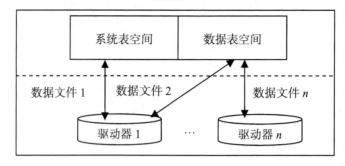

数据库

| 系统表空间 | 数据表空间 |

数据文件 1　　数据文件 2　　　　数据文件 *n*

驱动器 1　　...　　驱动器 *n*

图 3-3　Oracle 数据库、表空间和数据文件的关系

3.1.2　数据库实例

数据库实例（Instance）也被称为服务器（Server），是用来访问数据库文件集的存储结构及后台进程的集合。采用 Oracle 并行服务器技术后，一个数据库可以被多个实例访问。

Oracle 数据库中一个实例对应一个初始化文件 init.ora，它决定实例的大小、组成等参数，该文件在实例启动时被读取，并能够在运行时被数据库管理员修改。该初始化文件通常还包含对应的实例名称，如对于名称为 eBuy 的实例，其初始化文件通常被命名为"initeBuy.ora"。

● 为简便起见，本书中部分地方使用"数据库"作为"数据库实例"的简称。

3.2　创建数据库实例

Oracle 11g 数据库可以通过 DBCA（Oracle Database Configuration Assistant）的操作界面创建，也可以使用 PL/SQL 语句创建。在创建 Oracle 数据库时，执行创建操作的用户必须是系统管理员或被授权使用 CREATE DATABASE 的用户，同时需要确定全局数据库名称、SID、所有者、数据库大小、重做日志文件和控制文件等。

3.2.1　课堂案例 1——使用 DBCA 创建数据库实例

【案例学习目标】学习使用 Oracle 数据库配置助手创建数据库实例的方法，掌握使用 DBCA 创建数据库的一般步骤。

【案例知识要点】数据库模板的选择、新建数据库的标识、数据库身份证明、配置存储选项、配置恢复选项、配置数据库内容、配置数据库初始参数、安全配置。

【案例完成步骤】

使用 DBCA 创建数据库的步骤相对较多，但操作起来比较简单。下面以创建名称为 eBook 的数据库为例进行介绍。

（1）从"程序"菜单中选择"Oracle-OraDb11g_home1"→"配置和移植工具"→"Database Configuration Assistant"命令，启动 DBCA。启动完毕后自动打开"欢迎使用"对话框，如图 3-4 所示。

（2）单击"下一步"按钮，打开"步骤 1（共 14 步）：操作"对话框并选择操作类型，如图 3-5 所示。

Oracle 11g 的 DBCA 提供了 5 种操作类型，以协助 DBA 进行不同类型的数据库管理工作：

● 创建数据库；

图 3-4　DBCA 欢迎使用界面

图 3-5　选择操作类型

● 配置数据库选件；

● 删除数据库；

● 管理模板；

● 配置自动存储管理。

（3）选择操作类型为"创建数据库"，单击"下一步"按钮，打开"步骤 2（共 14 步）：数据库模板"对话框，选择数据库模板，如图 3-6 所示。

Oracle 11g 的 DBCA 提供了 3 种数据库模板：

● 一般用途或事务处理；

● 定制数据库；

● 数据仓库。

DBA 可以直接使用这些模板创建新的 Oracle 11g 数据库，也可以根据实际需要进行再调整。

（4）选择数据库模板类型为"一般用途或事务处理"，单击"下一步"按钮，打开"步骤 3（共 14 步）：数据库标识"对话框，创建数据库标识，如图 3-7 所示。

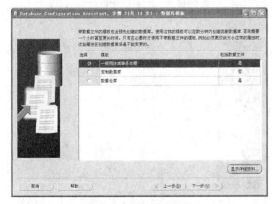

图 3-6　选择数据库模板

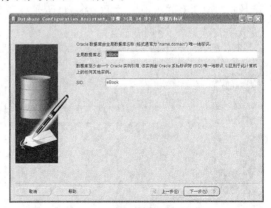

图 3-7　创建数据库标识

全局数据库名是能够在网络上唯一标识每个 Oracle 数据库的标识符，它由 Oracle SID 和网

域名称组成，格式为

```
[Oracle SID].[服务器所在网域的名称]
```

为了标识方便，此处把 Oracle 11g 数据库的全局数据库名和 SID 都设置为 "eBook"。

（5）单击"下一步"按钮，打开"步骤 4（共 14 步）：管理选项"对话框，配置管理选项，如图 3-8 所示。

（6）保持默认项"配置 Enterprise Manage"被选中，单击"下一步"按钮，打开"步骤 5（共 14 步）：数据库身份证明"对话框，管理数据库身份证明，如图 3-9 所示。

图 3-8　配置管理选项

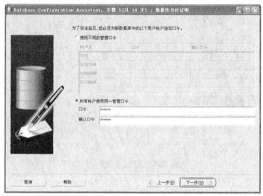

图 3-9　管理数据库身份证明

选中"所有账户使用同一管理口令"选项，并输入口令和确认口令均为"123456"。实际上，DBA 应该为不同的账户设置不同的口令，可以选中"使用不同口令"选项，为不同的账户输入不同的口令，并保证口令和确认口令的内容一致。

- Oracle 11g 数据库对账户名称不区分大小写，但对口令却严格区分大小写。
- 为安全起见，请设置一个安全度较高的口令。
- 也可以在数据库创建成功后更改各个账户的口令。

（7）单击"下一步"按钮，打开"步骤 6（共 14 步）：存储选项"对话框，配置存储选项，如图 3-10 所示。选择"文件系统"选项，创建的 Oracle 11g 数据库将使用文件系统进行数据库存储。

（8）单击"下一步"按钮，打开"步骤 7（共 14 步）：数据库文件所在位置"对话框，配置数据库文件所在位置，如图 3-11 所示。这里我们指定要创建的数据库文件的位置为"使用模板中的数据库文件位置"。

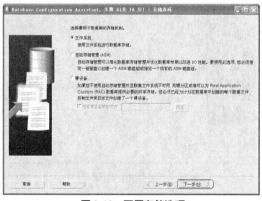

图 3-10　配置存储选项

图 3-11　配置数据库文件所在位置

（9）单击"下一步"按钮，打开"步骤 8（共 14 步）：恢复配置"对话框，进行恢复配置，如图 3-12 所示。这里采用默认选项"指定快速恢复区"，指定大小的快速恢复区将作为备份和恢复的基础。

（10）单击"下一步"按钮，打开"步骤 9（共 14 步）：数据库内容"对话框，配置数据库内容，如图 3-13 所示。

选择"示例方案"选项，创建可以在演示程序中使用的示例方案，该示例方案使用分层方法解决复杂问题。也可以通过"定制脚本"选项卡，指定创建数据库后希望运行的脚本，如图 3-14 所示。

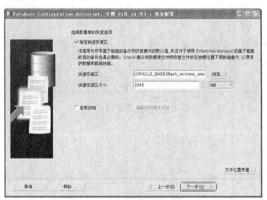

图 3-12 配置恢复配置项

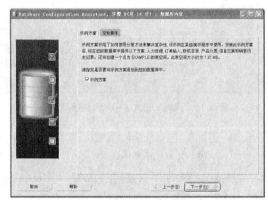

图 3-13 配置数据库内容

（11）数据库内容配置完成后，在图 3-14 所示的对话框中单击"下一步"按钮，打开"步骤 10（共 14 步）：初始化参数"对话框，配置初始化参数，如图 3-15 所示。

图 3-14 指定运行的脚本

图 3-15 配置初始化参数

配置初始化参数分为内存、调整大小、字符集和连接模式这 4 个方面来完成。

● 对于配置"内存"选项，DBCA 提供了典型和定制两种配置方法。使用典型配置，Oracle 11g 数据库系统按照物理内存总量的百分比来分配内存，该百分比取决于服务器实际物理内存的大小。定制配置适合于经验丰富的 DBA 采用，此时，DBA 可以自行决定 SGA 和 PGA 的内存配置情况。

● 配置"调整大小"，DBA 既可以指定块的大小，也可以指定同时连接此数据库的操作系统用户进程的最大数量，如图 3-16 所示。此时采用默认设置值。

● 选择"字符集"选项卡，配置 Oracle 11g 数据库所采用的字符集。中文版的 Oracle 11g

数据库系统既可以采用默认的中文字符集或国际通用的 Unicode 字符集，也可以从字符集列表中选择合适的字符集。然后配置国家字符集、默认语言和默认日期格式，此处均采用默认值，如图 3-17 所示。

图 3-16　调整块的大小和最大连接数量

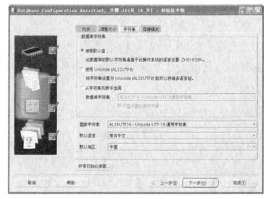

图 3-17　配置字符集

● 最后，选择"连接模式"选项卡，选择默认的专用服务器连接，如图 3-18 所示。至此，配置初始化参数全部完成。

初始化参数配置完成后，单击"所有初始化参数"按钮，可以查看已经配置好的初始化参数，如图 3-19 所示。

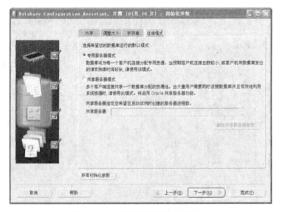

图 3-18　"连接模式"选项卡

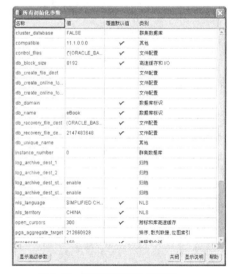

图 3-19　显示所有初始化参数

（12）初始化参数配置完成后，单击"下一步"按钮，打开"步骤 11（共 14 步）：安全设置"对话框，配置数据库安全选项，如图 3-20 所示。这里保持默认的设置。

（13）单击"下一步"按钮，打开"步骤 12（共 14 步）：自动维护任务"对话框，配置自动维护任务，如图 3-21 所示。这里保持默认的设置。

（14）单击"下一步"按钮，打开"步骤 13（共 14 步）：数据库存储"对话框，配置数据库存储，如图 3-22 所示。

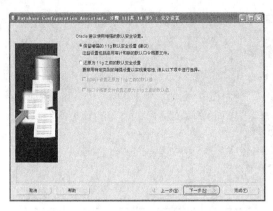

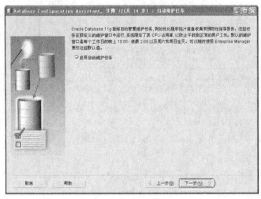

图 3-20　进行安全设置　　　　　　　　　图 3-21　配置自动维护任务

单击"存储"选项左边的"+"，依次单击控制文件、数据文件和重做日志组，可以查看待创建数据库的控制文件、数据文件和重做日志文件的相关信息，如图 3-23、图 3-24 和图 3-25所示。

图 3-22　配置数据库存储　　　　　　　　图 3-23　查看控制文件

图 3-24　查看数据文件　　　　　　　　　图 3-25　查看重做日志组

DBA 可以对这些文件或组进行相应的修改，单击"文件位置变量"按钮，可以查看已经配置好的各个文件位置变量的名称和值，如图 3-26 所示。

（15）数据存储配置完成后，单击"下一步"按钮，打开"步骤 14（共 14 步）：创建选项"对话框，配置创建选项，如图 3-27 所示。

第 3 章　数据库操作

图 3-26　显示文件位置变量

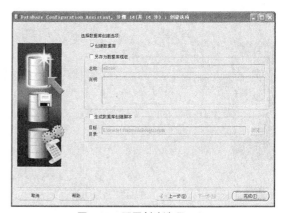

图 3-27　配置创建选项

首先选中"创建数据库"选项，如果待创建数据库还需要被用作数据库模板，则可以勾选"另存为数据库模板"选项，并指定模板名称及相应的模板说明。当 DBA 需要将创建数据库的过程以脚本的形式保存下来时，可以勾选"生成数据库创建脚本"选项，并指定脚本存放的目标目录。

单击"完成"按钮，将弹出"确认"对话框，如图 3-28 所示。该对话框内指出了即将进行的操作，以及待创建数据库的详细资料，单击"另存为 HTML 文件"按钮，可以将这些数据库的详细资料以 HTML 页面文件的形式存储在磁盘空间里。

单击"确定"按钮，完成创建 Oracle 11g 数据库的所有配置工作，正式进入创建过程，将依次经过复制数据文件、创建并启动 Oracle 实例、数据库创建和运行定制脚本 4 个步骤，如图 3-29 所示。

图 3-28　创建前的确认对话框

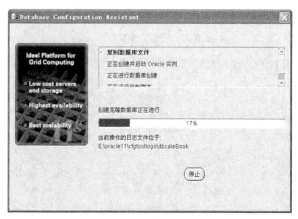

图 3-29　创建过程

在创建 Oracle 11g 数据库的过程中，可以随时通过单击"停止"按钮中止 Oracle 11g 数据库的创建。

创建过程全部结束后，将弹出数据库创建完成的对话框，在对话框内显示出数据库的一些基本信息，如全局数据库名、SID 和服务器参数文件名等。也可以单击"口令管理"按钮，实现对 Oracle 11g 数据库中的账户执行锁定或解锁操作，并修改口令。最后，单击"退出"按钮，完成 Oracle 11g 数据库的全部创建工作，全局数据库名和 SID 均为"eBook"的数据库创建成功。

在 Oracle 11g 的文件夹中可以查看到所创建的数据库对应的文件，如图 3-30 所示。

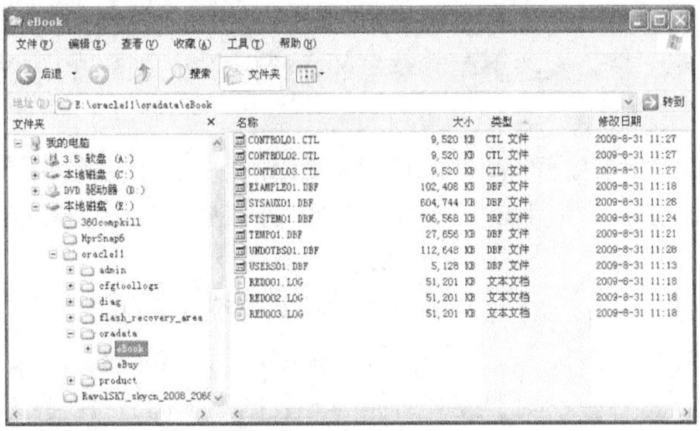

![eBook 对应的数据库文件]

图 3-30   eBook 对应的数据库文件

- 在 Oracle 安装过程中会自动创建一个数据库。
- 使用 DBCA 创建数据库后的账户和口令操作，请参阅第 2 章的 Oracle 安装过程。

3.2.2　课堂案例 2——使用命令方式创建数据库

【**案例学习目标**】学习使用命令和 PL/SQL 语句创建数据库实例的方法，掌握用命令方式创建数据库的基本命令和一般步骤。

【**案例知识要点**】设置实例标识符、设定 DBA 的验证方法、创建初始化文件、SYSDBA 连接到数据库实例、启动数据库实例、执行 CREATE DATABASE 语句、创建数据字典表、设置启动方式。

【**案例完成步骤**】

与使用 DBCA 创建数据库相比，使用命令方式创建数据库更为灵活，但也更为复杂，需要经过一系列的过程。下面以创建名称为 eBuy 的数据库为例，介绍使用命令创建数据库的过程。

1．设置实例标识符 SID

每个 Oracle 数据库都必须对应一个数据库实例。在建立数据库之前，必须设置数据库实例的系统标识符，即 SID。SID 是唯一的，通过 SID 可以标识不同的 Oracle 数据库。

SID 的设置是通过设置操作系统的环境变量 Oracle_SID 实现的，语法格式如下：

```
SET Oracle_SID = SID名称
```

创建 eBuy 数据库时，需要设置其 SID 为 eBuy，在启动操作系统的命令窗口后，输入如下命令设置 SID：

```
C:\>SET Oracle_SID = eBuy
```

2．设定数据库管理员的验证方法

只有经过数据库的验证过程，且被授予系统权限以后，用户才可以创建 Oracle 数据库。数据库的验证方法可以使用密码文件或操作系统的验证方法，以密码文件为例，在命令窗口输入以下命令表示验证方法：

```
C:\>orapwd file= E:\Oracle11\product\11.1.0\db_1\database\PWDeBuy.ora Password= Oracle
entries=5
```

3．创建初始化文件

Oracle 数据库的实例（包括系统全局区和后台进程）在启动时首先读取初始化文件。在创建数据库之前，创建初始化文件，并设置初始化参数，创建后的 Oracle 数据库实例在启动时预先读取设置好的参数，以定制 Oracle 实例的启动。

在创建初始化文件时，有一些参数必须被创建或修改，包括全局数据库名称、控制文件名称和路径、数据块大小、影响系统全局区容量的初始化参数、处理程序的最大数目和空间撤销的管理方法。

（1）设置全局数据库名称。Oracle 11g 的全局数据库名称由数据库名称和网域名称组成，数据库名称和网域名称分别由参数 DB_NAME 和 DB_DOMAIN 来设置，通过"数据库名称_网域名称"的形式唯一标识网络上的 Oracle 11g 数据库。

数据库名称由不超过 8 个字符的若干个 ASCII 字符组成，建立数据库过程中设置的数据库名称会记录在数据文件、重做日志文件和控制文件中。启动 Oracle 11g 数据库实例时，如果初始化文件中设定的数据库名称不同于控制文件中的数据库名称，将导致数据库启动异常。

设置数据库名称和网域名称的格式为

```
DB_NAME = 数据库名称
DB_DOMAIN=网域名称
```

对于将要创建的 eBuy 数据库，设置其数据库名称为"eBuy"，网域名称为空，其设置命令为

```
DB_NAME = eBuy
DB_DOMAIN=" "
```

（2）设置控制文件的名称和路径。在初始化文件中，使用参数 CONTROL_FILE 来设置控制文件的名称和路径。执行 CREATE DATABASE 命令时，在参数 CONTROL_FILE 中指定的控制文件将随之创建。如果在初始化文件中没有设置 CONTROL_FILE 参数，Oracle 11g 系统会在执行 CREATE DATABASE 命令时以默认名称创建控制文件，并存储在系统默认路径下。如果参数 CONTROL_FILE 中设置的控制文件已经存在，Oracle 11g 系统会覆盖已经存在的控制文件。

鉴于控制文件对于 Oracle 数据库的重要性，建议为每个数据库设置多个控制文件，并将其分散到不同的磁盘空间上。设置 CONTROL_FILE 参数的格式为

```
CONTROL_FILE=("控制文件1", "控制文件2", …)
```

（3）设置数据块大小。数据块是 Oracle 11g 数据库存储数据的最小单位，通过设置初始化文件中的 DB_BLOCK_SIZE 参数可以设置 Oracle 11g 数据库的标准数据块大小。SYSTEM 表空间以 DB_BLOCK_SIZE 参数的值作为基础创建，其他新表空间也以该参数的值作为标准大小进行创建。如果在初始化文件中没有设置 DB_BLOCK_SIZE 参数，Oracle 11g 系统会采用操作系统块的大小决定 Oracle 数据库系统的数据块大小。

设置 DB_BLOCK_SIZE 参数的格式为

```
DB_BLOCK_SIZE=数据块大小值
```

除了标准数据块大小，Oracle 11g 中的非标准数据块大小还可以被设置为 2KB、4KB、8KB、16KB 或 32KB 等。

- 为了提高 Oracle 系统的数据存取效率，建议将 DB_BLOCK_SIZE 参数设置为操作系统块大小的整数倍。
- 不是所有操作系统都支持以上非标准数据块大小，数据块的大小将受到操作系统环境的制约。

（4）设置影响系统全局区容量的初始化参数。通过设置一系列影响系统全局区的初始化参数，可以控制系统全局区的大小。这些初始化参数包括设置数据库缓冲区大小的参数和设置共享池与大型池容量的参数。

使用 DB_CACHE_SIZE 参数可以设置 Oracle 11g 数据库实例缓冲区大小，这种数据库缓冲区以标准数据块作为数据存取单位。对于使用了非标准数据块的数据库，还需要设置一组 DB_BLOCK_SIZE 和 DB_nK_CACHE_SIZE 参数，以实现多重数据块大小。

- DB_nK_CACHE_SIZE 参数不能再被设置为标准数据块的缓冲区大小。
- Oracle 11g 数据库实例的共享池和大型池容量分别通过参数 SHARED_POOL_SIZE 和 LARGE_POOL_SIZE 设置。

（5）设置处理程序的最大数目。允许同时连接 Oracle 11g 数据库实例的操作系统程序的最大数量通过初始化参数 PROCESSESS 设置。该最大数目必须大于 6，其中有 5 个用于 Oracle 11g 的背景处理程序，至少有 1 个用于使用者处理程序。

（6）设置空间撤销的管理方法。Oracle 11g 将需要进行回滚或撤销的内容（即撤销项目）存放在撤销表空间（Undo Table Space）或回滚段（Rollback Segments）中，对于撤销项目的管理，通过设置参数 UNDO_MANAGEMENT 来完成，设置的方式可以为 AUTO（自动撤销管理模式，撤销项目存储于撤销表空间中）或者 MANUAL（手动模式，撤销项目存储于回滚段中）。UNDO_MANAGEMENT 参数的默认设置值为 MANUAL。

创建 eBuy 数据库的初始化文件 initeBuy.ora 的内容如下所示：

```
##########################################################################
# Copyright (c) 1991, 2001, 2002 by Oracle Corporation
##########################################################################


#########################################
# SGA Memory
#########################################
sga_target=167772160


#########################################
# Job Queues
#########################################
job_queue_processes=10


#########################################
# Shared Server
#########################################
dispatchers="(PROTOCOL=TCP) (SERVICE=eBuyXDB)"


#########################################
# Miscellaneous
#########################################
compatible=10.2.0.1.0


#########################################
# Security and Auditing
#########################################
audit_file_dest= E:\Oracle11\admin\eBuy\adump
remote_login_passwordfile=EXCLUSIVE


#########################################
# Sort, Hash Joins, Bitmap Indexes
#########################################
pga_aggregate_target=16777216


#########################################
# Database Identification
#########################################
db_domain=""
db_name=eBuy
```

```
#########################################
# File Configuration
#########################################
control_files=(" E:\Oracle11\oradata\eBuy\control01.ctl", " E:\Oracle11\oradata\ eBuy\
control02.ctl", " E:\Oracle11\oradata\eBuy\control03.ctl")
db_recovery_file_dest= E:\Oracle11\flash_recovery_area
db_recovery_file_dest_size=2147483648

#########################################
# Cursors and Library Cache
#########################################
open_cursors=300

#########################################
# System Managed Undo and Rollback Segments
#########################################
undo_management=AUTO
undo_tablespace=UNDOTBS1

#########################################
# Diagnostics and Statistics
#########################################
background_dump_dest= E:\Oracle11\product\11.1.0\db_1\admin\sample \bdump
core_dump_dest= E:\Oracle11\product\11.1.0\db_1\admin\sample \cdump
user_dump_dest= E:\Oracle11\product\11.1.0\db_1\admin\sample \udump

#########################################
# Processes and Sessions
#########################################
processes=150

#########################################
# Cache and I/O
#########################################
db_block_size=8192
db_file_multiblock_read_count=16
```

4．以 SYSDBA 身份连接到 Oracle 数据库实例

在命令窗口中输入命令"sqlplus/nolog"，出现"sql"提示后，再输入命令"CONNECT
SYS/123456 AS SYSDBA"，将以用户 SYS、口令 123456 和 SYSDBA 身份连接到数据库实例。
使用命令的过程如下：

```
C:\> sqlplus/nolog
sql> CONNECT SYS/123456 AS SYSDBA
```

在 sqlplus 中执行连接 Oracle 数据库实例的命令如图 3-31 所示。

图 3-31　在 sqlplus 中执行连接命令

5．启动实例

使用带 NOMOUNT 选项的 STARTUP 命令实现在没有装载数据库的情况下启动实例。使
用命令的形式为

```
sql> SARTUP NOMOUNT
```

6. 执行 CREATE DATABASE 语句

启动实例后，就可以使用 CREATE DATABASE 命令创建新的数据库了。CREATE DATABASE 的语法格式为

```
CREATE DATABASE 数据库名
[ CONTROLFILE REUSE ]
[ LOGFILE [ GROUP n ] ('文件名') [ SIZE 大小] [ K | M ] [REUSE] ], …n ]
[ MAXLOGFILES n ]
[ MAXLOGMEMBERS n ]
[ MAXLOGHISTORY n ]
[ MAXDATAFILES n ]
[ MAXINSTANCES n ]
[ ARCHIVELOG | NO ARCHIVELOG ]
[ CHARACTER SET 字符集 ]
[ NATIONAL CHARACTER 字符集 ]
[ DATAFILE '文件名' [ SIZE n] [ K | M ] [REUSE] ]
[ AUTOEXTEND [ OFF | ON [ NEXT n [ K | M] ]
    MAXSIZE [ UNLIMITED | n [ K | M ] ] ] ] ];
```

参数说明如下。

- CONTROLFILE REUSE：重新启用由初始化参数 CONTROL_FILES 识别的现有控制文件，它们当前所包含的信息被忽略或重写，通常该子句只有在重建数据库时被使用。
- LOGFILE：指明作为重做日志文件的一个或多个文件。
- GROUP n：唯一地标识重做日志文件组，n 的范围从 1 到 MAXLOGFILES，每个 Oracle 11g 数据库至少需要两个重做日志文件组，如果缺省 LOGFILE 子句，Oracle 11g 将建立两个默认的重做日志文件组，如果缺省 GROUP 子句，则 Oracle 11g 按默认名称标识重做日志组，默认文件的名称和大小取决于操作系统。
- MAXLOGFILES n：指明数据库拥有的重做日志文件组的最大数量。
- MAXLOGMEMBERS n：指明重做日志文件组的成员或复制的最大数量。
- MAXLOGHISTORY n：指明 Oracle 11g 并行服务器的自动介质恢复所用的归档重做日志文件的最大数量，该参数只有在并行方式或归档方式使用具有并行服务器选项的 Oracle 系统时才有作用。
- MAXDATAFILES n：指明数据库拥有的最大数据文件数量。
- MAXINSTANCES n：指明可同时装载或打开数据库的实例的最大数量。
- ARCHIVELOG：指明重做日志文件在重用前其内容必须归档，而 NO ARCHIVELOG 则指明重做日志文件在重用前其内容不必归档。
- CHARACTER SET：指明数据库用于保存数据所使用的字符集。数据库创建成功后，该字符集不可更改。
- NATIONAL CHARACTER：指明国际字符集。
- DATAFILE：指明用作数据文件的一个或多个文件；这些数据库文件都将成为 SYSTEM 表空间的组成部分。

使用该 CREATE DATABASE 语句创建 eBuy 数据库的 PL/SQL 代码如下：

```
CREATE DATABASE eBuy
   MAXINSTANCES 1
```

```
MAXLOGHISTORY 1
MAXLOGIFILES 5
MAXLOGMEMBERS 5
MAXDATAFILES 100
DATAFILE 'E:\Oracle11\oradata\eBuy \system01.dbf'
    SIZE 325M REUSE AUTOEXETEND ON NEXT 10M
    MAXSIZE UNLIMITED
UNDO TABLESPACE UNDOTBS DATAFILE 'E:\Oracle11\oradata\eBuy \undotbs01.dbf'
    SIZE 150M REUSE AUTOEXETEND ON NEXT 10M
    MAXSIZE UNLIMITED
DEFAULT TEMPORARY TABLESPACE temps1
CHARACTER SET ZHS16GBK
NATIONAL CHARACTER SET AL16UTF16
LOGFILE GROUP 1 ('E:\Oracle11\oradata\eBuy\redo01.log') SIZE 100M,
     GROUP 2 ('E:\Oracle11\oradata\eBuy \redo02.log') SIZE 100M,
     GROUP 3 ('E:\Oracle11\oradata\eBuy \redo03.log') SIZE 100M;
```

7．创建数据字典表

在创建数据库之后还必须执行两个重要的命令文件：catalog.sql 和 cataproc.sql。这两个命令文件将在 Oracle 11g 数据库中创建管理工作所必需的视图表、同义词和包等内容。

在命令窗口中输入以下命令来执行这两个命令文件：

```
sql> E:\Oracle11\product\11.1.0\db_1\RDBMS\admin\catalog.sql
sql> E:\Oracle11\product\11.1.0\db_1\RDBMS\admin\cataproc.sql
```

8．设置为自动启动方式

至此，使用 PL/SQL 语句创建 Oracle 11g 数据库的工作已经全部完成。为了方便启动 Oracle 数据库，可以设置 Oracle 11g 数据库实例随操作系统的启动而自动启动，在命令窗口中输入以下命令即可：

```
D:\> E:\Oracle11\product\11.1.0\db_1\BIN\oradim -edit -sid eBuy -startmode auto
```

3.3 修改数据库实例

Oracle 11g 数据库创建后，可以通过 DBCA 的操作界面方式进行修改，也可以使用 PL/SQL 语句修改数据库。在修改 Oracle 数据库时，执行修改操作的用户必须是系统管理员或被授权使用 ALTER DATABASE 的用户。

3.3.1 课堂案例 3——使用 DBCA 修改数据库实例

【案例学习目标】 学习使用 Oracle 数据库配置助手修改数据库实例的方法和一般步骤。

【案例知识要点】 选择数据库实例、进行安全配置。

【案例完成步骤】

（1）启动 DBCA，单击"下一步"按钮，进入修改 Oracle 11g 数据库操作的第 1 步（共 6 步）——选择操作类型，如图 3-32 所示。

（2）选择"配置数据库选件"，单击"下一步"按钮，进入修改数据库操作的第 2 步——选择要配置的数据库，如图 3-33 所示。

（3）选择需要配置的数据库后，继续单击"下一步"按钮，进入修改数据库操作的第 3

图 3-32　选择"配置数据库选件"操作类型

步——选择要配置的数据库组件，如图 3-34 所示。

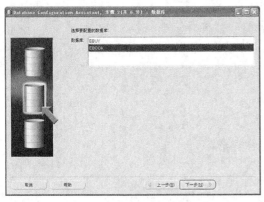

图 3-33　选择要配置的数据库

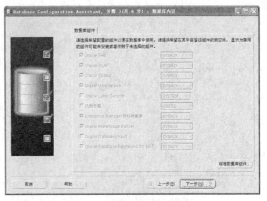

图 3-34　选择要配置的数据库组件

（4）选择需要配置的数据库组件后，单击"下一步"按钮，进入修改数据库操作的第 4 步——安全设置，如图 3-35 所示。

（5）选择安全配置选项，单击"下一步"按钮，进入修改数据库操作的最后一步——设置连接模式，如图 3-36 所示。

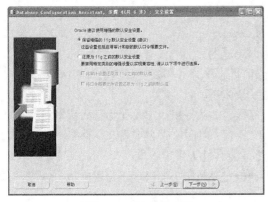

图 3-35　进行安全设置

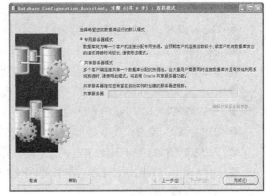

图 3-36　设置连接模式

（6）单击"完成"按钮，完成数据库组件部分的修改操作。对于其他部分的修改，用户可以在图 3-32 所示的界面中选择其他配置选项。

3.3.2　使用 PL/SQL 修改数据库

使用 PL/SQL 中的 ALTER DATABASE 语句可以修改数据库，其使用语法格式如下：

```
ALTER DATABASE <数据库>
{ ARCHIVELOG | NOARCHIVELOG
| MOUNT [ [ STANDBY | CLONE ] DATABASE ]
| CONVERT
| OPEN [ READ WRITE [ RESETLOGS | NORESETLOGS ] | READ ONLY ]
| ACTIVATE STANDBY DATABASE
| RENAME FILE '文件名' [, … n] TO '文件名' [, … n]
| RESET COMPATIBILITY
| ENABLE [ PUBLIC ] THREAD n
| DISABLE THREAD n
| CHARACTER SET <字符集>
| NATIONAL CHARACTER SET <国际字符集>
```

```
| CREATE DATAFILE '文件名' [, … n] [ AS filespec ]
| DATAFILE '文件名' [, … n]
    {       ONLINE | OFFLINE [ DROP ]
        | RESIZE n
        | END BACKUP
        | AUTOEXTEND_Clause
    }
| TEMPFILE '文件名' [, … n]
    {       ONLINE | OFFLINE [ DROP ]
        | RESIZE n
        | END BACKUP
        | …
    }
| ADD LOGFILE [ THREAD n]    [ GROUP n ] 文件描述符 [ , … n]
| ADD LOGFILE MEMBER '文件' [ REUSE ] [, … n ] TO 日志文件描述符 [ , … n]
| DROP { GROUP n | '文件' [, … n]}
| DROP LOGFILE MEMBER '文件' [, … n]
…
};
```

参数说明如下。

- ARCHIVELOG/NOARCHIVELOG：指定数据库是否运行在归档日志下。
- CHARACTER SET：指定数据库用于存储数据的字符集。
- NATIONAL CHARACTER SET：指定用作特定列的国际字符集。
- MOUNT STANDBY DATAFILE：指定安装备份数据库。
- MOUNT CLONE DATABASE：指定安装克隆数据库。
- CONVERT：将数据库的数据字典转换为 Oracle 11g。
- OPEN READ WRITE：指定数据库以读/写方式打开。
- RESETLOGS/NOSETLOGS：是否改变当前日志序列号和恢复日志条目的状态。
- OPEN READ ONLY：指定以只读方式打开数据库。
- ACTIVATE STANDBY DATABASE：指定数据库从备用状态改变为激活状态。
- RENAME FILE：改变控制文件中的数据文件名、临时文件名或日志文件名。
- RESET COMPATIBILITY：指定复位数据库兼容性为指定版本。
- ENABLE THREAD/DISABLE THREAD：指定并行服务器环境下是否能执行恢复日志文件线程。
- CREATE DATAFILE：指定创建一个新的空数据文件代替老的数据文件。
- ONLINE/OFFLINE：指定将数据文件带入在线/离线状态。
- RESIZE：指定数据文件的大小增加或减少为显示的大小。
- END BACKUP：指定中断热备份后启动数据库时不执行介质恢复。
- TEMPFILE：指定在临时数据文件中改动。
- DROP：指定从数据库中删除临时数据文件。
- ADD LOGFILE：指定添加一个或多个恢复日志文件组。
- ADD LOGFILE MEMBER：指定在现存恢复日志文件组中添加新成员文件名，使用 REUSE 显示已经存在的文件。
- DROP GROUP：指定执行 ALTER SYSTEM SWITCH LOGFILE 语句后删除整个恢复日志文件组。
- DROP LOGFILE MEMBER：指定删除一个或多个单个的恢复日志文件组成员。

例如，将 eBuy 数据库中的 USERS01.DBF 改名为 "USERS001.DBF"。

```
ALTER DATABASE eBuy
```

```
RENAME FILE 'E:\Oracle11\oradata\eBuy\USERS01.DBF'
TO 'E:\Oracle11\oradata\eBuy\USERS001.DBF'
```

3.4 删除数据库实例

删除数据库时，必须删除数据文件、重做日志文件和所有其他相关文件，如控制文件、初始参数文件、归档日志文件等。为了查看数据库数据文件、重做日志文件和控制文件的名称，可以查询数据字典视图 DATAFILE、V$LOGFILE 和 CONTROLFILE。

如果数据库处于归档模式，通过检查参数 LOG_ARCHIVE_DESC_n 或者 LOG_ARCHIVE_DEST 和 LOG_ARCHIVE_DUPLEX_DEST 查看归档日志的目录。

Oracle 11g 数据库可以通过 DBCA 的操作界面方式进行删除，也可以使用 PL/SQL 语句删除数据库。在删除 Oracle 数据库时，执行删除操作的用户必须是系统管理员或被授权使用 DROP DATABASE 的用户。

3.4.1 课堂案例4——使用 DBCA 删除数据库实例

【案例学习目标】学习 DBCA 中删除指定 Oracle 数据库实例的方法和一般步骤。

【案例知识要点】选择数据库实例、删除数据库。

【案例完成步骤】

（1）从"程序"菜单中选择"Oracle – OraDb11g_home1"→"配置和移植工具→"Database Configuration Assistant"命令，启动 DBCA。启动完毕后自动打开"欢迎使用"对话框。

（2）单击"下一步"按钮，进入删除 Oracle 11g 数据库操作的第 1 步（共 3 步）——选择操作类型，如图 3-37 所示。这里选择操作类型为"删除数据库"。

（3）单击"下一步"按钮，进入删除 Oracle 11g 数据库操作的第 2 步——选择数据库，如图 3-38 所示。

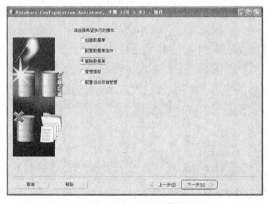

图 3-37 选择"删除数据库"操作类型

图 3-38 选择待删除的数据库

（4）选择待删除的名称为"EBook"Oracle 11g 数据库，单击"完成"按钮，将弹出一个确认删除操作是否继续的对话框，如图 3-39 所示。

（5）单击"是"按钮，正式进入删除过程，将依次经过连接到数据库、更新网络配置文件、删除实例和数据文件这 3 个步骤，如图 3-40 所示。

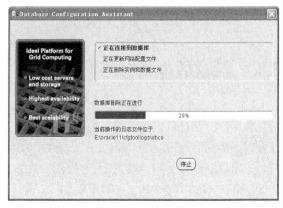

图 3-39　确认删除对话框　　　　　　　　　图 3-40　删除数据库过程

删除过程全部结束后，eBook 数据库即被成功删除。数据库删除后，E:\oracle11\oradata 文件夹中对应的数据库文件也被删除。

3.4.2　使用 PL/SQL 删除数据库

使用 PL/SQL 中的 DROP DATABASE 命令可以删除 Oracle 数据库，其语法格式如下：

```
DROP DATABASE <数据库>;
```
例如，删除数据库 eBook：
```
DROP DATABASE eBook;
```

3.5　管理表空间

Oracle 数据库被划分为一个或多个被称为表空间的逻辑空间单位。任何 Oracle 数据库的第一个表空间总是 SYSTEM 表空间，在 Oracle 数据库创建时为 SYSTEM 表空间分配数据库的第一个数据文件。SYSTEM 表空间用来保存重要的内部结构，如整个数据库的数据字典表、系统存储过程和系统回滚段等。

DBA 可以创建新的表空间、将数据文件增加到表空间中、为在表空间中创建的段设置段存储参数、设置表空间为只读或可读/写、设置表空间成为临时或永久的、删除表空间等。

一个表空间至少需要一个数据文件，数据文件的大小组成了表空间的大小，而表空间的大小构成了数据库的大小。建议使用多个表空间，从而允许用户在执行数据库操作时有更多的灵活性，达到以下效果：

● 将用户的数据和数据库数据字典的数据分开存放；

● 将一个应用程序的数据与另一个应用程序的数据分开存放；

● 在不同磁盘上保存不同表空间的数据文件，减少 I/O 冲突；

● 将回滚段与用户数据分开存放，防止单个磁盘的损坏而造成数据的永久丢失；

● 在其他表空间保持联机时，将某个表空间脱机；

● 为特定类型的数据库使用保留表空间，如高频率的更新活动；

● 单独备份某个表空间。

Oracle 11g 为 DBA 提供了 OEM 方式手动管理表空间的方式，也提供了 PL/SQL 命令方式管理表空间。

3.5.1　课堂案例5——使用 OEM 管理表空间

【**案例学习目标**】学习使用 Oralce 提供的 OEM 管理表空间的基本方法和一般步骤。

【**案例知识要点**】新建表空间、指定数据文件、修改表空间、删除表空间。

【**案例完成步骤**】

下面以 ts_eBuy 表空间为例说明在 Oracle 11g 中，通过 OEM 创建、修改和删除表空间的方法和步骤。

1．创建表空间

（1）以 SYSDBA 身份登录 OEM。

（2）依次选择"服务器"、"存储"、"表空间"命令，进入"表空间"页面，如图 3-41 所示。

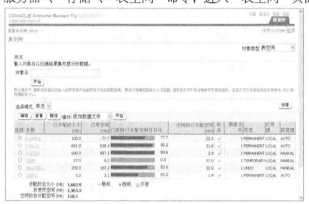

图 3-41　"表空间"页面

- 编辑：用于修改表空间的信息。
- 查看：用于查看表空间的信息。
- 删除：用于删除指定的表空间。

（3）单击"创建"按钮，进入"创建表空间"页面，如图 3-42 所示。指定表空间的名称（这里为 ts_eBuy）、区管理、类型、状态等信息。

（4）单击"数据文件"中的"添加"按钮，为表空间创建至少一个数据文件（这里为 data01），如图 3-43 所示。指定数据文件的名称、文件目录、文件大小、存储参数等信息。

（5）数据文件配置完成后，单击"继续"按钮，回到"表空间"页面，继续配置新建的表空间。可以选择"存储"选项卡，进行区分配、段空间管理及压缩选项设置等，如图 3-44 所示。

图 3-42　"创建表空间"页面

图 3-43 "添加数据文件"页面

（6）单击"确定"按钮，完成表空间的创建，将显示表空间创建成功的信息，如图 3-45 所示。

图 3-44 配置存储参数

图 3-45 成功创建表空间

2．修改表空间

（1）使用 OEM 修改表空间时，先在"表空间"页面中选择需要修改的表空间，再单击"编辑"按钮，进入图 3-46 所示的"编辑表空间"页面，可以进行表空间的修改。

（2）在"编辑表空间"页面中，可以管理数据文件、区、表空间类型和状态等信息。如果要为表空间添加数据文件，单击"数据文件"区域的"添加"按钮，进入"添加数据文件"页。指定数据文件名、文件目录、文件大小、存储参数等。

（3）单击"继续"按钮，提示更新表空间成功，单击"确定"按钮，完成表空间的修改操作。

图 3-46 "编辑表空间"页面

3．删除表空间

（1）当需要删除表空间时，从"表空间"页面中选择需要删除的表空间，单击"删除"按钮，进入删除表空间的确认页面，如图 3-47 所示。

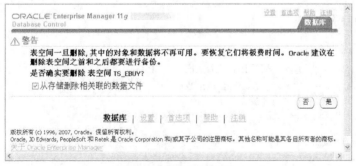

图 3-47 删除表空间确认

（2）单击"是"按钮，完成表空间的删除操作。

3.5.2 课堂案例 6——使用 PL/SQL 管理表空间

【案例学习目标】学习使用 PL/SQL 管理表空间的基本语句和使用方法。

【案例知识要点】CREATE TABLESPACE 创建表空间、ALTER TABLESPACE 修改表空间、

DROP TABLESPACE 删除表空间。

【案例完成步骤】

1. 创建表空间

在 Oracle 11g 中可以通过 CREATE TABLESPACE 命令创建新的表空间，其语法格式如下：

```
CREATE TABLESPACE <表空间>
DATAFILE '数据文件' 存储参数 [ , … n ]
[ MINIMUM EXTENT n ]
| {LOGGING | NOLOGGING}
| DEFAULT 存储参数
| {ONLINE | OFFLINE}
| {PERMANENT | TEMPORARY}
] …
;
```

参数说明如下。

- DATAFILE：指定组成表空间的数据文件。
- MINIMUM EXTENT n：设置表空间中创建的最小范围大小。
- LOGGING/NOLOGGING：指定表空间中所有表、索引和分区的默认日志属性，默认为 LOGGING。
- DEFAULT：指定在该表空间中创建的所有对象的默认存储参数。
- ONLINE/OFFLINE：指定该表空间在创建后立即可用还是不可用。
- PERMANENT/TEMPORARY：指定该表空间是用于保存永久的对象还是只保存临时对象。

【例 3-1】 创建表空间 eBuy_TAB1，包含数据文件 eBuy_TAB01.DBF，使用默认的存储参数。

```
CREATE TABLESPACE eBuy_TAB1
    DATAFILE 'E:\Oracle11\oradata\eBuy\eBuy_TAB01.DBF' SIZE 100M;
```

【例 3-2】 创建表空间 eBuy_TAB2，包含两个数据文件 eBuy_TAB02.DBF 和 eBuy_TAB03.DBF，允许后者自动扩展。

```
CREATE TABLESPACE eBuy_TAB2
    DATAFILE 'E:\Oracle11\oradata\eBuy\eBuy_TAB02.DBF' SIZE 50M,
    'E:\Oracle11\oradata\eBuy\eBuy_TAB03.DBF' SIZE 20M
    AUTOEXTEND ON NEXT 1M MAXSIZE 30M
    DEFAULT STORAGE
    (INITIAL 2M  NEXT 2M);
```

2. 修改表空间

在 Oracle 11g 中可以通过 ALTER TABLESPACE 命令修改表空间，其语法格式如下：

```
ALTER TABLESPACE <表空间> [LOGGING | NOLOGGING]
{ADD DATAFILE '数据文件' 存储参数 [ , … n ]
| RENAME DATAFILE '数据文件' [ , … n ] TO '数据文件' [ , … n ]
| COALESCE
| DEFAULT 存储参数
| MINIMUM EXTENT n
| ONLINE
| OFFLINE [ NORMAL | TEMPORARY | IMMEDIATE | FOR RECOVER ]
| {BEGIN | END} BACKUP
| READ {ONLY | WRITE}
| PERMANENT
| TEMPORARY
} ;
```

参数说明如下。

- ADD DATAFILE：向表空间中增加指定的数据文件。

- RENAME DATAFILE：使表空间脱机后重命名表空间的数据文件，修改后表空间与新文件相关联，但并不真正改变操作系统中文件的名称。
- COALESCE：为表空间中的数据文件接合所有连续的空闲空间，成为一个更大的连续范围，它必须被单独指定。
- BEGIN BACKUP：为该表空间中的数据文件执行热备份。
- END BACKUP：结束该表空间的热备份。
- READ ONLY：禁止存取表空间，使表空间为只读。
- READ WRITE：将只读表空间变为可写。
- 其他参数与 CREATE TABLESPACE 的参数类似。

【例 3-3】 修改表空间 eBuy_TAB1 的存储参数。

```
ALTER TABLESPACE eBuy_TAB1
    DEFAULT STORAGE
    (INITIAL 50M NEXT 50M MINEXTENTS 2
    MAXENTENTS 100 PCTINCREASE 0);
```

【例 3-4】 给表空间 eBuy_TAB1 增加大小为 200MB 的数据文件 eBuy_TAB01.DBF。

```
ALTER TABLESPACE eBuy_TAB1
    ADD DATAFILE 'E:\Oracle11\oradata\eBuy\eBuy_TAB01.DBF'
    SIZE 200M;
```

3．删除表空间

在 Oracle 11g 中可以通过 DROP TABLESPACE 命令删除表空间，其语法格式如下：

```
DROP TABLESPACE <表空间>
    [INCLUDING CONTENTS
    [CASCADE CONSTRAINTS ] ] ;
```

参数说明如下。

- INCLUDING CONTENTS：删除该表空间的所有内容。删除包含数据库对象的表空间时必须包括该子句。
- CASCADE CONSTRAINTS：若该表空间有表的主键或唯一键被其他表空间中表的外键引用，则使用该选项删除表中的外键约束。

【例 3-5】 删除表空间 eBuy_TAB2 和它所包含的内容。

```
DROP TABLESPACE eBuy_TAB2
    INCLUDING CONTENTS
    CASCADE CONSTRAINTS;
```

需要注意的是，删除表空间只是删除数据库控制文件中的文件指针，而组成表空间的数据文件仍然存在。包含活动段的表空间不能被删除，在删除表空间后，表空间的条目仍然保留在数据字典中（视图 DBA_TABLESPACE），它的状态被修改为 INVALID。

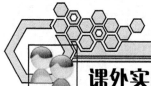

课外实践

【任务 1】

使用 DBCA 创建图书管理系统数据库 BookData，并查看该数据库所对应的数据文件、日志文件和控制文件。

【任务2】

使用 OEM 查看 BookData 数据库信息。

【任务3】

使用 DESC 命令和 SELECT 命令查看数据字典中的与数据库文件相关的各种视图信息。

【任务4】

尝试使用 STARTUP 和 SHUTDOWN 命令启动和停止 BookData 数据库。

【任务5】

使用 OEM 为"BookData"数据库创建名为"BookAll"的永久表空间，并查看其内容。

【任务6】

使用 PL/SQL 语句为"BookData"数据库分别创建名为"BookNormal"的一般表空间、名为"BookTemporay"的临时表空间和名为"BookUndo"的撤销表空间。

【任务7】

使用 DROP TABLESPACE 命令删除撤销表空间"BookUndo"，同时删除其数据文件。

【任务8】

使用 OEM 为"BookData"数据库中的"BookAll"表空间添加数据文件"BookAll02.dbf"。其中文件初始大小为 10MB，可以重写，文件不能增大。

【任务9】

修改刚才新增的数据文件"BookAll02.dbf"的属性。修改项：文件可以自动增大，"增量"设置为 1MB，"最大文件大小"设置为 20MB。

【任务10】

使用 PL/SQL 语句删除数据文件"BookAll02.dbf"。

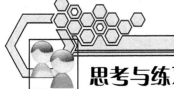

思考与练习

一、填空题

1. Oracle 数据库系统的物理存储结构主要由 3 类文件组成，分别为数据文件、_____、控制文件。

2. 一个表在空间物理上对应一个或多_____文件。

3. 在 Oracle 的逻辑存储结构中，根据存储数据的类型，可以将段分为_____、索引段、_____、LOB 段和_____。

二、选择题

1. 下列选项中，哪一部分不是 Oracle 实例的组成部分？_____

A. 系统全局区 SGA　　　B. PMON 后台进程

C. 控制文件　　　　　　D. Dnnn 调度进程

2. 当数据库运行在归档模式下时，如果发生日志切换，为了保证不覆盖旧的日志信息，系统将启动如下哪一个进程？_____

A. DBWR　　　　　　　B. LGWR

C. SMON　　　　　　　D. ARCH

3. 下列哪一项是 Oracle 数据库中最小的存储分配单元？_____

A. 表空间　　　　　　　　B. 段

C. 盘区　　　　　　　　　D. 数据块

4. 下面的各选项中哪一个正确描述了 Oracle 数据库的逻辑存储结构？_____

A. 表空间由段组成，段由盘区组成，盘区由数据块组成

B. 段由表空间组成，表空间由盘区组成，盘区由数据块组成

C. 盘区由数据块组成，数据块由段组成，段由表空间组成

D. 数据块由段组成，段由盘区组成，盘区由表空间组成

三、简答题

1. 简要介绍表空间和数据文件之间的关系。

2. 简要介绍表空间、段、盘区和数据块之间的关系。

第 4 章
数据表操作

【学习目标】

数据表是物理存放数据的数据库对象。本章将向读者介绍使用 OEM、SQL Developer 和 PL/SQL 方式管理数据表、对数据表中的记录进行操作、通过约束实现数据库完整性的基本内容。本章的学习要点主要包括：

（1）使用 OEM 创建、修改、查看和删除数据表；

（2）使用 SQL Developer 创建、修改、查看和删除数据表；

（3）使用 PL/SQL 创建、修改、查看和删除数据表；

（4）添加、删除和修改数据表中的记录；

（5）数据完整性概述；

（6）非空、默认、唯一性、检查、主键和外键约束操作；

（7）管理序列和同义词。

【学习导航】

数据表是 Oracle 数据库用来存储数据的逻辑结构，通过指定数据表对应的关系模式，并为关系模式中的属性设置各类约束，可以保证数据表中数据记录的完整性。本章内容在 Oracle 数据库系统管理与应用中的位置如图 4-1 所示。

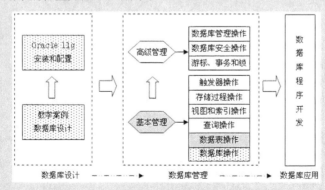

图 4-1　本章学习导航

4.1　数据表基础

数据表（Table）是数据在 Oracle 数据库中的逻辑存储单元，按指定关系模式将数据存储在对应的数据表中。在 Oracle 11g 中，用户既可以通过 SQL Developer 和 OEM 图形化工具创建、修改、查看和删除数据表，也以通过 SQL Plus 等工具运行 PL/SQL 命令执行上述操作。

4.1.1　Oracle 基本数据类型

数据类型的作用在于指明存储数值时需要占据的内存空间大小和进行运算的依据，在 Oracle 的 PL/SQL 中定义常量、变量和子程序参数时，必须为它们指定合适的 PL/SQL 数据类型。Oracle 的数据类型分为标量（Scalar）类型、复合（Composite）类型、引用（Reference）类型和 LOB（Large Object）类型 4 种，如表 4-1 所示。

表 4-1　　　　　　　　　　　　　　　　　Oracle 数据类型

分　类	数　据　类　型
标量类型	BINARY_DOUBLE、BINARY_FLOAT、BINARY_INTEGER、DEC、DECIMAL、DOUBLE PRECISION、FLOAT、INT、INTEGER、NATURAL、NATURALN、NUMBER、NUMERIC、PLS_INTEGER、POSITIVE、REAL、SIGNTYPE、SMALLINT、CHAR、CHARACTER、LONG、LONG RAW、NCHAR、NVARCHAR2、RAW、ROWID、STRNG、UROWID、VARCHAR、VARCHAR2、BOOLEAN、DATE、TIMESTAMP、TIMESTAMP WITH TIME ZONE、TIMESTAMP WITH LOCAL ZONE、INTERVAL DAY TO SECOND、INTERVAL DAY TO MONTH 等
复合类型	RECORD、TABLE、VARRAY
引用类型	REF CURSOR、REF object_type
LOB 类型	BFILE、BLOB、CLOB、NCLOB

下面介绍几种常用的数据类型。

（1）CHAR（n）。该数据类型用于定义固定长度的字符串，其中 n 用于指定字符串的最大长度，n 必须是正整数且不超过 32 767。使用 CHAR 类型定义变量时，如果没有指定 n，则默认值为 1。需要注意的是，在 PL/SQL 块中，使用该数据类型操纵 CHAR 表列时，其数值的长度不应超过 2 000 字节。

（2）VARCHAR2（n）。该数据类型用于定义可变长度的字符串，其中 n 用于指定字符串的最大长度，n 必须是正整数且不超过 32 767。使用 VARCHAR2 类型定义变量时，必须指定 n 的值。需要注意的是，在 PL/SQL 块中，使用该数据类型操纵 VARCHAR2 表列时，其数值的长度不应超过 4 000 字节。

（3）NUMBER（precision，scale）。该数据类型用于定义固定长度的整数和浮点数，其中 precision 表示精度，用于指定数字的总位数；scale 表示标度，用于指定小数点后的数字位数，默认值为 0，即没有小数位数。例如"v_score NUMBER(4,1)"表示 v_score 是一个整数部分最多为 3 位、小数位数最多为 1 位的变量。

（4）DATE。该数据类型用于定义日期时间类型的数据，其数据长度为固定 7 个字节，分别描述年、月、日、时、分、秒。日期的默认格式为"DD-MON-YY"的形式，如"11-SEP-2007"，月份采用英文单词的缩写形式。需要注意的是，日期的中文格式可以表示为"DD-MON 月 -YYYY"，如"11-9 月-2007"。

（5）TIMESTAMP。该数据类型也用于定义日期时间数据，但与 DATE 仅显示日期不同，TIMESTAMP 类型数据还可以显示时间和上下午标记，如"11–9 月–2007 11:09:32.213 AM"。

（6）BOOLEAN。该数据类型用于定义布尔型（逻辑型）变量，其值只能为 TRUE（真）、FALSE（假）或 NULL（空）。需要注意的是，该数据类型是 PL/SQL 数据类型，不能应用于表列。

4.1.2 方案的概念

所谓方案，就是一系列数据库对象的集合，是数据库中存储数据的一个逻辑表示或描述。Oracle 11g 数据库中并不是所有的数据库对象都是方案对象，方案对象有表、索引、触发器、数据库链接、PL/SQL 包、序列、同义词、视图、存储过程、存储函数等，非方案对象有表空间、用户、角色、概要文件等。

在 Oracle 11g 数据库中，每个用户都拥有自己的方案，创建了一个用户，就创建了一个同名的方案，方案与数据库用户是对应的。但在其他关系型数据库中两者却没有这种对应关系，所以方案和用户是两个完全不同的概念，要注意加以区分。在默认情况下，一个用户所创建的所有数据库对象均存储在自己的方案中。

当用户在数据库中创建了一个方案对象后，这个方案对象默认地属于这个用户的方案。当用户访问自己方案的对象时，在对象名前可以不加方案名。但是，如果其他用户要访问该用户的方案对象，必须在对象名前加方案名。

- 为了方便讲解，本书的许多案例中使用安装时开启的 SCOTT 方案，在 SCOTT 方案中预先存放了 EMP、DEPT、BONUS 和 SALGRADE 4 个表，请读者注意辨别。
- 关于用户和方案的详细介绍，请参阅第 10 章。

4.2 使用 OEM 管理表

4.2.1 课堂案例1——使用 OEM 创建 GOODS 表

【案例学习目标】掌握 Oracle 中应用 OEM 创建数据表的方法和基本步骤。

【案例知识要点】进入 OEM 表编辑页面、列的数据类型的选择、OEM 创建表的基本步骤。

【案例完成步骤】

（1）启动 OEM 后，依次选择"方案"、"表"，进入"表"页面，如图 4-2 所示。

图 4-2 "表"页面

（2）单击"创建"按钮，进入"创建表：表组织"页面，选择默认的"标准（按堆组织）"方式，如图4-3所示。

图 4-3 "表组织"页面

（3）单击"继续"按钮，进入"表一般信息"页面。指定表名为 GOODS，方案为 SCOTT，表空间为 TS_EBUY，并依次填写 GOODS 表中的每一列的名称和数据类型，如图4-4所示。

（4）单击"确定"按钮，完成新表的创建，并返回到对应的方案页面，如图4-5所示。

图 4-4 输入表信息页面

图 4-5 成功创建表

4.2.2 课堂案例2——使用 OEM 修改 GOODS 表

使用 OEM 修改表是非常简单方便的，用户在修改表时既可以为数据表添加列、删除列，也可以修改列的类型和列的宽度。

【案例学习目标】掌握 Oracle 中应用 OEM 修改数据表的方法。

【案例知识要点】进入表的编辑页面、列数据类型的修改、列的宽度的修改、添加新列、删除已有列。

【案例完成步骤】

（1）启动 OEM 后，依次选择"方案"、"表"，进入"表"页面，指定要操作的方案（如 SCOTT）后，单击"确定"按钮，即显示出指定方案中包含的表，如图 4-6 所示。

图 4-6　显示出指定方案中包含的表

（2）选择指定的表（如 GOODS），单击"编辑"按钮，进入表的编辑页面，如图 4-7 所示。

图 4-7　"编辑表"页面

在该页面中可以完成对表名、列名、列类型等的修改（这里将 g_ID 列的数据类型由原来的 VARCHAR2 修改为 CHAR）。

- 单击"插入"按钮，可以插入新行。
- 单击"删除"按钮，删除所选中的行。
- 单击"添加 5 个表列"按钮，增加五个空列。
- 单击"高级属性"，可以查看指定列的高级特性。

（3）修改完成后，单击"应用"按钮，保存修改结果。

4.2.3　使用 OEM 查看和删除表

1．使用 OEM 查看表

（1）启动 OEM 后，进入指定方案（如 SCOTT）的"表"页面，如图 4-6 所示。

（2）选择要查看的表后，单击"查看"按钮，即可查看到表的一般信息，如图 4-8 所示。

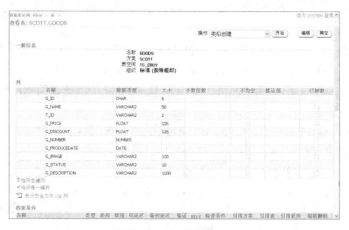

图 4-8　"查看表"页面

2．使用 OEM 删除表

（1）在指定方案的"表"页面，选择要删除的表（如 GOODS），单击"使用选项删除"按钮，进入"确认"页面，如图 4-9 所示。

图 4-9　确认删除表

说明

3 种删除选项的含义如下。

- 删除表定义：将会删除指定表中所有数据和从属对象，并删除所有引用完整性约束条件（CASCADE CONTRAINTS）。
- 仅删除数据（DELETE）：只删除指定表中的所有数据。
- 仅删除不支持回退的数据（TRUNCATE）：只删除不支持回滚的数据。

（2）单击"是"按钮，根据指定的选项完成对指定表的删除操作。

4.3 使用 SQL Developer 管理表

4.3.1 课堂案例 3——使用 SQL Developer 创建 Users 表

在 Oracle11g 中，可以使用 SQL Developer 通过图形化界面的形式完成 Oracle 11g 数据表的创建操作。

【案例学习目标】 掌握 Oracle 中应用 SQL Developer 创建数据表的一般步骤和方法。

【案例知识要点】 SQL Developer 的启动、SQL Developer 的登录、SQL Developer 中数据类型的选择、SQL Developer 中创建表的步骤、SQL Developer 中数据表列的操作方法。

【案例完成步骤】

（1）启动 SQL Developer 并建立和 Oracle 11g 数据库的连接，以指定的方案（如方案名：SCOTT，密码：123456）登录 SQL Developer 后，在 SQL Developer 的左边树型结构中，依次选择 "eBuy"、"Tables"，右键单击 "Tables" 项，从快捷菜单中选择 "New Table"，如图 4-10 所示。

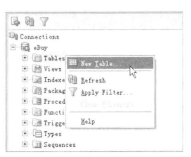

图 4-10 选择新建表

（2）打开 "Create Table" 对话框，指定新建数据表的名称（如 Users）；选择默认的用户方案（SCOTT）。

（3）添加数据表列。首先单击 "Add Column" 按钮，再设置列的名称、数据类型、数据类型的长度、是否允许列值非空和该列是否为主键后，将为新表增加一个数据列。按照这种方法，依次为 Users 数据表添加数据列，如图 4-11 所示。

（4）指定列数据类型。在 SQL Developer 创建表的普通状态下，数据列只能选择 VARCHAR2、CLOB、INTEGER、NUMBER 和 DATE 5 种数据类型。如果要使用更多的数据类型，请选中 Advanced 复选框，如图 4-12 所示，这样就可以为数据列指定 Oracle 11g 所支持的任何数据类型了。

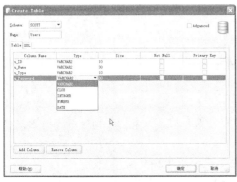

图 4-11 添加列

图 4-12 创建表的高级方式

（5）单击 "确定" 按钮，完成数据表的创建，在 SQL Developer 中的 Tables 项下将新增 Users 项，如图 4-13 所示。

（6）在为数据表添加数据列之后，选择 "SQL" 选项卡，用户可以查看创建数据表的 DDL 脚本，如图 4-14 所示。

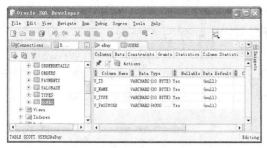
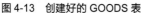

图 4-13　创建好的 GOODS 表

图 4-14　查询 DDL 脚本

4.3.2　使用 SQL Developer 修改表

使用 SQL Developer 修改表是非常方便的，用户既可以为数据表添加列、删除列，也可以修改列，同时也可以完成对数据表的其他信息的修改。

在 SQL Developer 左边栏的 Tables 项中用鼠标右键单击需要修改的数据表，从快捷菜单中选择"Edit"命令，打开"Edit Table"对话框，如图 4-15 所示，用户可以完成对数据表的修改操作。修改完成后单击"确定"按钮，保存修改结果。

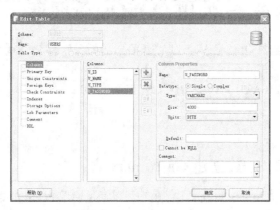

图 4-15　"修改表"对话框

4.3.3　使用 SQL Developer 查看和删除表

1．使用 SQL Developer 查看表

在 SQL Developer 的 Tables 选项中单击需要查看的表，在右边栏内将出现该表的详细情况，包括该表所属的列、数据、约束、授权、主键等各种信息，如图 4-16 所示。

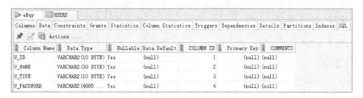

图 4-16　查看表信息

2．使用 SQL Developer 删除表

（1）删除数据表时，首先从 Tables 项中用鼠标右键单击需要删除的数据表，然后从快捷菜

单中依次选择"Table"和"Drop",如图 4-17 所示。

（2）在打开的删除对话框中,单击"应用"按钮,如图 4-18 所示。

（3）在打开的"确认删除完成"对话框中,单击"确定"按钮完成整个数据表的删除操作。

（4）在图 4-18 所示的对话框中,用户也可以选择 SQL 选项卡,查看删除数据表的 SQL 语句。

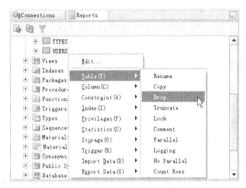

图 4-17　选择删除表

图 4-18　删除表

4.4　课堂案例 4——使用 PL/SQL 管理表

【案例学习目标】掌握 Oracle 中应用 PL/SQL 语句创建数据表、修改数据表、删除数据表的方法。

【案例知识要点】CREATE TABLE 语句、ALTER TABLE 语句、DROP TABLE 语句、PL/SQL 语句的执行。

【案例完成步骤】

4.4.1　使用 PL/SQL 创建 Customers 表

在 SQL Developer 或 SQL Plus 工具中,用户可以通过使用 PL/SQL 语句 CREATETABLE 来创建表,其基本语法格式为

```
CREATE TABLE [用户方案.]<表名>
(
    <列名> <数据类型> [DEFAULT 默认值] [列级约束], ...
    [表级约束]
);
```

参数说明如下。

● 用户方案:指明新表所属的用户方案（如 SCOTT）。

● 表名:要建立的新表名,其名字必须符合 PL/SQL 标识符的定义规则,而且在同一个用户方案下表名必须是唯一的。

● 列名:组成表的各个属性的名称,在一个表中,列名也必须是唯一的。

● 数据类型:指定列所采用的数据类型,可以是 PL/SQL 支持的任何数据类型,如 CHAR、VARCHAR、DATE 等数据类型。

● DEFAULT:指定由该列对应的默认值。要注意的是,默认值的数据类型必须与该列的数据类型相匹配。

● 列级约束和表级约束:用于对列实施完整性约束,具体内容请参见本章 4.6 节中数据完整性与约束的内容。

【例 4-1】 创建用户方案为 SCOTT、表名为 CUSTOMER（会员表）的表。

（1）编写 SQL 脚本。

```
CREATE TABLE SCOTT.Customers
(
  c_ID char(5),                    -- 客户编号
  c_Name varchar2(30),             -- 客户名称
  c_TrueName varchar2(30),         -- 真实姓名
  c_Gender char(2),                -- 性别
  c_Birth date,                    -- 出生日期
  c_CardID varchar2(18),           -- 身份证号
  c_Address varchar2(50),          -- 客户地址
  c_Postcode char(6),              -- 邮政编码
  c_Mobile varchar2(11),           -- 手机号码
  c_Phone  varchar2(15),           -- 固定电话
  c_Email varchar2(50),            -- 电子邮箱
  c_Password varchar2(30),         -- 密码
  c_SafeCode char(6) ,             -- 安全码
  c_Question varchar2(50),         -- 提示问题
  c_Answer varchar2(50),           -- 提示答案
  c_Type varchar2(10)              -- 用户类型(普通用户、VIP用户)
);
```

（2）运行创建 CUSTOMER 表的脚本。将上述 CREATE TABLE 命令输入到 SQL Developer 的 "Enter SQL Statement" 区域，单击图标 或按 F5 键运行脚本，执行 PL/SQL 语句（也可以在 SQL Plus 的命令窗口中执行）。执行成功后出现 "CREATE TABLE succeeded." 提示信息，表明创建数据表 CUSTOMER 成功。在 SQL Developer 中通过 PL/SQL 语句创建会员表的界面，如图 4-19 所示。

图 4-19　在 SQL Developer 中运行 CREATE TABLE 命令

- 本书中对 PL/SQL 方式主要介绍 PL/SQL 语句的基本语法。
- Oracle 11g 中可以在 SQL Plus 中，也可以在 SQL Developer 中执行 PL/SQL 语句，用户可以根据自己的习惯进行选择，为了方便截取 PL/SQL 语句执行结果，本书大多数的 SQL 语句在 SQL Developer 中执行。
- 使用 SQL Plus 执行较长和较多的 SQL 语句时，通常将 SQL 语句保存在 .sql 的脚本文件中，在 SQL Plus 下通过 start c:\demo.sql 的方式执行相应的脚本。
- 为了后续学习的需要，请读者参阅以上 3 种方法将教学示例系统和模仿练习系统中的对应的数据表创建好。

4.4.2 使用 PL/SQL 修改表

使用 PL/SQL 语句 ALTER TABLE 也可以修改表的结构，虽然比使用 SQL Developer 更为复杂，却更为灵活。ALTER TABLE 命令的基本语法格式为

```
ALTER TABLE [用户方案.]<表名>
    [ADD (<列名> <数据类型> [DEFAULT 默认值] [列级约束])]
    [MODIFY ([数据类型] [DEFAULT 默认值] [列级约束])]
    [DROP 子句];
```

参数说明如下。

● ADD：添加列或完整性约束。

● MODIFY：修改表中原有列的定义。

● DROP：删除表中的列或约束。

DROP 子句的语法格式为

```
DROP
    COLUMN 列名
    PRIMARY | UNIQUE (列名, … n) |
    CONSTRAINT 列名 |
        [CASCADE]
```

参数说明如下。

● COLUMN：删除由列名指定的列。

● PRIMARY：删除表的主键约束。

● UNIQUE：删除指定列上定义的唯一约束，可以一次删除多个唯一约束。

● CONSTRAINT：删除列名对应的完整性约束。

● CASCADE：删除其他所有的完整性约束。

下面通过一系列实例介绍如何使用 ALTER TABLE 命令修改表的结构。

1. 添加列

【例 4-2】 考虑到需要了解商品生产厂商的信息，要在 SCOTT 用户方案的 GOODS 表中添加一个长度为 20 个字符，名称为 g_Producer，类型为 varchar 的新的一列。该操作使用 PL/SQL 语句完成。

```
ALTER TABLE SCOTT.GOODS ADD g_Producer varchar(20)
```

● 在 ALTER TABLE 语句中使用 ADD 关键字增加列。
● 无论表中原来是否已有数据，新增加的列一律为空值，且新增加的一列位于表结构的末尾。

上述语句执行后，在查看表结构时，发现新增加了一列，如图 4-20 所示。

```
ALTER TABLE SCOTT.Goods succeeded.
desc Scott.goods;
Name                    Null    Type
----------------------- ------- ---------------
G_ID                            CHAR(6)
G_NAME                          VARCHAR2(50)
T_ID                            VARCHAR2(2)
G_PRICE                         FLOAT(126)
G_DISCOUNT                      FLOAT(126)
G_NUMBER                        NUMBER
G_PRODUCEDATE                   DATE
G_IMAGE                         VARCHAR2(100)
G_STATUS                        VARCHAR2(10)
G_DESCRIPTION                   VARCHAR2(1000)
G_PRODUCER                      VARCHAR2(20)

11 rows selected
```

图 4-20　添加 G_PRODUCER 列

2．修改列

【例 4-3】 考虑到出生日期的实际长度和数据操作的方便性，要将 SCOTT 用户方案中的
GOODS 表中的 g_ProduceDate 数据类型改为 char 型，且宽度为 10。该操作使用 PL/SQL 语句
完成，基本语句格式如下。

```
ALTER TABLE SCOTT.GOODS MODIFY  g_ProduceDate char(10)
```

修改完成后，再查看表结构，其结果如图 4-21 所示。

```
ALTER TABLE SCOTT.Goods succeeded.
desc SCOTT.GOODS
Name                   Null      Type
----------------------------------------------
G_ID                             CHAR(6)
G_NAME                           VARCHAR2(50)
T_ID                             VARCHAR2(2)
G_PRICE                          FLOAT(126)
G_DISCOUNT                       FLOAT(126)
G_NUMBER                         NUMBER
G_PRODUCEDATE                    CHAR(10)
G_IMAGE                          VARCHAR2(100)
G_STATUS                         VARCHAR2(10)
G_DESCRIPTION                    VARCHAR2(1000)
G_PRODUCER                       VARCHAR2(20)

11 rows selected
```

图 4-21　修改 G_PRODUCEDATE 列

3．删除列

使用 ALTER TABLE 语句删除列时，可以使用 DROP COLUMN 关键字。

【例 4-4】 如果不考虑商品的生产厂商信息，要在 SCOTT 用户方案中的 GOODS 表中删
除已有列 g_Producer。

```
ALTER TABLE SCOTT.GOODS DROP COLUMN g_Producer
```

- 使用 ALTER TABLE SCOTT. GOODS CASCADE；可以删除与指定列相关联的
  约束。

4.4.3　使用 PL/SQL 查看和删除表

PL/SQL 以灵活的方式提供查看和删除表的命令，而 OEM 以图形化的方法提供了查看和删
除表的方式，两者相辅相成。

1．查看表

使用 DESCRIBE 命令可以查看表的结构，其基本语法格式为

```
DESC[RIBE]  [用户方案.]<表名>;
```

【例 4-5】 使用 DESCRIBE 命令查看用户方案 SCOTT 下的商品表 USERS。

```
DESCRIBE  SCOTT.Users;
```

执行上述 DESCRIBE 命令后，将显示 USERS 表的结构信息，如图 4-22 所示。

```
desc SCOTT.UserS
Name               Null      Type
----------------------------------------------
U_ID                         VARCHAR2(10)
U_NAME                       VARCHAR2(30)
U_TYPE                       VARCHAR2(10)
U_PASSWORD                   VARCHAR2(4000)

4 rows selected
```

图 4-22　Users 表结构信息

DESCRIBE 命令也可以写成 DESC，因此上例的 PL/SQL 语句也可以这样表示：
DESC　SCOTT.GOODS。

2．删除表

使用 PL/SQL 删除表的基本语法格式为

```
DROP TABLE [用户方案.]<表名>;
```

下面通过例子介绍如何使用 DROP TABLE 命令删除表。

【例 4-6】 使用 DROP TABLE 命令删除用户方案为 SCOTT 下的商品表 GOODS。

```
DROP  TABLE SCOTT. GOODS;
```

如果表包含外键约束，在删除表时需要删除外键约束，可以使用 CASCADE 子句，语法格式为

```
DROP TABLE [用户方案.]<表名> [CASCADE CONSTRAINS];
```

【例 4-7】 使用 DROP TABLE 命令删除用户方案 SCOTT 中的商品表 GOODS，并删除商品表的所有外键约束。

```
DROP  TABLE SCOTT. GOODS
   CASCADE CONSTRAINS;
```

4.5　数据记录操作

在数据库实例中创建表以后，就可以对表中的数据记录进行操作。数据记录操作包括插入数据记录、更新数据记录和删除数据记录，既可以通过 SQL Developer 操作数据记录，也可以通过 PL/SQL 操作数据记录。

4.5.1　课堂案例 5——使用 SQL Developer 操作数据记录

【案例学习目标】 掌握在 SQL Developer 中操作数据记录的方式。

【案例知识要点】 在 SQL Developer 中添加数据、在 SQL Developer 中修改数据、在 SQL Developer 中删除数据。

【案例完成步骤】

（1）启动并以指定的方案（如 SCOTT）登录 SQL Developer 后，在左边栏的 Tables 项中选择需要更新数据记录的表（如 Users），在右侧将出现该表相应的信息，选择"Data"选项卡，在 Data 选项卡内可以进行数据记录的插入、更新和删除操作，如图 4-23 所示。

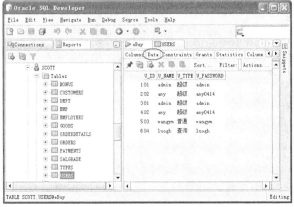

图 4-23　选择需要更新的表

图 4-24　编辑记录内容

（2）单击插入数据行的图标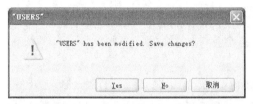，在记录显示区域插入一个空白行，双击数据列位置，输入记录内容，完成记录（'99', 'demo', '普通', 'demo'）的输入，如图 4-24 所示。

（3）按同样的方法继续插入其他数据记录。在插入数据结束之后，再单击刷新图标，打开保存更改对话框，如图 4-25 所示。

（4）单击"Yes"按钮，完成插入数据记录的提交操作。与此同时，"Data Editor – Log"子窗口中将显示数据编辑器的日志记录，包括插入记录操作所对应的 PL/SQL 语句，如图 4-26 所示。

图 4-25 保存更改对话框（提交更新操作）

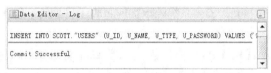

图 4-26 显示数据更新语句

- 用户也可以通过单击提交更改图标来提交插入数据记录操作，此时将不再弹出如图 4-23 所示的对话框，或者单击回滚更改图标来回滚插入数据记录操作，以使插入数据记录的操作失效。

- 更新数据记录时，双击要修改的内容（如 demo 用户的密码），进入编辑状态，在数据记录编辑栏内直接修改数据表的数据记录（将 demo 用户的密码修改为 de），修改完成后单击"刷新"或"提交更改"图标即可完成更新数据记录的操作。

- 删除数据记录时，需要首先选中待删除数据记录行（如名称为 demo 的用户），再单击删除选定行图标 进行删除，然后单击"刷新"或"提交更改"图标，完成数据记录的删除操作。对于数据记录行的选定，既可以选定任意单行，也可以选定连续行（按 Shift 键）或不连续行（按 Ctrl 键）。

4.5.2 课堂案例6——使用 PL/SQL 操作数据记录

【案例学习目标】学习使用 PL/SQL 语句插入记录、修改记录和删除记录的语句。

【案例知识要点】INSERT 语句插入记录、UPDATE 语句修改记录、DELETE 语句删除记录。

【案例完成步骤】

使用 PL/SQL 语句来操作记录很灵活，可以一次插入、更新或删除多条数据记录。

1. 插入数据记录

在 PL/SQL 中，使用 INSERT INTO 语句实现在表中插入数据记录的操作，其语法格式为

```
INSERT INTO [用户方案].<表>[(<列1>[, <列2> …])]
VALUES(<值1>[, <值2>…]);
```

参数说明如下。

- 插入数据记录时，列的顺序和数据类型必须与值的顺序和数据类型相匹配。如果不指定列，则必须给出所有列的值，并且值的数目、顺序和数据类型必须与表中列的数目、顺序和数据类型相匹配。

- 如果没有指定列，这些列将取空值或默认值，前提是这些列设置了允许空的条件或提供了默认值，插入数据记录时，必须为创建了非空约束的列提供非空值。

- 对于字符型数据必须使用一对单引号"' '"将其标识起来。

● 字符串形式的时间数据可以使用 TO_DATE()函数将其转换为 Oracle 规定的合法日期型数据。

（1）插入所有列。

【例 4-8】 新商品入库，将商品信息（'020003','爱国者 MP3-1G','02',128,0.8,20,'2007-08-01','pImage/020003.gif','热点','容量 G'）添加到用户方案 SCOTT 的 GOODS 表中。

```
INSERT INTO SCOTT.GOODS VALUES('020003','爱国者 MP3-1G','02',128,0.8,20,to_date ('2007-
08-01','yyyy-mm-dd'),'pImage/
020003.gif','热点','容量G');
COMMIT;
```

该语句将一个商品记录插入到 GOODS 表中，要求提供商品的每一列信息（即使为 NULL）。其中的 to_date 系统函数实现将表示日期的字符串转换成特定格式的日期类型。

（2）插入指定列。

【例 4-9】 新商品入库，该商品的图片和商品描述尚缺，只能将该商品的部分信息('040002','杉杉西服（男装）','04',1288,0.9,20,'2007-08-01',NULL,'热点',NULL)添加到用户方案 SCOTT 的 GOODS 表中。

```
INSERT  INTO  SCOTT.GOODS  VALUES('020003',' 爱 国 者  MP3-1G','02',128,0.8,20,to_date
('2007-08-01','yyyy-mm-dd'),'pImage/020003.gif','热点','容量G');
COMMIT;
```

以上两条语句执行成功后，在 SQL Developer 中查看到的记录情况如图 4-27 所示。

G_ID	G_NAME	T_ID	G_PRICE	G_DISCOUNT	G_NUMBER	G_PRODUCEDATE	G_IMAGE	G_STATUS	G_DESCRIPTION
10...	爱国者MP3-1G	02	128	0.8	20	01-8月 -07	pImage/0200...	热点	容量G
20...	杉杉西服(男装)	04	1288	0.9	20	01-8月 -07	(null)	热点	(null)

图 4-27　插入的数据记录

● 如果 INSERT 语句中提供的值的数目、顺序和数据类型与表中列的数目、顺序和数据类型完全一致，则 INSERT 语句也可以不提供列名。

● 使用 PL/SQL 命令操作数据记录后，必须使用 COMMIT 命令进行提交，从而把数据的操作实际保存到数据库中；否则数据记录的操作只在当前会话中有效，无法对另外的会话或新启动的会话施加影响。

● 参照以上方法，为 eBuy 数据库的所有数据表添加示例数据，后续操作都假定在数据表中样例数据添加完成的基础上完成的。

● 插入数据记录的脚本，请参考本书所附资源。

2．更新数据记录

在 PL/SQL 中，使用 UPDATE 语句实现更新表中数据记录的操作，其语法格式为

```
UPDATE  [用户方案].<表>
SET <列1>=<表达式1> [, <列2>=<表达式2> …]
[WHERE  条件表达式];
```

参数说明如下。

● SET 子句中的列指明其值将要被更新的列，表达式指明了该列更新后的值，可以同时更新多个列，各个部分之间以逗号 "，" 分隔。

● WHERE 子句进行数据记录行过滤，指明需要进行更新的数据行，如果不提供 WHERE 子句，则更新表中的所有数据记录。

● 更新后的值必须符合对应列的数据完整性约束条件。

（1）修改单条记录。

【例 4-10】 将用户方案 SCOTT 中的 GOODS 表中的"劲霸西服"由"推荐"商品转为"热点"商品，需要完成对该商品状态的更改。

```
UPDATE SCOTT.GOODS
SET g_Status='热点'
WHERE g_name='劲霸西服';
COMMIT;
```

（2）修改多条记录。对于上例，将符合条件的商品说明更新为新值，由于符合指定条件的记录数目是有限的，因此这样的更新只会涉及若干条数据记录行，而不是更新所有数据记录。也可以通过不指定 WHERE 子句的方式更新表中的所有数据记录。

【例 4-11】 将用户方案 SCOTT 中的商品表 GOODS 的商品说明统一清空。

```
UPDATE          SCOTT.GOODS
SET             g_DESCRIPTION = NULL;
COMMIT;
```

执行上述 PL/SQL 语句后，商品表中所有数据记录的描述都被清除。

3．删除数据记录

在 PL/SQL 中，使用 DELETE FROM 语句实现删除表中数据记录的操作，其语法格式为

```
DELETE  [FROM]  [用户方案].<表>
[WHERE   条件表达式;]
```

参数说明如下。

● WHERE 子句指明需要被删除的数据记录，符合此要求的所有数据记录都将被删除。如果不指定 WHERE 子句，则删除表中的所有数据记录，但表的结构及约束仍然存在。

● 如果需要删除表的所有数据记录，尤其是需要删除一个拥有大量数据记录的表中的数据记录时，使用 TRUNCATE 命令会更有效，它可以释放占用的数据块空间。

TRUNCATE 命令的语法格式为

```
TRUNCATE TABLE  [用户方案].<表>;
```

参数说明如下。

● 使用 TRUNCATE TABLE 语句删除表中的所有数据记录，但表的结构和约束仍然存在。在功能上，它与不带 WHERE 子句的 DELETE FROM 语句相同，但 TRUNCATE TABLE 的执行速度比 DELETE FROM 更快。

● 如果有外键约束存在，不能使用 TRUNCATE TABLE 删除表中的所有数据记录，而应该使用不带 WHERE 子句的 DELETE FROM 语句删除表中所有数据记录。同样，如果该表应用了索引或视图，也不能使用 TRUNCATE TABLE 语句。

（1）删除指定记录。

【例 4-12】 用户方案 SCOTT 内 GOODS 表中的商品号为'040002'的商品已售完，并且以后也不考虑再进货，需要在商品信息表中清除该商品的信息。

```
DELETE
FROM SCOTT.GOODS
WHERE g_ID='040002';
COMMIT;
```

（2）删除所有记录。

【例 4-13】 删除商品信息表中的所有信息。

```
DELETE
FROM SCOTT.GOODS;
COMMIT;
```

该语句使 GOODS 成为空表，它删除了 GOODS 的所有记录。要删除表中的所有记录也可以使用"TRUNCATE TABLE <表名>"语句来完成。如果商品表没有使用外键约束，也没有应用索引或视图，清空商品表的操作也可以使用 TRUNCATE TABLE 语句来完成，如下所示：

```
TRUNCATE TABLE SCOTT.GOODS
```

4.6　课堂案例 7——实施数据完整性与约束

【案例学习目标】学习在 Oracle 中使用 OEM 和 PL/SQL 语句实现各类约束以实现数据完整性的方法和操作步骤。

【案例知识要点】管理 NOT NULL 约束、管理 DEFAULT 约束、管理 UNIQUE 约束、管理 CHECK 约束、管理 PRIMARY KEY 约束、管理 FOREIGN KEY 约束。

【案例完成步骤】

为了保护数据表中数据的完整性和一致性，数据库设计者需要在创建表时为数据表或列施加各种约束条件（当然，特殊情况下，也可以在表创建好之后，通过修改的方式给表添加约束），甚至使用触发器。本节主要介绍约束的实施，有关触发器的内容将在第 9 章进行介绍。

4.6.1　数据完整性概述

数据完整性是指数据的精确性和可靠性。它是为防止数据库中存在不符合语义规定的数据和防止因错误信息的输入输出造成无效操作或错误信息而提出的。数据完整性主要分为 4 类：域完整性、实体完整性、引用完整性和用户定义完整性。

1．域完整性

域完整性是指数据库表中的列必须满足某种特定的数据类型或约束，其中约束又包括取值范围精度等规定。表中的 CHECK、FOREIGN KEY 约束和 DEFAULT、NOT NULL 定义都属于域完整性的范畴。

2．实体完整性

实体完整性规定表的每一行在表中是唯一的。实体表中定义的 UNIQUE、PRIMARY KEY 和 IDENTITY 约束就是实体完整性的体现。

3．引用完整性

引用完整性是指两个表的主关键字和外关键字的数据应对应一致。它确保了有主关键字的表中对应其他表的外关键字的行存在，即保证了表之间数据的一致性，防止了数据丢失或无意义的数据在数据库中扩散。引用完整性是创建在外关键字和主关键字之间或外关键字和唯一性关键字之间的关系上的。在 Oracle 中，引用完整性作用表现在如下几个方面：

- 禁止在从表中插入包含主表中不存在的关键字的数据行；
- 禁止会导致从表中的相应值孤立的主表中的外关键字值改变；
- 禁止删除在从表中有对应记录的主表记录。

除此之外，Oracle 还提供了一些工具来帮助用户实现数据完整性，其中最主要的是触发器（Trigger）。

4．用户定义完整性

用户定义完整性指的是由用户指定的一组规则，它不属于实体完整性、域完整性或引用完整性。

约束（Constraint）作为实现数据库完整性的一种重要方法，可以完成域完整性、实体完整性和引用完整性的要求。约束一般定义在表的一个列上，实现了约束的列将具有指定的完整性约束。Oracle 中的约束主要包括非空约束、默认约束、检查约束、唯一约束、主键约束和外键约束。

4.6.2 非空（NOT NULL）约束

非空约束说明列值不允许为空（NULL），当插入或修改数据时，设置了非空约束的列的值不允许为空，它必须存在具体的值，如商品编号、商品名称必须为非空。如果没有为列创建非空约束，则该列默认为允许空值。非空约束可以通过 OEM 或 PL/SQL 创建。

1．使用 OEM 创建非空约束

在创建表或修改表时，可以通过"不为空"指定表中的对应列（t_ID）的为空性，如图 4-28 所示。

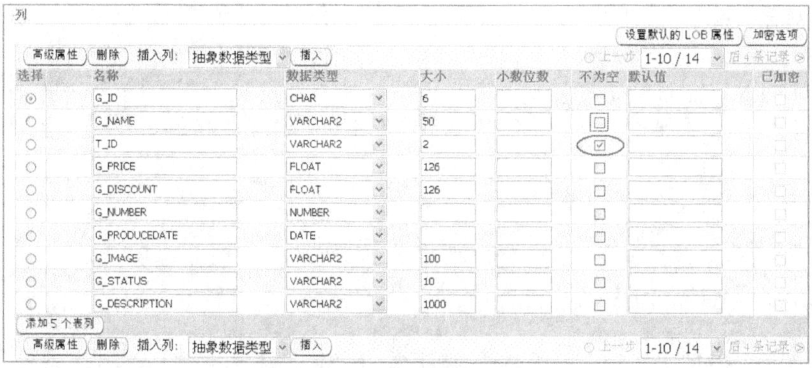

图 4-28　指定默认值

2．使用 PL/SQL 创建非空约束

使用 PL/SQL 创建非空约束的语法格式为

```
列 NOT NULL | NULL;
```

（1）创建表时指定非空约束。

【例 4-14】　为用户方案 SCOTT 中商品表 GOODS 的商品编号、商品类型编号、商品价格、商品折扣、库存数量、商品生产日期、商品状态列创建非空约束，商品名称、商品图片和商品描述允许为空。

```
CREATE TABLE GOODS
(
g_ID char(6) NOT NULL PRIMARY KEY,         -- 商品编号
g_Name varchar2(50),                       -- 商品名称
t_ID char(2) NOT NULL,                      -- 商品的分类号
g_Price float NOT NULL,                     -- 商品价格
g_Discount float NOT NULL,                  -- 商品折扣
g_Number integer NOT NULL,                  -- 库存数量
g_ProduceDate date NOT NULL,                -- 商品生产日期
g_Image varchar2(100),                      -- 商品图片
g_Status varchar2(10) NOT NULL,             -- 商品状态
g_Description varchar2(1000)                -- 商品描述
);
```

（2）修改表时指定非空约束。使用 PL/SQL 语句为 g_Name 指定 NOT NULL 约束，其完成语句如下所示。

```
ALTER TABLE SCOTT.GOODS MODIFY g_Name varchar(50) NOT NULL
```

4.6.3 默认（Default）约束

默认约束是指表中添加新行时给表中某一列指定的默认值。使用默认约束一是可以避免不允许为空值的数据错误，二是可以加快用户的输入速度。默认约束可以通过 OEM 或 PL/SQL 创建。

如果创建了称为"默认值"的对象。当绑定到列或用户定义数据类型时，如果插入时没有明确提供值，默认值便指定一个值，并将其插入到对象所绑定的列中（或者在用户定义数据类型的情况下插入到所有列中）。因为默认值定义和表存储在一起，当除去表时，将自动除去默认值定义。

1．使用 OEM 创建默认约束

在创建表或修改表时，可以通过"默认值"指定表中对应列（g_Discount）的默认值（0.8），如图 4-29 所示。

图 4-29　指定默认值

2．使用 PL/SQL 创建默认约束

使用 PL/SQL 创建默认约束的语法格式为

```
CONSTRAINT  约束名 DEFAULT  默认值；
```

如果在创建表时指定默认约束，可以忽略 CONSTRAINT 关键字，只需要在特定的列后面直接加上 DEFAULT 关键字即可。

【例 4-15】　为用户方案为 SCOTT 下的会员表 CUSTOMER 创建默认约束，默认值为"女"，并将其绑定到性别列 c_Gender。

```
CREATE TABLE SCOTT.Customers
(
c_ID char(5),                        -- 客户编号
c_Name varchar2(30),                 -- 客户名称
c_TrueName varchar2(30),             -- 真实姓名
c_Gender char(2) DEFAULT     '女',    -- 性别
c_Birth date,                        -- 出生日期
c_CardID varchar2(18),               -- 身份证号
c_Address varchar2(50),              -- 客户地址
c_Postcode char(6),                  -- 邮政编码
c_Mobile varchar2(11),               -- 手机号码
c_Phone  varchar2(15),               -- 固定电话
c_Email varchar2(50),                -- 电子邮箱
c_Password varchar2(30),             -- 密码
c_SafeCode char(6) ,                 -- 安全码
c_Question varchar2(50),             -- 提示问题
c_Answer varchar2(50),               -- 提示答案
```

```
  c_Type varchar2(10)                    -- 用户类型(普通用户、VIP用户)
  );
```

对于默认约束，只能在定义列的同时创建，不能创建表级默认约束；但可以通过修改表的方式添加默认约束。

4.6.4 唯一（Unique）约束

唯一约束通过确保在列中不输入重复值来保证一列或多列的实体完整性，每个唯一约束要创建一个唯一索引。对于实施唯一约束的列，不允许有任意两行具有相同的索引值。如商品编号是唯一的，这样才能唯一地确定一种商品。与主键约束不同的是，Oracle 允许为一个表创建多个唯一约束。唯一约束可以通过 OEM 或 PL/SQL 创建。

1．使用 OEM 创建唯一约束

（1）在指定方案的指定表的"表"编辑页面中，选择"约束条件"选项卡，进入"编辑表"页面，如图 4-30 所示。在"约束条件"组合框中选择"UNIQUE"后，单击"添加"按钮。

图 4-30　选择创建"UNIQUE"约束

（2）进入"添加 UNIQUE 约束条件"页面，填写唯一约束的名称（uq_ GNAME），选择要定义唯一约束的列（g_Name），如图 4-31 所示。

图 4-31　新建唯一约束 uq_GNAME

（3）单击"继续"按钮，进入"编辑表"页面，显示已经创建好的约束和刚刚创建好的 UNIQUE 约束的相关信息，如图 4-32 所示。

（4）单击"应用"按钮，完成 UNIQUE 约束的创建，显示"已成功修改表 SCOTT.GOODS"的信息。

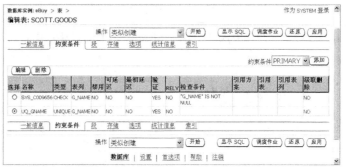

图 4-32　查看唯一约束 uq_GNAME

2. 使用 PL/SQL 创建唯一约束

使用 PL/SQL 创建唯一约束的语法格式为

```
CONSTRAINT 约束名 UNIQUE (列);
```

如果在创建表时指定唯一约束，可以忽略 CONSTRAINT 关键字，只需要在特定的列后面直接加上 UNIQUE 关键字即可。

【例 4-16】　在创建用户方案 SCOTT 的会员表 Customers 时，为其名称列 c_Name 创建唯一约束。

```
CREATE TABLE SCOTT.Customers
  (
c_ID char(5),                         -- 客户编号
c_Name varchar2(30) UNIQUE,           -- 客户名称
c_TrueName varchar2(30),              -- 真实姓名
c_Gender char(2) DEFAULT     '女',    -- 性别
c_Birth date,                         -- 出生日期
c_CardID varchar2(18),                -- 身份证号
c_Address varchar2(50),               -- 客户地址
c_Postcode char(6),                   -- 邮政编码
c_Mobile varchar2(11),                -- 手机号码
c_Phone  varchar2(15),                -- 固定电话
c_Email varchar2(50),                 -- 电子邮箱
c_Password varchar2(30),              -- 密码
c_SafeCode char(6) ,                  -- 安全码
c_Question varchar2(50),              -- 提示问题
c_Answer varchar2(50),                -- 提示答案
c_Type varchar2(10)                   -- 用户类型(普通用户、VIP 用户)
);
```

　　　　实际上，实施了主键约束的列同时也实施了唯一约束，因为主键约束是通过创建唯一索引来保证指定列的实体完整性的。

4.6.5　检查（Check）约束

检查约束限制输入到一列或多列中的可能值，从而保证 Oracle 数据库中数据的域完整性。检查约束实际上定义了一种输入验证规则，表示一个列的输入内容必须符合该列的检查约束条件，如果输入内容不符合规则，则数据输入无效。如商品数量必须定义在[0, 100]，输入的任何商品的数量都必须符合此规则，否则这样的数据记录不会被插入到商品表中。

检查约束可以通过 OEM 或 PL/SQL 创建，一个数据表可以定义多个检查约束。

1．使用 OEM 创建检查约束

（1）在指定方案的指定表的"表"编辑页面中，选择"约束条件"选项卡，进入"编辑表"页面，如图 4-30 所示。在"约束条件"组合框中选择"CHECK"后，单击"添加"按钮。

（2）进入"添加 CHECK 约束条件"页面，填写 CHECK 约束名称和检查条件，如图 4-33 所示。

图 4-33　新建检查约束

（3）单击"继续"按钮，进入"编辑表"页面，显示其他约束和刚刚创建好的 CHECK 约束，如图 4-34 所示。

（4）单击"应用"按钮，完成 CHECK 约束的创建，显示"已成功修改表 SCOTT.GOODS"的信息。

CHECK 约束创建后，在输入表记录时起作用。

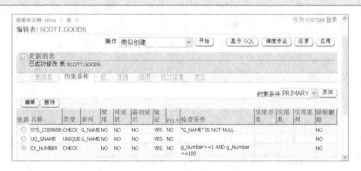

图 4-34　查看检查约束 CK_NUMBER

2．使用 PL/SQL 创建检查约束

使用 PL/SQL 创建检查约束的语法格式为

```
CONSTRAINT  约束名 CHECK (检查约束表达式);
```

如果在创建表时指定检查约束，可以忽略 CONSTRAINT 关键字，只需要在特定的列后面直接加上 CHECK 表达式即可。

【例 4-17】　根据 WebShop 电子商城网站规定，商品折扣不能小于 0.5 也不能超过 1。需要在创建 GOODS 表时，为 g_Discount 设置 CHECK 约束，使 g_Discount 列的值在 0.5～1。完成语句如下。

```
ALTER TABLE SCOTT.GOODS
ADD CONSTRAINT ck_Discount
```

```
CHECK(g_Discount>=0.5 AND g_Discount<=1.0);
DESC SCOTT.GOODS
```

- 也可以使用 CREATE TABLE 语句在创建表时指定约束。
- 表结构修改后，使用 DESC 命令查看修改后的结果。

4.6.6　主键（Primary Key）约束

主键约束主要用于实现实体完整性，对于指定了主键约束的列，要求表中的每一行有一个唯一的标识符，这个标识符就是主键。主键约束实际上是通过创建唯一索引来保证指定列的实体完整性的。主键约束可以应用于表中一列或多列（复合主键）。

主键约束可以通过 OEM 或 PL/SQL 创建，一个数据表只能定义一个唯一的主键约束。

1. 使用 OEM 创建主键约束

（1）在指定方案的指定表的"表"编辑页面中，选择"约束条件"选项卡，进入"编辑表"页面，如图 4-35 所示。在"约束条件"组合框中选择"PRIMARY"后，单击"添加"按钮。

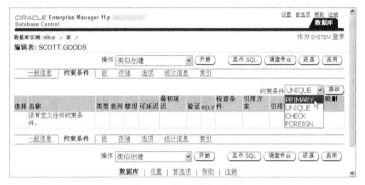

图 4-35　选择创建主键

（2）进入"添加 PRIMARY 约束条件"页面，选择作为主键的列，并输入主键的名称（这里为 pk_GOODS），如图 4-36 所示。

- 可以指定一个以上的列作为主键的构成部分。
- 如果不指定主键的名称，系统会自动提供一个名称。

（3）单击"继续"按钮，进入"编辑表"页面，显示指定主键（如 pk_GOODS）的信息和其他约束信息，如图 4-37 所示。

（4）单击"应用"按钮，完成主键的创建，显示"已成功修改表 SCOTT.GOODS"的信息。在 GOODS 表的查看页面中可以查看到 g_ID 作为主键的信息，如图 4-38 所示。

图 4-36 新建主键约束

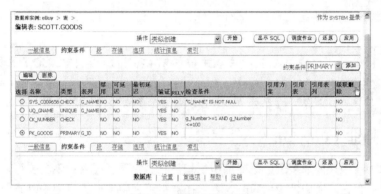

图 4-37 查看创建的主键

图 4-38 查看 GOODS 表信息

2. 使用 PL/SQL 创建主键约束

使用 PL/SQL 创建主键约束的语法格式为

```
CONSTRAINT  约束名 PRIMARY KEY (列名, …);
```

如果在创建表时指定主键约束，可以忽略 CONSTRAINT 关键字，只需要在特定的列后面直接加上 PRIMARY KEY 关键字即可。

【例 4-18】 在创建用户方案 SCOTT 的商品类别表时，为其商品类别编号 t_ID 创建主键约束，指定其为商品类别表的主键。

[语句一]

```
CREATE TABLE SCOTT.Types
(
    t_ID char(2) PRIMARY KEY NOT NULL,            -- 商品的分类编号
    t_Name varchar2(50) NOT NULL,                 -- 商品的分类名称
    t_Description  varchar2(100) NOT NULL         -- 商品类别描述
);
```

以上语句也可以写成：

[语句二]

```
CREATE TABLE SCOTT.Types
(
    t_ID CHAR(2),
    t_Name VARCHAR2(50),
    t_Description VARCHAR2(100)
    --创建主键约束
    CONSTRAINT pk_Types PRIMARY KEY(t_ID)
);
```

- [语句一]中由系统自动生成主键的名称，[语句二]中指定了主键的名称为 pk_Types。
- 按照以上方法，分别设置 eBuy 数据库中各表的主键。

4.6.7 外键（Foreign Key）约束

外键约束为表中一列或多列数据提供引用完整性，它限制插入到表中被约束列的值必须在被引用表中已经存在。实施外键约束时，要求在被引用表中定义了主键约束或唯一约束。被引用表被称为主表，主表中的主键称为引用完整性中的主键，必须引用主表进行引用完整性约束的列被称为外键，外键对应的表称为外表或从表。

典型的主外键关系（引用完整性）如图 4-39 所示。其中，主表为商品类别表，外表为商品表，商品类别表（主表）中的商品类别编号为主键，商品表（外表）中的商品类别编号为外键。其中有 eBuy 电子商城中的引用完整性，还有订单表和订单明细表之间的关系，订单明细表 ORDERDETAILS 中的订单编号 o_ID 与订单表 ORDERS 中的 o_ID 引用是一致的。在往订单明细表中插入新行或修改其数据时，订单编号列的值必须在订单表中已经存在，否则将不能执行插入或修改操作。外键约束可以通过 OEM 或 PL/SQL 创建，一个数据表可以定义一个或多个外键约束。但一个数据表只能有一个主键。

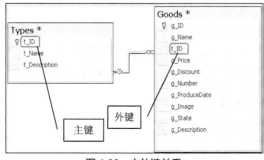

图 4-39 主外键关系

1. 使用 OEM 创建外键约束

（1）在指定方案的指定表的"表"编辑页面中，选择"约束条件"选项卡，进入"编辑表"页面。在"约束条件"组合框中选择"FOREIGN"后，单击"添加"按钮。

（2）进入"添加 FOREIGN 约束条件"页面，首先在"表列"中指定外键名称（FK_TYPES），选择作为外键的列（t_ID）。在"引用表列"中，单击"引用表"右侧的 按钮，选择引用的表，然后单击"开始"按钮，显示引用表中可用列，选择 t_ID，如图 4-40 所示。

图 4-40　新建外键约束

（3）单击"继续"按钮，进入"编辑表"页面，显示其他约束和刚刚创建的外键（fk_Types）信息，如图 4-41 所示。

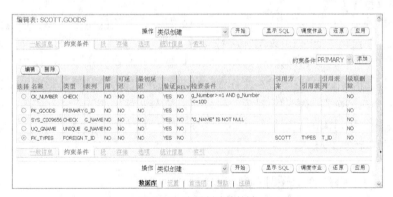

图 4-41　查看创建的外键

（4）单击"应用"按钮，完成外键的创建，显示"已成功修改表 SCOTT.GOODS"的信息。如果出现冲突（如 t_ID 在 GOODS 表中为 VARCHAR2 类型，在 Types 表中为 CHAR 类型），则单击"还原"按钮，修改相关表后，重新创建外键约束。

2. 使用 PL/SQL 创建外键约束

使用 PL/SQL 创建外键约束的语法格式为

```
CONSTRAINT 约束名 FOREIGN KEY (列) REFERENCES 主表(列);
```

如果在创建表时指定外键约束，可以忽略 CONSTRAINT 关键字，只需要在特定的列后面直接加上 REFERENCES 表达式即可。

【例 4-19】 商品信息表 GOODS 中的 t_ID（类别号）引用类别表 Types，需要在创建数据表 GOODS 时，建立 Types 表和 GOODS 表之间的关系，其中 t_ID 为关联列，Types 表为主键表，GOODS 表为外键表。完成语句如下：

```
CREATE TABLE SCOTT.Orders
(
    o_ID char(14) NOT NULL PRIMARY KEY,                    -- 订单编号
    c_ID char(5) NOT NULL REFERENCES Customers(c_ID),      -- 客户编号（外键）
    o_Date date NOT NULL,                                  -- 订货日期
    o_Sum float NOT NULL,                                  -- 订单金额
    e_ID char(10) NOT NULL REFERENCES Employees(e_ID),     -- 员工编号（外键）
    o_SendMode varchar2(50) NOT NULL,                      -- 送货方式
    p_Id char(2) NOT NULL REFERENCES Payments(p_ID),       -- 支付方式（外键）
    o_Status varchar2(6) NOT NULL                          -- 是否已派货
);
```

必须先创建好 Customers 表、Employees 表和 Payments 表，同时创建好 Customers 表基于 c_ID 的主键、Employees 表基于 e_ID 的主键及 Payments 表基于 p_ID 的主键。

4.7 课堂案例 8——管理序列和同义词

【案例学习目标】 学习在 OEM 中管理序列和同义词、使用 PL/SQL 管理序列和同义词的一般步骤和基本方法。

【案例知识要点】 OEM 创建序列、OEM 修改序列、OEM 删除序列、PL/SQL 创建序列、PL/SQL 修改序列、PL/SQL 删除序列、OEM 创建同义词、OEM 修改同义词、OEM 删除同义词、PL/SQL 创建同义词、PL/SQL 修改同义词、PL/SQL 删除同义词。

【案例完成步骤】

创建表的时候，有时主键的选择很复杂，可能是多个字段的组合，或很难找到确定记录唯一性的字段或字段组合。此时可以增加序号列做主键，该值是一个序列值。当向表中插入数据时，用户手工添加序号列的值很麻烦，而且容易出错，此时可以定义一个序列。序列是一个数据库对象，用户可以由该对象生成一些规律的值来自动添加序号列的值。同义词是指用新的标识符来命名一个已经存在的数据库对象，这样可以隐藏对象的实际名称和所有者信息，或者隐藏分布式数据库远程对象的位置信息，还可以使操作更加简便。创建了同义词后对同义词的操作与对原数据库对象的操作结果一致。

4.7.1 使用 OEM 管理序列

1．创建序列

（1）进入 OEM 后，依次选择"方案"、"序列"，进入"序列"页面，单击"创建"按钮，进入"创建序列"页面，如图 4-42 所示。

在该页面中填写名称（sq_GOODS）、选择方案（SCOTT）、指定最大值（10000）、最小值（1），间隔（1）和初始值（1）。

（2）单击"确定"按钮，完成序列的创建，创建成功后，将会显示"已成功创建序列 SCOTT.SQ_GOODS"的提示信息，如图 4-43 所示。

图 4-42　创建序列

图 4-43　成功创建序列

2．修改序列

修改序列只需在图 4-43 所示的"序列"页面中选择指定的序列，然后单击"编辑"按钮，进入序列的编辑状态。

3．删除序列

删除序列只需在图 4-43 所示的"序列"页面中选择指定的序列，然后单击"删除"按钮，即可删除指定的序列。

4.7.2　使用 PL/SQL 管理序列

1．创建序列

Oracle 的 PL/SQL 语句提供了 CREATE SEQUENCE 命令用于创建序列，其使用的语法格式如下：

```
CREATE SEQUENCE [用户方案.]<序列>
     [ { INCREMENT BY | START WITH } n
     | { MAXVALUE n | NOMAXVALUE }
     | { MINVALUE n | NOMINVALUE }
```

```
    | { CYCLE | NOCYCLE }
    | { CACHE n | NOCACHE }
    | { ORDER | NOORDER }
    );
```

参数说明如下。

● INCREMENT BY：指定序列之间的间隔，可以为非零值，最高为 28 位，默认值为 1。

● START WITH：指定生成的第一个序列。

● MAXVALUE：指定序列可以生成的最大值，它必须大于等于 START WITH 的值，大于 MINVALUE 的值。NOMAXVALUE 指定升序序列的最大值为 10^{27}，或降序序列的最大值为-1。

● MINVALUE：指定序列的最小值，它必须小于等于 START WITH 的值，小于 MAXVALUE 的值，NOMINVALUE 指定升序序列的最小值为 1，或降序序列的最小值为 -10^{26}。

● CYCLE|NOCYCLE：指定在到达最大值或最小值后序列是否继续生成值。

● ORDER|NOORDER：指定生成的序列是否是所要求的顺序。

【例 4-20】　通过序列实现对日志表的日志编号进行自动编号的功能。

（1）为了方便理解 PL/SQL 下创建序列并使用序列，在用户方案 SCOTT 中创建日志表 LOG。创建操作表 OPERATOR 的 PL/SQL 语句如下：

```
CREATE TABLE SCOTT.LOG
(
   lg_ID  INT,
   lg_Operator    VARCHAR2(20),
   lg_Date        DATE,
   lg_What    VARCHAR2(20),
    CONSTRAINT PK_LOG PRIMARY KEY(lg_ID)
);
```

（2）为日志编号列 lg_ID 创建序列，实现从 1001 开始自动增长，增量幅度为 1：

```
CREATE SEQUENCE SCOTT.SEQ_LOGID
   INCREMENT BY    1
   START WITH 1001
   NOMAXVALUE
   NOCYCLE ;
```

（3）使用序列。为了验证序列的效果，编写插入语句，实现将数据记录插入到操作员表中：

```
INSERT INTO LOG VALUES(SCOTT.SEQ_LOGID.NEXTVAL,'管理员',sysdate,'修改记录');
INSERT INTO LOG VALUES(SCOTT.SEQ_LOGID.NEXTVAL,'张三',sysdate,'查看记录');
```

在 SQL Developer 中查看到的 LOG 表中的记录如图 4-44 所示。

图 4-44　使用序列添加的记录

● sysdate 是一个系统函数，用于表示当前时间。

● 序列一般为 INT 类型。

2．修改序列

PL/SQL 语句中的 ALTER SEQUENCE 命令可以对不符合要求的序列进行修改，其语法格式如下：

```
ALTER SEQUENCE [用户方案.]<序列>
    [ { INCREMENT BY | START WITH } n
    | { MAXVALUE n | NOMAXVALUE }
    | { MINVALUE n | NOMINVALUE }
    | { CYCLE | NOCYCLE }
    | { CACHE n | NOCACHE }
    | { ORDER | NOORDER }
    ];
```

其中各个参数的含义与 CREATE SEQUENCE 命令中的参数完全相同。

【例 4-21】 修改用户方案 SCOTT 中的序列 SEQ_LOGID，指定为序列分配并保存在内存中，分配值为 4。

```
CREATE SEQUENCE SCOTT. SEQ_LOGID
    INCREMENT BY  1
    START WITH    1001
    NOMAXVALUE
    NOCYCLE
    CACHE    4 ;
```

3．删除序列

使用 DROP SEQUENCE 命令可以删除不再需要的序列，其语法格式如下：

```
DROP SEQUENCE [用户方案.]<序列>;
```

【例 4-22】 删除用户方案 SCOTT 中的序列 SEQ_LOGID。

```
DROP SEQUENCE SCOTT. SEQ_LOGID;
```

4.7.3　使用 OEM 管理同义词

同义词（Synonym）是指向数据库中其他对象的数据库对象，是表、视图、序列、过程、函数、包、快照或其他同义词的别名。同义词通常用于对最终用户隐藏特定细节，如对象的所有权、分布式对象的位置等。

同义词有两种形式：公共的和私有的。公共同义词为特定用户组 PUBLIC 所拥有，它对于数据库中的每个用户都可用；私有同义词在创建它的用户方案中，谁控制该用户就可以存取它，私有同义词在其方案中必须是唯一的。

在管理同义词时，要求当前用户必须具有相应的系统权限，如创建同义词需要 CREATE SYNONYM、CRETE ANY SYNONYM 或 CREATE PUBLIC SYNONYM 系统权限，用户可以删除自己方案中的任何私有同义词，删除其他同义词时需要 DROP ANY SYNONYM 或 DROP PUBLIC SYNONYM 系统权限。

在管理同义词前，首先以 SYSDBA 身份登录 Oracle 11g，为 SCOTT 用户分配管理同义词的权限：

```
GRANT CREATE SYNONYM TO SCOTT;
```

1．创建同义词

（1）进入 OEM 后，依次选择"方案"、"同义词"，打开"同义词"操作窗口，单击"创建"按钮，打开"创建同义词"页面，如图 4-45 所示。

图 4-45　新建同义词

在图 4-45 所示的页面中，填写名称（syn_g）、选择方案（SCOTT）、指定别名
（SCOTT.GOODS）。

（2）单击"确定"按钮，完成同义词的创建，创建成功后，将会显示"已成功创建同义词
SCOTT.SYN_G"的提示信息，如图 4-46 所示。

图 4-46　创建好的同义词

（3）在 SQL Plus 的命令行提示符下输入 SELECT * FROM SCOTT.GOODS 和 SELECT *
FROM SCOTT. SYN_G，得到相同的查询结果，如图 4-47 所示。

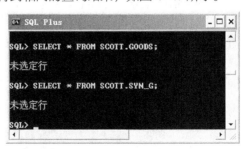

图 4-47　SQL Plus 中使用同义词

同义词创建后，对于引用对象的操作便可以使用同义词进行替代。

2．修改同义词

修改同义词只需在图 4-46 所示的"同义词"页面中选择指定的同义词，然后单击"编辑"按钮，进入同义词的编辑状态。

3．删除同义词

删除同义词只需在图 4-46 所示的"同义词"页面中选择指定的同义词，然后单击"删除"按钮，即可删除指定的同义词。

4.7.4 使用 PL/SQL 管理同义词

1．创建同义词

Oracle 的 PL/SQL 语句提供了 CREATE SYNONYM 命令用于创建同义词，其使用的语法格式如下：

```
CREATE [PUBLIC] SYNONYM [用户方案.]<同义词>
    FOR [用户方案.]<对象>[@数据库链]
```

参数说明如下。

● PUBLIC：指定创建公共同义词。

● FOR：指定为其创建同义词的方案对象，默认创建在当前用户方案中。

● 数据库链：指定数据库链，用于为远程数据库中的方案对象创建同义词。

【例 4-23】 为用户方案 SCOTT 中的商品表 GOODS 创建私有同义词。

```
CREATE SYNONYM SCOTT.G
FOR             SCOTT.GOODS;
```

为了验证同义词的效果，编写查询语句，查询商品表中所有商品的信息：

```
SELECT          *
FROM    SCOTT.G
```

2．删除同义词

使用 DROP SYNONYM 命令可以删除不再需要的同义词，其语法格式如下：

```
DROP SYNONYM [用户方案.]<同义词>;
```

【例 4-24】 删除用户方案 SCOTT 中的同义词 G。

```
DROP SYNONYM SCOTT.G;
```

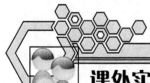

课外实践

【任务 1】

在 SQL Developer 中完成以下操作。

（1）创建 BookData 数据库中的图书类别表 BookType、图书信息表 BookInfo、出版社表 Publisher。

（2）根据 BookData 数据库的表的实际情况和表间关系添加指定的约束。

（3）为创建的各表添加样本数据。

【任务2】

使用 PL/SQL 语句完成以下操作。

（1）创建 BookData 数据库中的读者表 ReaderInfo 和借还表 BorrowReturn。

（2）根据 BookData 数据库的表的实际情况和表间关系添加指定的约束。

（3）删除所创建的读者表 ReaderInfo 和借还表 BorrowReturn。

【任务3】

使用 SQL Developer 完成以下操作。

（1）创建 BookData 数据库中的读者表 ReaderInfo 和借还表 BorrowReturn。

（2）根据 BookData 数据库的表的实际情况和表间关系添加指定的约束。

（3）为创建的各表添加样本数据。

【任务4】

根据 china-pub 注册时输入的信息，尝试编写在单击"提交"按钮时插入会员记录的 PL/SQL 语句。

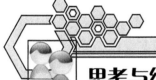

思考与练习

一、填空题

1. 在设计表时，对于邮政编码（固定为 6 位）列最适合的数据类型是_____。

2. 在 ALTER TABLE 语句中，如果要删除列，可以通过指定_____关键字来实现。

3. 如果需要向表中插入一批已经存在的数据，可以在 INSERT 语句中使用_____语句。

4. 创建一个 UPDATE 语句来修改 Goods 表中的数据，并且把每一行的 T_ID 值都改成 15，应该使用的 SQL 语句是_____。

5. 使用_____命令可以显示表的结构信息。

6. 两个表的主关键字和外关键字的数据应对应一致，这是属于_____完整性，通常可以通过_____和_____来实现。

7. _____约束通过确保在列中不输入重复值保证一列或多列的实体完整性。

二、选择题

1. 用_____语句可以修改数据表中的一行或多行数据。

A. UPDATE   B. SET

C. SELECT   D. WHERE

2. DELETE 语句中用_____语句或子句来指明表中所要删除的行。

A. UPDATE   B. WHERE

C. SELECT   D. INSERT

3. 使用_____命令可以清除表中所有的内容？

A. INSERT   B. UPDATE

C. DELETE   D. TRUNCATE

4. 如果要保证商品的数量在 1~100，可以通过_____约束来实现。

A. CHECK B. PRIMARY KEY

C. UNIQUE D. DEFAULT

5. 如果要保证在 Goods 表中添加记录时，自动填写商品类别编号 t_ID 为 "01"，可以通过_____约束来实现。

A. CHECK B. PRIMARY KEY

C. UNIQUE D. DEFAULT

三、简答题

1. 简述 DELETE 语句与 TRUNCATE 语句的差异。

2. 数据完整性通常有哪几种类型？Oracle11g 通过哪些方式来进行数据完整性控制？

第 5 章
查询操作

【学习目标】

本章将向读者介绍应用 PL/SQL 查询语句进行简单查询、连接查询、子查询和联合查询等基本操作。本章的学习要点主要包括：

（1）查询的基本语法；

（2）简单查询的形式和实现；

（3）内连接查询的形式和实现；

（4）外连接查询的形式和实现；

（5）子查询的实现和应用；

（6）联合查询及其应用。

【学习导航】

和数据 DML 操作一样，数据查询是数据库管理系统最基本的应用。数据查询语句被广泛应用于应用程序的搜索、统计和汇总方面，成为支撑数据库应用程序的基础。PL/SQL 通过 SELECT 语句来实现查询，通过对 SELECT 语句的各个子句的灵活运用，可以实现功能复杂的查询要求。本章内容在 Oracle 数据库系统管理与应用中的位置如图 5-1 所示。

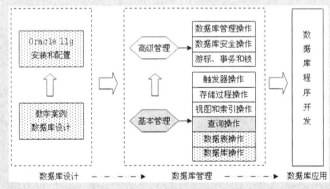

图 5-1　本章学习导航

5.1 查询的基本语法

PL/SQL 的数据查询是一种从数据库中检索符合搜索条件的记录生成数据记录集合，并把它们存入数据记录集对象中的操作。应用系统可以对该数据记录集进行操作，定制自己的需求，如进行数据记录的显示、更新，甚至还可以进行统计和生成报表。

PL/SQL 的数据查询通过使用 SELECT 语句来实现，以方便快速地检索数据，但并不会改变数据库中的数据记录。SELECT 语句也是 PL/SQL 的核心，其语句比较复杂，其语法结构如下所示：

```
SELECT        <选择表达式>
FROM          [用户方案. ]<表或视图>
[ WHERE       <查询条件> ]
[ GROUP BY    <分组表达式>
[ HAVING      <分组统计条件> ] ]
[ ORDER BY    <排序表达式> ]
```

参数说明如下。

- SELECT：指定要选择的列、计算结果或行及其限制。
- FROM：指定查询依据的表或视图，可以同时根据多个表查询数据记录。
- WHERE：指定查询条件，以进行数据记录行的过滤，只有符合条件的数据记录才会被显示、统计和分组；查询条件也可以指定和另外的表或视图进行连接，从而进行连接查询和子查询等操作。
- GROUP BY：根据分组表达式中出现的列指定分组的依据，在查询生成的数据记录集中，根据作为分组依据的列对数据记录集进行有序显示。
- HAVING：首先根据 GROUP BY 子句指定分组依据，再使用 HAVING 子句指定对分组后的数据记录集进行过滤。HAVING 子句的存在以 GROUP BY 子句的存在为前提，反之则不然。
- ORDER BY：根据排序表达式中出现的列的顺序指定排序的先后依据。

下面的几节内容将根据 PL/SQL 数据查询的应用，从简单到复杂，逐步介绍 SELECT 语句的使用方法。

5.2 简单查询

简单查询是数据查询中一种最简单的查询形式，它只涉及一个表，但却是应用系统中使用最为广泛的一种查询操作。简单查询可以从单个表中检索指定列和指定行的数据记录集，也可以对数据记录集进行排序、分组和统计，甚至进行汇总以生成非二维结构的报表。

5.2.1 课堂案例 1——选择列

【案例学习目标】学习使用 SELECT 语句选择查询结果中的列的基本方法，以及根据表中的列进行计算生成记录集的方法。

【案例知识要点】选择所有列、选择指定列、使用计算列、为列指定别名和指定列的显示顺序等。

【案例完成步骤】

1．选择所有列

SELECT 子句在选择表达式中使用“*”表示选择表中的所有列生成数据记录集进行显示，其语法格式为

```
SELECT  *
FROM [用户方案. ]<表或视图>
```

【例 5-1】 查询商品的所有信息。

```
SELECT    *
FROM          SCOTT.Goods;
```

在该例中，需要了解商品的全部信息，包括商品的全部属性，在 SELECT 子句中使用“*”可以实现显示商品的所有信息的功能。运行结果如图 5-2 所示。

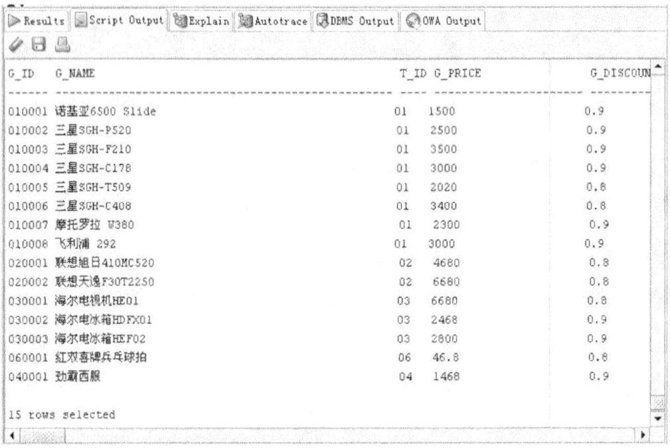

G_ID	G_NAME	T_ID	G_PRICE	G_DISCOUN
010001	诺基亚6500 Slide	01	1500	0.9
010002	三星SGH-P520	01	2500	0.9
010003	三星SGH-F210	01	3500	0.9
010004	三星SGH-C178	01	3000	0.9
010005	三星SGH-T509	01	2020	0.8
010006	三星SGH-C408	01	3400	0.8
010007	摩托罗拉 W380	01	2300	0.9
010008	飞利浦 292	01	3000	0.9
020001	联想旭日410MC520	02	4680	0.8
020002	联想天逸F30T2250	02	6680	0.8
030001	海尔电视机HE01	03	6680	0.8
030002	海尔电冰箱HDFX01	03	2468	0.9
030003	海尔电冰箱HEF02	03	2800	0.9
060001	红双喜牌乒乓球拍	06	46.8	0.8
040001	劲霸西服	04	1468	0.9

15 rows selected

图 5-2 【例 5-1】运行结果

说明

在 SQL Developer 或 SQL Plus 中，如果是以指定方案登录，则引用该方案下的对象时，可以省略方案名的前缀。而如果是在其他方案中引用指定方案中的对象，必须加上方案名称前缀。

2．选择指定列

有时候并不需要显示表的全部列，此时可以通过在 SELECT 子句中指定列来实现，其语法格式为

```
SELECT  <列 1>[,<列 2>…]
FROM [用户方案.]<表或视图>
```

【例 5-2】 网站管理人员在了解商品信息时只需要了解所有商品的商品号、商品名称和商品单价。

```
SELECT g_ID, g_Name, g_Price
FROM SCOTT.Goods
```

该语句可以将 Goods 表中所有商品的 g_ID（商品号）、g_Name（商品名称）和 g_Price（商品单价）查询出来，运行结果如图 5-3 所示。

通过比较 PL/SQL 查询语句和运行结果可以看出，SELECT 子句中列的出现顺序决定了运行结果中列的显示顺序。对于【例 5-2】，如果改写成以下形式：

```
SELECT g_Name, g_ID, t_ID
FROM SCOTT.Goods;
```

则相应的运行结果如图 5-4 所示。

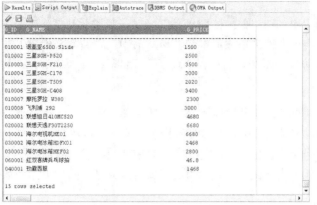

图 5-3 【例 5-2】运行结果

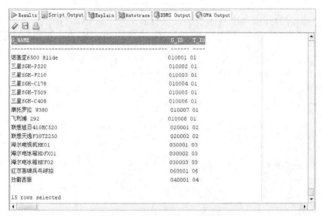

图 5-4 改变列的显示顺序

3．计算列

【例 5-3】 在 Goods 表中存储有商品数量和商品单价，现在需要了解所有商品的商品号、商品名称和商品总额。

```
SELECT g_ID, g_Name, g_Price*g_Number
FROM Goods
```

运行结果如图 5-5 所示。

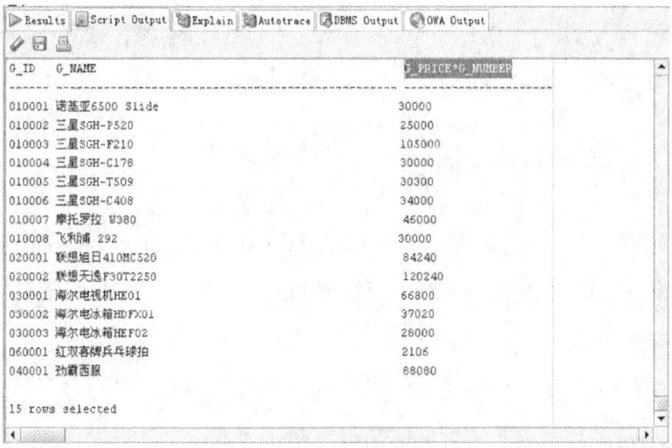

图 5-5 【例 5-3】运行结果

- 该语句中<目标列表达式>的第 3 项不是通常的列名，而是一个计算表达式，是商品单价与商品数量的乘积，所得的积是商品的总价值。
- 计算列不仅可以是算术表达式，还可以是字符串常量、函数等。

4．使用别名

在显示数据记录集时，通过为列指定一个自定义的名称，以代替原来列的名称出现在数据记录集中，这样的自定义名称被称为该列的别名。别名可以由各种符号组成，对含有表达式、常量或函数的列进行标识很有效，否则这样的列在查询生成的数据记录集中列标题为含义不明确。在 SELECT 子句中为列使用别名的语法格式可以为以下两种中的任意一种。

语法格式 1：

```
SELECT    <列名> <别名>
```

语法格式 2：

```
SELECT    <列名> AS <别名>
```

【例 5-4】 要求了解所有商品的商品号、商品名称和总价值，但希望分别以汉字标题商品号、商品名称和总价值表示 g_ID、g_Name 和 g_Price*g_Number。

```
SELECT g_ID 商品号, g_Name 商品名称, g_Price*g_Number 总价值
FROM SCOTT.Goods
```

运行结果如图 5-6 所示。

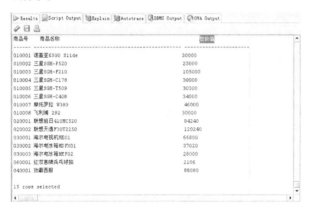

图 5-6 　【例 5-4】运行结果

- 别名既可以使用一对字符串界限符""进行标识，也可以不使用界限符。但是，对于含有空格、跳格的别名，必须使用界限符标识整个别名。

【例 5-5】 显示所有会员的编号、姓名、性别和年龄。

由于会员表中存储的是会员的出生年月，所以要显示会员的年龄，就需要用当前的日期和会员的出生年月进行运算。在 Oracle 中，使用函数 SYSDATE 可以返回当前的系统时间，使用函数 TO_CHAR 可以按指定格式将日期数据转换为字符串。该例需要通过当前系统时间和出生时间的差值计算出客户的年龄。

```
SELECT  c_ID 编号, c_NAME 姓名, c_GENDER 性别,TO_CHAR(SYSDATE,'YYYY') - TO_CHAR(c_BIRTH,'YYYY')
AS 年龄
    FROM SCOTT.CUSTOMERS;
```

运行结果如图 5-7 所示。

```
编号    姓名                  性别  年龄
----- ------------------- --- -------------------
C0001 liuzc               男  42
C0002 liujj               女  28
C0003 wangym              女  38
C0004 huangxf             男  36
C0005 huangrong           女  32
C0006 chenhx              男  44
C0007 wubo                男  35
C0008 luogh               女  29
C0009 wubing              女  27
C0010 wenziyu             女  26

10 rows selected
```

图 5-7 【例 5-5】运行结果

5.2.2 课堂案例 2——选择行

当需要对数据记录集的行进行过滤时，可以通过 WHERE 子句设置查询条件来实现。除此之外，也可以通过消除重复行、取前面若干行的方式来实现行过滤，以选择符合要求的行。

【案例学习目标】学习使用 SELECT 语句选择查询结果中特定的基本方法。

【案例知识要点】使用简单条件查询、使用复合条件查询、使用 DISTINCT 消除重复行、使用 ROWNUM 返回前 N 行。

【案例完成步骤】

1．条件查询

通过使用 WHERE 子句可以获取符合指定条件的数据记录集，它通过设置查询条件来选择满足条件的数据记录行。查询条件可以由单个返回逻辑值的表达式生成，也可以由多个返回逻辑值的表达式组合生成，各个表达式通过逻辑运算符组合起来。

（1）简单条件查询。

【例 5-6】 查询所有商品中的"热点"商品的所有信息。

```
SELECT *
FROM SCOTT.Goods
WHERE g_Status = '热点'
```

运行结果如图 5-8 所示。

（2）复合条件查询。使用逻辑运算符 AND 和 OR 可用来联结多个查询条件。如果这两个运算符同时出现在同一个 WHERE 条件子句中，则 AND 的优先级高于 OR，但用户可以用括号改变优先级。

图 5-8 【例 5-6】运行结果

【例 5-7】 查询商品类别为"01"，商品单价在 2 500 元以上的商品信息，要求以汉字标题显示商品号、商品名称、商品类别号和价格。

```
SELECT g_ID 商品号,g_Name 商品名称,t_ID 类别号,g_Price 价格
FROM Goods
WHERE t_ID='01' AND g_Price>2500
```

运行结果如图 5-9 所示。

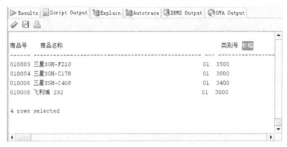

图 5-9　【例 5-7】运行结果

（3）使用 BETWEEN…AND 指定范围。当 WHERE 子句中的查询条件需要对比某个范围时，可以使用 BETWEEN…AND 来实现，处于该范围内的所有数据记录都符合要求。BETWEEN…AND 的语法格式为

```
表达式 BETWEEN 下限值 AND 上限值
```

参数说明如下。

● 下限值必须小于等于上限值。对于数值型数据，通过算术比较来判断其大小；对于字符串数据，通过依次比较字符串中每个字符的 ASCII 码值来判断其大小；对于日期型数据，离当前系统时间越近的数据其值越大，反之越小。

● BETWEEN…AND 语句相当于一个复合条件表达式，类似于如下结构：

```
表达式 >= 下限值 AND 表达式 <= 上限值
```

（4）与 BETWEEN…AND 关键字相对的关键字是 NOT BETWEEN…AND，表示不在该范围内的所有数据记录都符合要求，它类似于如下结构：

```
NOT（表达式 >= 下限值 AND 表达式 <= 上限值）
```

或

```
表达式 < 下限值 OR 表达式 > 上限值
```

【例 5-8】　查询所有年龄在 25～30 岁的会员的名称和年龄（用 NL 表示，不是基本表中的字段，是计算出来的列）。

```
SELECT c_Name, TO_CHAR(SYSDATE,'YYYY') - TO_CHAR(c_BIRTH,'YYYY')  NL
FROM Customers
WHERE TO_CHAR(SYSDATE,'YYYY') - TO_CHAR(c_BIRTH,'YYYY') BETWEEN 25 AND 30
```

运行结果如图 5-10 所示。

与 BETWEEN…AND 相对的谓词是 NOT BETWEEN…AND，即不在某一范围内。

【例 5-9】　查询所有年龄不在 25～30 岁的会员的名称、籍贯和 NL（同【例 5-8】）。

```
SELECT c_Name, TO_CHAR(SYSDATE,'YYYY') - TO_CHAR(c_BIRTH,'YYYY')  NL
FROM Customers
WHERE TO_CHAR(SYSDATE,'YYYY') - TO_CHAR(c_BIRTH,'YYYY') NOT BETWEEN 25 AND 30
```

运行结果如图 5-11 所示。

```
C_NAME                          NL
------------------------    --------
liujj                           28
luogh                           29
wubing                          27
wenziyu                         26

4 rows selected
```

```
C_NAME                          NL
------------------------    --------
liuzc                           42
wangym                          38
huangxf                         36
huangrong                       32
chenhx                          44
wubo                            35

6 rows selected
```

图 5-10　【例 5-8】运行结果　　　　　　　图 5-11　【例 5-9】运行结果

（5）使用 IN 指定查询集合。如果查询范围内的数据值数量有限，也可以通过枚举的方式在集合中指定，并使用 IN 关键字从集合中逐个比较。其语法格式为

```
表达式  IN （ <枚举值 1> [,<枚举值 2> …] ）
```

参数说明如下所示。

- 枚举值出现的先后次序不会影响最终的查询数据记录集，但会影响执行查询的时间，建议将更容易被匹配的枚举值放在集合的前面，以减少整个查询的比较次数，缩短其执行时间，从而提高查询效率。
- 该表达式相当于一个复合条件式，其结构类似于：

```
表达式 = <枚举值 1> [ OR 表达式 = <枚举值 2>      …]
```

- 与 IN 关键字相对的关键字是 NOT IN，表示不在该集合中的所有数据记录都符合要求，它类似于如下结构：

```
NOT （ 表达式 = <枚举值 1> [ OR 表达式 = <枚举值 2 >…]
```

或

```
表达式 1 != <枚举值 1> [ AND 表达式 != <枚举值 2> … ]
```

【例 5-10】 查询来自"湖南株洲"和"湖南长沙"两地会员的详细信息。

```
SELECT c_ID,c_Name,c_Address
FROM Customers
WHERE SUBSTR(c_Address,1,4) IN ('湖南株洲','湖南长沙')
```

执行该 PL/SQL 查询语句，籍贯为"湖南株洲"或"湖南长沙"的所有会员的详细信息都会被显示出来，运行结果如图 5-12 所示。

```
C_ID   C_NAME                        C_ADDRESS
-----  -------                       ----------
C0001  liuzc                         湖南株洲市
C0002  liujin                        湖南长沙市
C0003  wangym                        湖南长沙
                                     市
```

图 5-12　【例 5-10】运行结果

该语句相当于多个 OR 运算符，下面的语句可完成相同的查询功能。

```
SELECT c_ID,c_Name,c_Address
FROM Customers
WHERE SUBSTR(c_Address,1,4)= '湖南株洲' OR SUBSTR(c_Address,1,4)='湖南长沙'
```

与 IN 相对的谓词是 NOT IN，用于查找属性值不属于指定集合的记录。

【例 5-11】 查询家庭地址不是"湖南株洲"和"湖南长沙"的商品的详细信息。

```
SELECT c_ID,c_Name,c_Address
FROM Customers
WHERE SUBSTR(c_Address,1,4) NOT IN ('湖南株洲','湖南长沙')
```

（6）使用通配符查询。在 WHERE 子句的查询条件中使用字符串比较时，如果对比较的字符串的值不能精确描述时，可以辅以通配符说明；而关键字 LIKE 则用来进行这种字符串的通配符查询，即模式匹配。

使用 LIKE 进行模式匹配的语法格式为

```
[NOT]  LIKE  <匹配字符串> [ ESCAPE <换码字符> ]
```

参数说明如下所示。

- 在 LIKE 关键字之前的 NOT 表示模式匹配不成功的数据记录才符合查询条件的要求。
- 匹配字符串由包含了通配符的字符串组成，PL/SQL 中的通配符有以下几种类型：
  - ■ _：一个下画线符号表示任意单个字符；

■ %：百分号表示由任意多个（含 0 个）字符组成的字符串；

■ [abc]：属于字符集合 a、b 或 c 中的任意一个字符，如果集合中的字符连续有序，也可以使用[a-c]的形式；

■ [^abc]：不属于字符集合 a、b 或 c 中的任意一个字符。

● ESCAPE 中的换码字符表示该字符如果出现在匹配字符串中，将作为普通字符对待，换码字符主要针对匹配字符串中包含通配符原义的情况。要注意的是，中括号"[]"中的字符全部被作为普通字符对待，即使其中包含通配符。

下面介绍了通配符的一些常用方法，见表 5-1。

表 5-1　　　　　　　　　　　　　　　通配符应用举例

通 配 符	举　　例	说　　　　明
_	'T00_'	长度为 4，前 3 个字符为 "T00"，第 4 个字符为任意字符的字符串
%	'T%'	首字符为 "T"，后面为任意多个字符的字符串
[]	' [PT]001'	首字符为 "P" 或 "T"，其后为 "001" 的字符串
	' [P-T]001'	首字符为 "P" 至 "T" 之间的任意字符，其后为 "001" 的字符串
	' [%]001'	首字符为 "%"，其后为 "001" 的字符串
[^]	' [^PT]001'	首字符不是 "P" 或 "T"，其后为 "001" 的字符串
换码字符	'T_00' ESCAPE '\'	首字符为 "T"，第二个字符为 "_"，其后为 "01" 的字符串

【例 5-12】　查询所有商品中以"三星"两个字开头的商品的详细信息。

```
SELECT *
FROM Goods
WHERE g_Name LIKE '三星%'
```

"三星%"表示该字符串中开头的两个字为"三星"，在它之后包含有任意多个（含 0 个）字符。执行该 PL/SQL 查询语句，商品名称中前两个汉字为"三星"的所有商品的详细信息都会被显示出来，运行结果如图 5-13 所示。

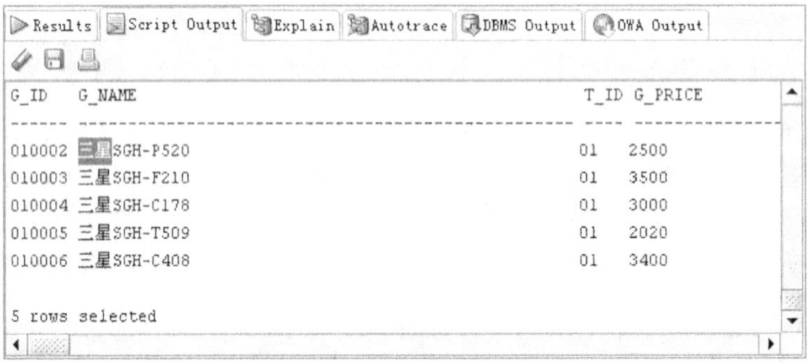

图 5-13　【例 5-12】运行结果

【例 5-13】　查询姓"黄"且名字只有两个汉字的会员的会员名、真实姓名、电话和电子邮箱。

```
SELECT c_Name, c_TrueName, c_Phone, c_E-mail
FROM Customers
WHERE c_TrueName LIKE '黄_'
```

运行结果如图 5-14 所示。

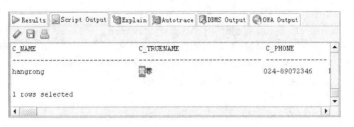

图 5-14　【例 5-13】运行结果

- 使用 "_" 来代替汉字时情况有些特殊。如查询姓 "黄" 且有单名的客户姓名时，可以使用 '黄_' 来表示；若是 "黄" 姓双名，可以使用两个下画线来表示，即 '黄__'；
- 如果需要的匹配字符串中本身就包含有通配符，则可以使用换码字符来解决屏蔽通配符的问题。

【例 5-14】　知道一个商品的商品名称中包含有 "520" 字样，要求查询该商品的商品号、商品名称、商品单价和商品折扣。

```
SELECT g_ID, g_Name, g_Price, g_Discount
FROM Goods
WHERE g_Name LIKE '%520%'
```

运行结果如图 5-15 所示。

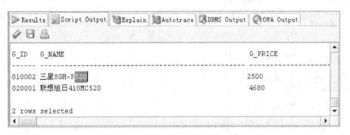

图 5-15　【例 5-14】运行结果

- 如果用户要查询的匹配字符串本身就含有 "%" 或 "_"，例如要查询名字为 "三星 Cdmaix_008" 的商品的信息，这时就要使用 "ESCAPE" 关键字对通配符进行转义。
- ESCAPE "\" 短语表示 "\" 为换码字符，这样匹配串中紧跟在 "\" 后面的字符 "_" 不再具有通配符的含义，而是取其本身含义，即普通的 "_" 字符。

（7）空值判断查询。对于那些允许空值的列，可以使用 IS NULL 或 IS NOT NULL 来判断其值是否为空。对于使用 IS NULL 的查询表达式，如果返回值为逻辑真，则说明当前数据记录对应列的值为空，否则为非空。IS NOT NULL 的含义与 IS NULL 恰好相反。

【例 5-15】　查询暂时没有商品图片的商品信息。

如果有些商品暂时没有添加图片，则该商品对应的 g_Image 值为空。

```
SELECT *
FROM Goods
WHERE g_Image IS NULL
```

由于在样例数据库中不存在这种条件记录，因此没有满足条件的记录被查询到。如果我们使用以下语句向 Goods 表中添加一条记录：

```
INSERT INTO Goods(g_ID, g_Name, t_ID, g_Price, g_Discount, g_Number, g_ProduceDate, g_Status)
VALUES('060019','红双喜羽毛球拍','06',78,0.9,12,TO_DATE('2007-08-01','yyyy-mm-dd'),'推荐')
```

由于在添加记录时，没有指定 g_Image 和 g_Description 的值，所以这两列的值为空（即 NULL）。再执行上述语句时，运行结果如图 5-16 所示。

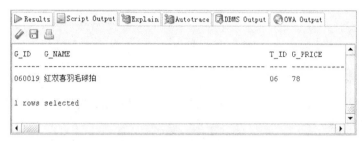

图5-16　【例5-15】运行结果

说明

- 这里的"IS"不能用等号（"="）代替。IS NULL 表示空，IS NOT NULL 表示非空。
- 这里的 NULL 值是抽象的空值，不是 0，也不是空字符串，如果用户将已有的商品的图片信息删除，则为空字符串，而非 NULL 值。

2．使用 DISTINCT 消除重复的行

在有些查询中，可能会存在一定的重复数据记录，例如通过订单详情表来了解目前有哪些会员购买了商品。

【例 5-16】　查询在 WebShop 网站进行购物并下了订单的会员编号。

```
SELECT g_ID
FROM OrderDetails
```

运行结果如图 5-17 所示。该运行结果里包含了重复的商品编号"060001"和"010006"等。如果让想商品编号只显示一次，必须指定 DISTINCT 短语（如果一个会员下了多个订单，只需要显示一次会员编号）。

使用 DISTINCT 关键字的语法格式为

```
SELECT    [DISTINCT]  <选择表达式>
```

参数说明如下。

- DISTINCT 表示对查询数据记录集的重复行只选择其中一个，保证数据记录的唯一性。
- 与 DISTINCT 关键字相对的是 ALL 关键字，表示保留查询数据记录中的所有重复行。
- 如果既不指定 DISTINCT 关键字，也不指定 ALL 关键字，则默认值为 ALL。

```
SELECT DISTINCT g_ID
FROM OrderDetails
```

运行结果如图 5-18 所示。

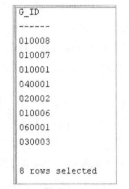

图 5-17 没有使用 DISTINCT   图 5-18 使用了 DISTINCT

3. 使用 ROWNUM 返回结果集的前面若干行

对于只需要返回若干数据记录行的查询，可以通过在 WHERE 子句中使用 ROWNUM 来实现，其语法格式如下所示：

```
WHERE        ROWNUM <= N
```

其中，ROW 表示返回结果集中记录的行号。

【例 5-17】 查询商品表中前 5 条商品的详细信息。

```
SELECT       *
FROM         SCOTT.GOODS
WHERE        ROWNUM <= 5;
```

执行该 PL/SQL 查询语句，从商品表原有的所有数据记录中返回位于前面 5 条商品的数据记录，运行结果如图 5-19 所示。

图 5-19 【例 5-17】运行结果

- 在 eBuy 电子商城中，"新品推荐"功能中的商品就可以通过这种方式进行选择。
- 在 SQL Server 中使用 T-SQL 语句中的 TOP 关键字来选择前 N 行。

5.2.3 课堂案例 3——查询结果排序

【案例学习目标】学习使用 SELECT 语句对查询结果中进行排序的基本方法。

【案例知识要点】排序的原理、单关键字排序、多关键字排序。

【案例完成步骤】

在输出查询数据记录集时，默认的数据记录显示顺序是按这些数据记录在原表中的逻辑排列顺序。如果需要定制查询数据记录集的输出顺序，则可以使用 ORDER BY 子句来实现。ORDER BY 子句能够按照指定的一个或多个列（表达式）的升序或降序来重新排列查询数据记录集的输出顺序。使用 ORDER BY 子句的语法格式为

```
ORDER BY <列 1 | 表达式 1> [ASC | DESC] [,<列 2 | 表达式 2> [ASC | DESC] …]
```

参数说明如下。

● ASC 关键字表示数据记录按照列或表达式的值升序排序，DESC 关键字表示数据记录按照列或表达式的值降序排序。

● 如果不指定 ASC 或 DESC 关键字，默认的排序依据为升序，即 ASC 为默认选择关键字。

● 列或表达式出现的先后顺序将作为排序的先后依据，即先出现的列或表达式优先作为排序依据，当排序依据有多个列或表达式时，输出查询数据记录集时先按第 1 个列或表达式进行排序，只有当这样的列或表达式的值相等时，才会考虑使用第 2 个列或表达式的值进行排序，其余依此类推。

【例 5-18】 查询商品类别号为 "01" 的商品的商品号、商品名称和商品单价，并根据商品的价格进行降序（价格由高到低）排列。

```
SELECT g_ID, g_Name, g_Price
FROM SCOTT.Goods
WHERE t_ID='01'
ORDER BY g_Price DESC
```

执行该 PL/SQL 查询语句，将显示所有商品的信息，并按单价从高至低的顺序依次显示所有商品的信息。运行结果如图 5-20 所示。

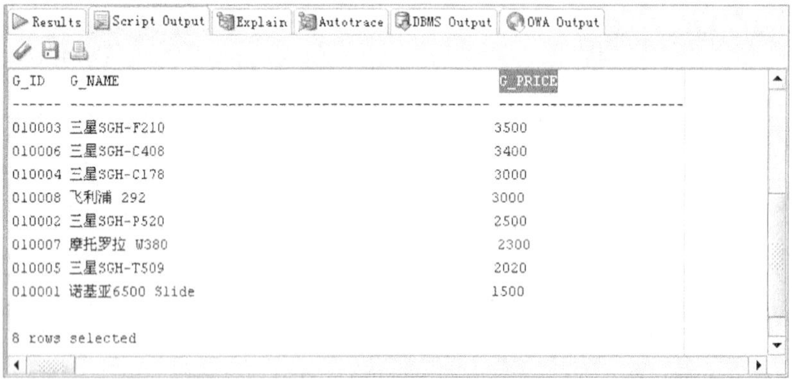

图 5-20　【例 5-18】运行结果

在上例中，当多种商品的单价相等时，这些商品数据记录的输出顺序又参照了它们在原表中的逻辑排序顺序，如果对于这样的情况也需要按指定要求排序输出，则应该在 ORDER BY 子句使用多个排序依据列或表达式。

【例 5-19】 在上例中，如果商品的价格相同，要求根据商品名称进行升序排列。

```
SELECT g_ID, g_Name, g_Price
FROM SCOTT.Goods
WHERE t_ID='01'
ORDER BY g_Price DESC,g_Name ASC
```

运行结果如图 5-21 所示。

- 由于 ASC 为排序默认关键字，该处的 ASC 关键字也可以省略。
- 除了使用列名进行排序以外，还可以使用列位置编号进行排序。

```
▷Results  Script Output  Explain  Autotrace  DBMS Output  OWA Output

G_ID   G_NAME                              G_PRICE
------ ----------------------------------- --------------------
010003 三星SGH-F210                              3500
010006 三星SGH-C408                              3400
010008 飞利浦 292                               3000
010004 三星SGH-C178                              3000
010002 三星SGH-P520                              2500
010007 摩托罗拉 W380                             2300
010005 三星SGH-T509                              2020
010001 诺基亚6500 Slide                          1500

8 rows selected
```

图 5-21 【例 5-19】运行结果

本例的 PL/SQL 查询语句也可以如下表示：

```
SELECT g_ID, g_Name, g_Price
FROM SCOTT.Goods
WHERE t_ID='01'
ORDER BY 3 DESC,2 ASC;
```

其中，3 表示 g_Price 列，2 表示 g_Name 列，因为 g_Price 和 g_Name 在 SELECT 子句的选择表达式中的出现序号分别是 3 和 2。

5.2.4 课堂案例 4——查询结果分组

有时候需要对查询数据记录集按列或表达式进行分组，以利于分析数据，此时可以通过使用 GROUP BY 子句来实现。如果需要在分组的基础上进行组的过滤，则可以结合 GROUP BY 子句再使用 HAVING 子句来实现。对于需要对查询数据集进行汇总以生成统计报表的情况，则需要使用 COMPUTE 子句。

【案例学习目标】学习使用 SELECT 语句对查询结果中进行分组的基本方法。

【案例知识要点】使用聚合函数、使用 GROUP BY 分组、使用 HAVING 进行分组统计。

【案例完成步骤】

1．使用聚合函数

聚合函数是 PL/SQL 提供的用于实现对查询数据记录集中的列进行汇总，然后产生单个值。PL/SQL 中常用的聚合函数见表 5-2。

表 5-2　　　　　　　　　　　　　　PL/SQL 中常用的聚合函数

函 数 名	说 明
AVG（列或表达式）	返回列或表达式的平均值
COUNT（列或表达式）	返回列或表达式的出现数量，如果列或表达式使用"*"，则表示返回查询数据记录集的行数
MAX（列或表达式）	返回列或表达式的最大值
MIN（列或表达式）	返回列或表达式的最小值
SUM（列或表达式）	返回列或表达式的所有值之和

【例 5-20】 查询所有商品的最高价、最低价、平均价和所有库存量之和。

```
SELECT MAX(g_Price) 最高价, MIN(g_Price) 最低价,AVG(g_Price) 平均价, SUM(g_Number) 总库存
FROM SCOTT.Goods;
```

运行结果如图 5-22 所示。

图 5-22 【例 5-20】运行结果

2. 使用 GROUP BY 分组

通过使用 GROUP BY 子句，可以将查询数据记录集对一列或多列进行分组，其分组依据是这些列的值如果相等就放置在同一个组内。对查询数据记录集进行分组的目的是为了使分组数据记录集都能应用聚合函数或进行过滤。对于没有进行分组的查询数据记录集，聚合函数将作用于整个数据记录集，也不能进行进一步的过滤；如果对查询数据记录集实施分组，则聚合函数将作用于每一个分组，过滤也适用于每一个分组。

使用 GROUP BY 子句的语法格式为

```
SELECT      <列表达式 1> [ , <列表达式 2> … ]
FROM        [用户方案.]<表或视图>
[ WHERE     <查询条件> ]
[ GROUP BY [ROLLUP] | [CUBE] | [GROUPING SETS]
    [ ( )<列表达式 1>[ ] ] [ , <列表达式 2> … ] ];
```

参数说明如下。

● WHERE 子句先于 GROUP BY 子句被执行，即先进行整个表的过滤，在过滤后的数据记录集的基础上再进行分组。

● ROLLUP 用于生成数据统计，以及横向小计统计结果。

● CUBE 用于生成数据统计、横向小计、纵向小计结果。

● GROUPING SETS 用于显示多个分组的统计结果。

【例 5-21】 查询每一类别的商品总数。

```
SELECT t_ID 类别号, COUNT(t_ID) 商品数
FROM SCOTT.Goods
GROUP BY t_ID;
```

执行该 PL/SQL 查询语句，将先按商品类别编号 t_ID 进行分组，相同商品类别编号的数据记录位于同一个组内，然后通过使用聚合函数进行统计，计算出每一组内具有的商品编号数目。运行结果如图 5-23 所示。

● SELECT 子句中出现的所有非聚合列都必须出现在 GROUP BY 子句中,出现顺序不必严格匹配。

● 本例实际上是统计每一组的数据记录行数，因此 COUNT(t_ID)也可以表示为 COUNT(*)。

【例 5-22】 查询商品单价超过 2 000 的商品类别编号和库存量。

对于本例，可以考虑分两步执行：第一步，使用 WHERE 条件过滤掉价格在 2 000 元以下

的所有商品记录，被过滤掉的数据记录不再参与后面的操作；第二步，按商品编号对过滤后的数据记录集进行分组，得到的分组数据记录集即为最终所需要的结果。

```
SELECT  t_ID,  SUM(g_Number) 库存量
FROM      SCOTT.Goods
WHEREg_PRICE >=2000
GROUP  BY  t_ID;
```

运行结果如图 5-24 所示。

```
类别号  商品数
---  ----------------------

04  1
01  8
02  2
03  3
06  1

5 rows selected
```

图 5-23 【例 5-21】运行结果

```
T_ID  库存量
----  -----------------------

01    105
02    36
03    35

3 rows selected
```

图 5-24 【例 5-22】运行结果

如果需要使查询数据记录集生成数据统计，以及横向小计统计，则需要在 GROUP BY 子句中使用 ROLLUP 关键字。

【例 5-23】 显示每个商品类别的商品库存量及商品总库存量。

```
SELECT  g_ID, t_ID, SUM(g_Number) 库存量
FROM      SCOTT.Goods
GROUP  BY  ROLLUP(t_ID,g_ID);
```

运行结果如图 5-25 所示。

```
        01    125
020001  02    18
020002  02    18
        02    36
030001  03    10
030002  03    15
030003  03    10
        03    35
040001  04    60
        04    60
060001  06    45
        06    45
            ( 301 )

21 rows selected
```

图 5-25 【例 5-23】运行结果

- 注意 ROLLUP 子句中的 t_ID 和 g_ID 的顺序。
- 由于结果占据的屏幕空间较长，只截取了部分屏幕。

如果需要对查询数据记录集生成数据统计、横向小计及纵向小计结果，则可以在 GROUP BY 子句中使用 CUBE 关键字。

【例 5-24】 显示商品总库存量、每个种类商品的商品总量和每一商品的数量。

```
SELECT  g_ID, t_ID, SUM(g_Number) 库存量
```

```
FROM      SCOTT.Goods
GROUP  BY  CUBE(g_ID,t_ID);
```
运行结果如图 5-26 所示。

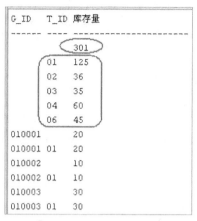

图 5-26 【例 5-24】运行结果

- 注意 CUBE 子句中的 t_ID 和 g_ID 的顺序。
- 如果需要显示多个分组的统计结果，则可以使用 GROUPING SETS 关键字合并分组统计结果，请读者自行练习。

3. 使用 HAVING 进行分组统计

在对查询数据记录集进行分组的基础上，再对每组数据记录集进行过滤时，不能使用 WHERE 子句来进行过滤，而应该使用 HAVING 子句进行过滤，因为 WHERE 子句在分组之前执行过滤，而 HAVING 则在分组之后执行过滤。

【例 5-25】 查询订单总额大于 5 000 的订单信息，并按升序排列。
```
SELECT o_ID 订单编号, sum(d_Price*d_Number) 总金额
FROM SCOTT.OrderDetails
GROUP BY o_ID
HAVING sum(d_Price*d_Number)>5000
ORDER BY sum(d_Price*d_Number)
```
运行结果如图 5-27 所示。

图 5-27 【例 5-25】运行结果

5.3 课堂案例 5——连接查询

前面所介绍的查询都是只针对一个表实施查询操作,实际上,数据库实例中的各个表之间可能存在某些内在关联,通过这些关联,可以为应用程序提供一些涉及多个表的复杂信息,如主表和外表之间就存在主键和外键的关联。PL/SQL 为这种多个表之间存在关联的查询提供了检索数据的方法,称为连接查询。

连接查询主要包括内联接查询、外连接查询和交叉连接查询,其通用语法格式如下:

```
SELECT     <选择表达式>
FROM       [用户方案.]<表1或视图1>   [<别名1>]
[INNER] | [LEFT | RIGHT ] OUTER | CROSS JOIN  <表2或视图2>  [<别名1>]
ON         连接表达式
[ WHERE    <查询条件> ]
```

参数说明如下。

● INNER:指定两个表或视图进行内连接。

● OUTER:指定两个表或视图进行外连接,LEFT OUTER 指定进行左外连接, RIGHT OUTER:指定进行右外连接。

● CROSS:指定两个表或视图进行交叉连接。

● ON:指定两个表或视图进行连接的依据条件。

● 别名以一种更为简便、有效的名称表示对应的表或视图。

这种在 FROM 子句中指定连接方式的连接查询是 PL/SQL 推荐的连接方式,除此之外,还可以在 WHERE 子句中指定连接方式。

【案例学习目标】学习使用 SELECT 语句进行连接查询的基本方法。

【案例知识要点】等值连接查询、非等值连接查询、自身连接查询、左外连接查询、右外连接查询、完全外部连接查询和交叉连接查询。

【案例完成步骤】

5.3.1 内连接查询

内连接是使用比较运算符作为连接条件的连接方式。内连接作为一种典型的默认连接方式,关键字 INNER 默认提供。使用内连接方式时,只有那些满足连接条件的数据记录被显示,不满足连接条件的数据记录将不被显示。

根据连接条件中的关系运算符是否使用"=",内连接可以分为等值连接和非等值连接。若用于连接的两个表或视图来源于同一个表或视图,这样的内连接也被称为自连接。

1.等值连接

当连接条件中的关系运算符使用"="时,这样的内连接称为等值连接。作为一种常用的内连接方式,等值连接中设置连接条件的一般语法格式为

```
[<表1或视图1>.]<列1>  =  [<表2或视图2>.]<列2>
```

【例 5-26】 查询每个商品的商品号、商品名称和商品类别名称。

商品基本信息存放在 Goods 表中,商品分类信息存放在 Types 表,所以本查询实际上同时涉及 Goods 与 Types 两个表中的数据。这两个表之间的联系是通过两个表都具有的属性 t_ID 实现的。要查询商品及其类别名称,就必须将这两个表中商品号相同的记录连接起来,这是一个等值连接。

```
SELECT Goods.g_ID, Goods.t_ID, Types.t_Name, Goods.g_Name
```

```
FROM SCOTT.Goods
JOIN SCOTT.Types
ON SCOTT.Goods.t_ID= SCOTT.Types.t_ID;
```
运行结果如图 5-28 所示。

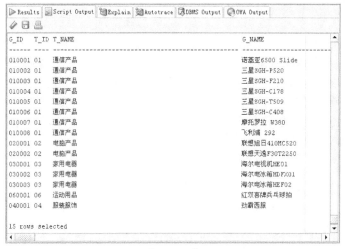

图 5-28 【例 5-26】运行结果

说明

- 对于内连接，关键字 INNER 默认提供，故此处的 INNER 关键字也可以省略。
- 对于那些在连接所用的两个表中都存在的列，使用时必须通过表名加以区分，如 SCOTT.Goods.t_ID（这里 SCOTT 可以省略）表示类别编号来源于商品表，这样可以避免产生引用列的歧义。

对于上例，也可以将连接条件设置在 WHERE 子句中，相应的 PL/SQL 语句如下：
```
SELECT G.g_ID, G.t_ID, t_Name, g_Name
FROM SCOTT.Goods G,SCOTT.Types T
WHERE G.t_ID= T.t_ID;
```
该 PL/SQL 查询语句中的 "G" 和 "T" 为商品表 Goods 和类别表 Types 的别名，目的是为了引用的简便。

【例 5-27】 查询所有订单中订购的商品信息（商品名称、购买价格和购买数量）和订单日期。

在 "订单表" 中存放了订单号和订单产生日期等信息，而该订单所购买的商品的信息（商品号、购买价格和购买数量）存放在 "订单详情" 表中，商品的名称存放在 "商品表" 中，因此，订单表需要和订单详情表通过订单号进行连接以获得订单中所购商品的商品号等信息，而订单详情表需要和商品表进行连接以通过商品号获得商品名称信息。这个过程主要涉及三个表的查询。

完成语句如下。
```
SELECT Orders.o_ID,o_Date,g_Name,d_Price,d_Number
FROM SCOTT.Orders
JOIN SCOTT.OrderDetails
ON Orders.o_ID=OrderDetails.o_ID
JOIN Goods
ON OrderDetails.g_ID=Goods.g_ID;
```
运行结果如图 5-29 所示。

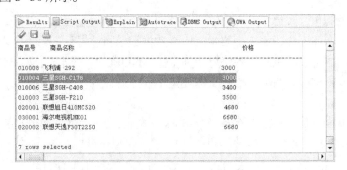

```
 Results  Script Output  Explain  Autotrace  DBMS Output  OWA Output

O_ID              O_DATE              G_NAME
--------------    -------------       ------------------
200708011012      01-8月 -07          诺基亚6500 Slide
200708022045      02-8月 -07          三星SGH-C408
200708021533      02-8月 -07          三星SGH-C408
200708011430      01-8月 -07          摩托罗拉 W380
200708011132      01-8月 -07          飞利浦 292
200708021850      02-8月 -07          联想天逸F30T2250
200708021850      02-8月 -07          海尔电冰箱HEF02
200708021850      02-8月 -07          红双喜牌乒乓球拍
200708011430      01-8月 -07          红双喜牌乒乓球拍
200708011012      01-8月 -07          红双喜牌乒乓球拍
200708021850      02-8月 -07          劲霸西服
200708011430      01-8月 -07          劲霸西服

12 rows selected
```

图 5-29 　【例 5-27】运行结果

2．非等值连接

当连接条件中的关系运算符使用除 "=" 以外的其他关系运算符时，这样的内连接被称为非等值连接。非等值连接中设置连接条件的一般语法格式为

[<表 1 或视图 1>.]<列 1> 　关系运算符 　 [<表 2 或视图 2>.]<列 2>

在应用系统开发中，很少使用非等值连接查询，尤其是单独使用非等值连接查询，它一般和自连接查询同时使用。非等值连接查询的例子请参见自连接查询的内容。

3．自连接

连接操作一般在两个表之间进行，但也可以在一个表与其自身之间进行连接，这样的连接操作称为自连接。为了分别表示一个表和其自身，需要引入表的别名。

【例 5-28】 　查询不低于 "三星 SGH-C178" 价格的商品号、商品名称和商品单价，查询后的结果要求按商品单价升序排列。

```
SELECT G2.g_ID 商品号,G2.g_Name 商品名称,G2.g_Price 价格
FROM SCOTT.Goods G1
JOIN SCOTT.Goods G2
ON G1.g_Name='三星SGH-C178'  AND G1.g_Price<=G2.g_Price
ORDER By G2.g_Price;
```

对于该查询，查询信息来源于同一个表，其中 G1 和 G2 分别表示商品表的两个别名，实际上是指同一个表。WHERE 子句中 G1.g_Price<=G2.g_Price 的作用是过滤掉重复的数据记录。

运行结果如图 5-30 所示。

```
 Results  Script Output  Explain  Autotrace  DBMS Output  OWA Output

商品号    商品名称                                    价格
------    -----------                               -----
010008    飞利浦 292                                 3000
010004    三星SGH-C178                               3000
010006    三星SGH-C408                               3400
010003    三星SGH-F210                               3500
020001    联想旭日410MC520                           4680
030001    海尔电视机HE01                             6580
020002    联想天逸F30T2250                           6580

7 rows selected
```

图 5-30 　【例 5-28】运行结果

5.3.2　外连接查询

在内连接中，只有那些满足连接条件的数据记录被显示，不满足连接条件的数据记录将不

被显示。有时候，需要显示一个表的所有数据记录和另一个表的若干记录，这时候就需要使用外连接。例如，查询所有客户的订单信息时，一方面需要显示所有客户的基本资料，来源于客户表的所有数据记录；另一方面需要显示对应客户的订单情况，来源于匹配的订单表。如果该客户产生了订单，则显示对应的订单信息；若该客户并未产生任何订单信息，则显示空的信息。

根据匹配表的位置不同，外连接查询分为左外连接、右外连接和完全外部连接。

1. 左外连接

查询数据记录集包含来自一个表的所有数据记录和另一个表中的匹配数据记录的连接称为左外连接。对于左外连接，第一个表中的所有数据记录将被显示，第二个表（匹配表）如果找不到相匹配的数据记录，相应的列将显示为空值（NULL），否则显示匹配数据记录。

【例 5-29】 查询所有商品类别及其对应商品信息，如果该商品类别没有对应商品也需要显示其类别信息。

将 Types 表和 Goods 表进行左外连接，Types 为左表，Goods 表为右表。完成语句如下所示。

```
SELECT Types.t_ID, t_Name, g_ID, g_Name, g_Price, g_Number
FROM SCOTT.Types
LEFT OUTER JOIN SCOTT.Goods on Types.t_ID= Goods.t_ID;
```

运行结果如图 5-31 所示。

图 5-31　【例 5-29】运行结果

2. 右外连接

查询数据记录集包含来自第二个表的所有数据记录和第一个表中的匹配数据记录的连接称为右外连接。对于右外连接，第二个表中的所有数据记录将被显示，第一个表（匹配表）如果找不到相匹配的数据记录，相应的列将显示为空值（NULL），否则显示匹配数据记录。

【例 5-30】 查询所有商品的信息（即使是不存在对应的商品类别信息，实际上这种情况是不存在的）。

将 Types 表和 Goods 表进行右外连接，Goods 为左表，Types 表为右表。完成语句如下所示：

```
SELECT Types.t_ID, t_Name, g_ID, g_Name, g_Price, g_Number
FROM SCOTT.Types
RIGHT OUTER JOIN SCOTT.Goods on Types.t_ID= Goods.t_ID;
```

运行结果如图 5-32 所示。

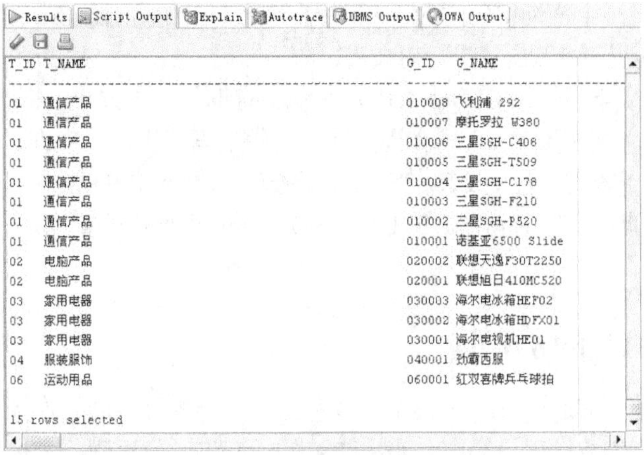

T_ID	T_NAME	G_ID	G_NAME
01	通信产品	010008	飞利浦 292
01	通信产品	010007	摩托罗拉 W380
01	通信产品	010006	三星SGH-C408
01	通信产品	010005	三星SGH-T509
01	通信产品	010004	三星SGH-C178
01	通信产品	010003	三星SGH-F210
01	通信产品	010002	三星SGH-P520
01	通信产品	010001	诺基亚6500 Slide
02	电脑产品	020002	联想天逸F30T2250
02	电脑产品	020001	联想旭日410MC520
03	家用电器	030003	海尔电冰箱HEF02
03	家用电器	030002	海尔电冰箱HDFX01
03	家用电器	030001	海尔电视机HE01
04	服装服饰	040001	劲霸西服
06	运动用品	060001	红双喜牌乒乓球拍

15 rows selected

图 5-32 【例 5-30】运行结果

3．完全外部连接

查询数据记录集的两个连接表中所有行的连接操作被称为完全外部连接。对于完全外部连接，两个连接表无论是否匹配，它们的数据记录都将被显示。

【例 5-31】 查询所有商品的基本信息和类别信息。

在 Types 表和 Goods 表之间建立完整外部连接。完成语句如下所示。

```
SELECT Types.t_ID, t_Name, g_ID, g_Name, g_Price, g_Number
FROM SCOTT.Types
FULL OUTER JOIN SCOTT.Goods on Types.t_ID= Goods.t_ID;
```

完整外部连接将两个表中的记录按连接条件全部进行连接，这里完整外部连接的结果和左外连接一致，如图 5-31 所示。

5.3.3 交叉连接查询

交叉连接是使用 CROSS 关键字进行的连接，它的输出为笛卡尔积，即第一个表的每一条数据记录与第二个表的每一条数据记录进行连接。笛卡尔积的结果通常很大，其数据记录数目等于两个表的数据记录数目之积，数据记录的列数等于两个表的列数之和。

对商品信息表和商品类别表进行交叉连接。其完成语句有以下两种。

[语句一]

```
SELECT * FROM SCOTT.Types
CROSS JOIN SCOTT.Goods
```

或

[语句二]

```
SELECT Types.*,Goods.*
FROM SCOTT.Types,SCOTT.Goods
```

在示例数据库 WebShop 的基本表 Goods 中有 15 条记录，基本表 Types 中有 15 条记录，卡氏积连接后的记录总数为 15 乘以 10，即 150 条记录。

5.4 课堂案例 6——子查询

将一个查询语句嵌套在另一个查询语句中的查询称为嵌套查询或子查询。被嵌入在其他查询语句中的查询语句被称为子查询语句，子查询语句的载体查询语句被称为父查询语句。子查询语句一般嵌入在另一个查询语句的 WHERE 子句或 HAVING 子句中，另外，子查询语句也可以嵌入在一个数据记录更新语句的 WHERE 子句中。

【案例学习目标】学习使用 SELECT 语句实现子查询的基本方法。

【案例知识要点】使用 IN 实现子查询、使用比较运算符实现子查询、使用 ANY 实现子查询、使用 ALL 实现子查询、使用 EXISTS 实现子查询、在 INSERT INTO 语句中使用子查询、在 UPDATE 语句中使用子查询和在 DELETE FROM 语句中使用子查询。

【案例完成步骤】

5.4.1　使用 IN 的子查询

对列表操作的子查询通过 IN 关键字实现父查询和子查询之间的连接，判断指定列的值是否出现在子查询的查询数据记录集中。使用 IN 的子查询语句返回的查询数据记录集一般由单列多行值组成，这也是子查询中最常用的一种形式。

对于使用 IN 的子查询的连接条件，其语法格式为

```
WHERE 表达式 [ NOT ] IN（子查询）
```

如果连接条件中使用了 NOT IN 关键字，则子查询的意义与使用 IN 关键字的子查询的意义相反。

【例 5-32】　查询与"摩托罗拉 W380"为同类商品的商品号、商品名称和类别号。

要查询与"摩托罗拉 W380"为同类的商品，首先要知道"摩托罗拉 W380"的商品类别，再根据该类别获取同类商品的相关信息。

（1）确定"摩托罗拉 W380"所属类别名。

```
SELECT t_ID
FROM SCOTT.Goods
WHERE g_Name='摩托罗拉 W380'
```

运行结果如图 5-33 所示。

（2）查找类别号为'01'的商品信息。

```
SELECT g_ID, g_Name ,t_ID
FROM SCOTT.Goods
WHERE t_ID='01' ;
```

运行结果如图 5-34 所示。

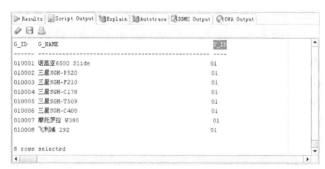

图 5-33　查询"摩托罗拉 W380"所属类别名　　　图 5-34　查询类别号为'01'的商品信息

该方式采用分步书写查询，使用起来比较麻烦，上述查询实际上可以用子查询来实现，即将第一步查询嵌入第二步查询中，作为构造第二步查询的条件。

使用子查询的语句如下。

```
SELECT g_ID, g_Name ,t_ID
FROM SCOTT.Goods
```

```
WHERE t_ID IN (SELECT t_ID FROM Goods  WHERE g_Name='摩托罗拉 W380');
```

运行以上语句，执行结果和前面分步执行两次 SELECT 语句的结果相同，如图 5-34 所示。该例也可以用我们前面学过的表的自身连接查询来完成，如下所示。

```
SELECT G1.g_ID, G1.g_Name ,G1.t_ID
FROM SCOTT.Goods G1,SCOTT.Goods G2
WHERE G1.t_ID=G2.t_ID AND G2.g_Name='摩托罗拉 W380';
```

【例 5-33】 查询购买了"红双喜牌兵乓球拍"的订单号、订单时间和订单总金额。

```
SELECT o_ID, o_Date, o_Sum
FROM SCOTT.Orders
WHERE o_ID IN
(SELECT o_ID FROM OrderDetails WHERE g_ID IN
(SELECT g_ID FROM Goods WHERE g_Name='红双喜兵乒乓球拍'));
```

运行结果如图 5-35 所示。

本例也可以借助连接查询实现，完成语句如下。

```
SELECT Orders.o_ID, o_Date, o_Sum
FROM SCOTT.Orders, SCOTT.OrderDetails, SCOTT.Goods
WHERE Orders.o_ID= OrderDetails.o_ID AND OrderDetails.g_ID=Goods.g_ID
AND Goods.g_Name='红双喜兵乒乓球拍';
```

【例 5-34】 查询购买了商品号为"060001"的会员 e_ID（会员号）、e_Name（会员名称）和 e_Address（籍贯）。

商品号 p_ID 和会员号 e_ID 存在于 OrderDetails 表中，因此第一步需要在 OrderDetails 表中查询购买了商品号为"060001"的会员号；会员的详细信息（会员名称和籍贯等）保存在 Employees 表中，因此第二步需要在 Employees 表中查询指定会员号的详细会员信息。

完成语句如下所示：

```
SELECT c_ID, c_Name, c_Address
FROM SCOTT.Customers
WHERE c_ID IN
(SELECT c_ID
FROM Orders
JOIN OrderDetails
ON Orders.o_ID=OrderDetails.o_ID
WHERE g_ID= '060001');
```

运行结果如图 5-36 所示。

图 5-35 【例 5-33】运行结果 　　　　　图 5-36 【例 5-34】运行结果

5.4.2 使用比较运算符的子查询

子查询也可以使用比较运算符引入。此时，子查询结果为一个单行单列的值，并可以在父查询中通过比较运算符（">"、">="、"<"、"<="、"="、"!="或"<>"）连接子查询，如果子查询返回不止一个值，整个查询语句将会产生错误。

对于使用比较运算符的子查询的连接条件，其语法格式为

```
WHERE <表达式> <关系运算符> （子查询）
```

【例 5-35】 查询购买了"红双喜牌兵乓球拍"的订单号、订单时间和订单总金额（使用"="完成）。

```
SELECT o_ID, o_Date, o_Sum
FROM Orders
WHERE o_ID IN
(SELECT o_ID FROM OrderDetails WHERE g_ID =
(SELECT g_ID FROM Goods WHERE g_Name='红双喜牌兵乓球拍') );
```

运行结果如图 5-37 所示。

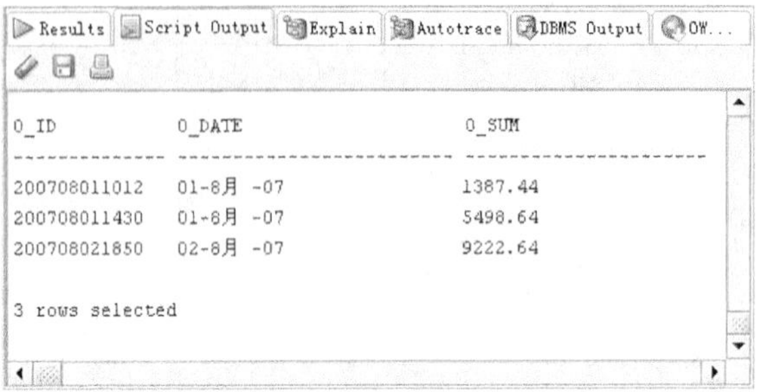

图 5-37 【例 5-35】运行结果

5.4.3 使用 ANY 或 ALL 的子查询

使用比较运算符的子查询还可以使用 ALL 和 ANY 关键字进行修改，经过修改的比较运算符引入的子查询返回零个或多个值，其连接条件的语法格式为

```
WHERE <表达式> <关系运算符> [ALL | ANY]（子查询）
```

ALL 和 ANY 修改比较运算符的含义见表 5-3。

表 5-3　　　　　　　　　　ALL 和 ANY 修改比较运算符的含义

运 算 符	说 明
>ALL	大于子查询结果集中的最大值
>=ALL	大于等于子查询结果集中的最大值
<ALL	小于子查询结果集中的最小值
<=ALL	小于等于子查询结果集中的最小值
=ALL	等于子查询结果集中的所有值（很难成立）
!=ALL	不等于子查询结果集中的任何值
>ANY	大于子查询结果集中的最小值
>=ANY	大于等于子查询结果集中的最小值
<ANY	小于子查询结果集中的最小值
<=ANY	小于等于子查询结果集中的最小值
=ANY	等于子查询结果中的任何一个值
!=ANY	不等于子查询结果集中的任何值

【例 5-36】 查询比籍贯为"湖南长沙"任一会员年龄小的会员信息，查询结果按降序排列。

比任一会员的年龄小，即比最小的还要小。反过来，如果是大于 ALL，则要比最大的还要大，完成语句如下。

```
SELECT c_ID, c_Name,TO_CHAR(SYSDATE)-TO_CHAR(c_Birth) Age, c_Address
FROM Customers
```

```
WHERE SUBSTR(c_Address,1,4)< >'湖南长沙' AND c_Birth>ALL
(SELECT c_Birth  FROM Customers WHERE SUBSTR(c_Address,1,4)='湖南长沙')
ORDER BY Age DESC
```

5.4.4 使用 EXISTS 的子查询

对于是否存在相应数据记录的子查询通过 EXISTS 关键字来实现父查询和子查询之间的连接，使用 EXISTS 的子查询语句返回的结果为逻辑值，若子查询结果为空，则父查询的 WHERE 子句返回逻辑值 TRUE，否则返回逻辑值 FALSE。

对于使用 EXISTS 的子查询的连接条件，其语法格式为

```
WHERE [ NOT ] EXISTS  （子查询）
```

如果连接条件中使用了 NOT EXISTS 关键字，则子查询的意义与使用 EXISTS 关键字的子查询的意义相反。

【例 5-37】 针对 Employees 表中的每一名员工，在 Orders 表中查找处理过订单并且送货模式为"邮寄"的所有订单信息。

第一步要查找处理过订单的员工编号，第二步再根据员工处理订单的送货模式显示订单详细信息。完成语句如下：

```
SELECT *
FROM Orders
WHERE o_Sendmode = '邮寄'
AND EXISTS (SELECT e_ID FROM Employees AS Emp WHERE Emp.e_ID = Orders.e_ID)
```

5.4.5 数据记录操作中的子查询

除了查询语句中可以使用子查询以外，数据记录操作中也可以嵌入子查询。与查询语句中的子查询可以嵌入在 WHERE 子句和 HAVING 子句中不同，数据记录操作中的子查询只能嵌入在 WHERE 子句中。

1. INSERT INTO 语句中的子查询

INSERT INTO 语句不但可以将一条数据记录插入到表中，也可以通过使用子查询的形式将一个数据记录集插入到表中，实现批量插入。带子查询的 INSERT INTO 语句的语法格式为

```
INSERT     INTO  [用户方案.]<表>[(<列1>[, <列2> …])]
子查询;
```

【例 5-38】求每一类商品的平均价格，并将结果保存到数据库中。

（1）在数据库中建立一个有两个属性列的新表，其中一列存放类别名，另一列存放相应类别的商品平均价格。

```
CREATE TABLE AvgGoods(t_ID CHAR(2),a_avg FLOAT) ;
```
其中 t_ID 代表商品类别号，a_avg 代表平均价格。

（2）对数据库的商品表按商品号分组求平均价格，再把商品号和平均价格存入新表中。

```
INSERT
INTO AvgGoods (t_ID, a_avg)
SELECT t_ID, AVG(g_Price)
FROM Goods GROUP BY t_ID;
```
（3）查看表 AvgGoods 表中的记录。

```
SELECT * FROM AvgGoods;
```
成功执行上述 3 条 PL/SQL 语句后，运行结果如图 5-38 所示。

```
T_ID A_AVG
---- -----------------------
04   1468
01   2652.5
02   5680
03   3982.66666666666666666666666666666666667
06   46.8

5 rows selected
```

图5-38　【例5-38】运行结果

2．UPDATE 语句中的子查询

在 UPDATE 语句中使用子查询，可以通过构造复杂的更新操作条件来实现更新数据记录的操作，其语法格式为

```
UPDATE        [用户方案.]<表>
SET           <列 1>=<表达式 1> [, <列 2>=<表达式 2> …]
WHERE         <连接条件> (子查询);
```

【例 5-39】　将商品中类别名称为"家用电器"的商品折扣修改为 0.8。

```
UPDATE Goods
SET g_Discount=0.8
WHERE '家用电器'=
(SELECT t_Name  FROM Types WHERE Goods.t_ID=Types.t_ID);
```

再使用查询语句：

```
SELECT g_ID,g_Name,t_ID,g_Discount FROM GOODS;
```

运行结果如图 5-39 所示。

```
▶Results  Script Output  Explain  Autotrace  DBMS Output  OWA Output

G_ID   G_NAME                        T_ID G_DISCOUNT
------ ----------------------------- ---- ----------
010001 诺基亚6500 Slide               01   0.9
010002 三星SGH-P520                  01   0.9
010003 三星SGH-F210                  01   0.9
010004 三星SGH-C178                  01   0.9
010005 三星SGH-T509                  01   0.9
010006 三星SGH-C408                  01   0.8
010007 摩托罗拉 W380                 01   0.9
010008 飞利浦 292                    01   0.9
020001 联想旭日410MC520              02   0.8
020002 联想天逸F30T2250              02   0.8
030001 海尔电视机HE01                03   0.8
030002 海尔电冰箱HDFX01              03   0.8
030003 海尔电冰箱HEF02               03   0.8
060001 红双喜牌兵乓球拍              06   0.8
040001 劲霸西服                      04   0.9

15 rows selected
```

图5-39　【例5-39】运行结果

通常使用 UPDATE 语句一次只能操作一个表。这样，就可能会带来一些问题，例如，商品号为"060001"的商品的类别号调整为"11"，因此对应的商品号必须修改为"110001"，由于 Goods 表和 OrderDetails 表中都包含该商品的类别信息，如果仅修改 Goods 表中的类别号，肯定会造成与 OrderDetails 表中的数据不一致，因此两个表都需要修改，这种修改必须通过两条 UPDATE 语句来完成。

【例 5-40】　使用两条 UPDATE 语句保证数据库的一致性。

（1）修改 Goods 表。

```
UPDATE Goods
SET g_ID='110001'
WHERE g_ID='060001'
```

（2）修改 OrderDetails 表。

```
UPDATE OrderDetails
SET g_ID='110001'
WHERE g_ID='060001'
```

- 在执行了第一条 UPDATE 语句之后，数据库中的数据已处于不一致状态，因为这时实际上已没有商品号为'060001'的商品了，但 OrderDetails 表中仍然记录着关于'060001'商品的信息，即数据的参照完整性受到破坏。
- 只有执行了第二条 UPDATE 语句之后，数据才重新处于一致状态。

3．DELETE FROM 语句中的子查询

同样，在 DELETE FROM 语句中使用子查询，可以通过构造复杂删除操作条件来实现删除数据记录的操作，其语法格式为

```
DELETE  FROM  [用户方案].<表>
WHERE  <连接条件> (子查询);
```

【例 5-41】 删除类别名称为"家用电器"的商品的基本信息。

```
DELETE
    FROM Goods
    WHERE '家用电器'=
    (SELECT t_Name  FROM Types WHERE Goods.t_ID=Types.t_ID)
```

- 如果有主外键约束作用，上述语句可能会出现错误。

5.5 课堂案例 7——联合查询

【案例学习目标】学习 PL/SQL 语句实现联合查询的基本方法。

【案例知识要点】联合查询的基本语句格式、联合查询的应用。

【案例完成步骤】

有时候，需要合并两个或多个查询数据记录集，PL/SQL 提供了称为联合查询的操作。联合查询由多个查询语句组成，每一个查询语句都能提供一个数据记录集，通过 UNION 关键字将各个查询数据记录集组合成一个完整的查询数据记录集，并自动删除重复的数据记录。

通过 UNION 关键字实现联合查询的语法结构如下：

```
SELECT          <选择表达式>
FROM            [用户方案. ]<表或视图>
[ WHERE         <查询条件> ]
[ GROUP BY      <分组表达式>
[ HAVING        <分组统计条件> ] ]
UNION [ALL]
SELECT          <选择表达式>
FROM            [用户方案. ]<表或视图>
[ WHERE         <查询条件> ]
[ GROUP BY      <分组表达式>
[ HAVING        <分组统计条件> ] ]
[ ORDER BY      <排序表达式> ]
[ COMPUTE       <聚合函数>（列1）[ ，<聚合函数（列2）> … ] ]
```

参数说明如下。

● 参与联合查询的各个 SELECT 子句的选择表达式中的各个列或表达式在数目上必须相同，在类型上必须匹配（也可以通过显式或隐式转换实现匹配）。

● ALL 关键字表示不删除数据记录集中的重复数据记录。

如果要查询"三星"的商品以及价格不高于 2 000 的商品，完成语句如下所示。

```
SELECT g_ID 商品号,g_Name 商品名称,g_Price 价格
FROM Goods
WHERE SUBSTR(g_Name,1,2)='三星'
UNION
SELECT g_ID 商品号,g_Name 商品名称,g_Price 价格
FROM Goods
WHERE g_Price<2000;
```

运行结果如图 5-40 所示。

图 5-40　联合查询结果

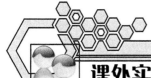

课外实践

【任务 1】

在已经创建好的 BookData 数据库基础上，完成下列查询。

（1）查询书名中包含"程序设计"字样的图书详细信息。

（2）查询书名中包含"程序设计"字样，出版社编号为"003"的图书详细信息。

（3）查询出版社编号为"005"，价格在 15～25 元的图书详细信息。

（4）查询编者信息中包含"刘志成"，出版时间在 2006 年 1 月 1 日~2009 年 10 月 1 日的图书详细信息。

（5）查询书名中包含"程序设计"字样，出版社名称为"清华大学出版社"的图书详细信息。

（6）查询读者"王周应"借阅的图书的存放位置。

（7）查询截至当前日期未还的图书名称和借书人。

【任务 2】

根据 china-pub 网站提供的查询功能，尝试各种查询操作，并编写对应的查询语句。

思考与练习

一、填空题

1. 在 SELECT 语句中选择满足条件的记录使用_____关键字，在分组之后进行选择使用_____关键字。

2. 用来返回特定字段中所有值的总和的聚合函数是_____。

3. 编写查询语句时，使用_____通配符可以匹配多个字符。

4. 集合运算符_____实现了集合的并运算，操作符 INTERSECT 实现了对集合的交运算，而_____则实现了减运算。

二、选择题

1. 要查询 Goods 表中商品中含有"电冰箱"的商品情况，可用_____命令。

A. SELECT * FROM Goods WHERE g_Name LIKE '电冰箱%'

B. SELECT * FROM Goods WHERE g_Name LIKE '电冰箱_'

C. SELECT * FROM Goods WHERE g_Name LIKE '%电冰箱%'

D. SELECT * FROM Goods WHERE g_Name='电冰箱'

2. 如果要判断某一指定值不在某一查询结果中，可以使用_____。

A. IN 子查询   B. EXIST 子查询

C. NOT EXIST 子查询   D. JOIN 子查询

3. 连接有内连接、外连接和交叉连接，其中外连接只能对_____表进行。

A. 两个   B. 三个   C. 四个   D. 任意个

4. 使用关键字_____可以把查询结果中的重复行屏蔽。

A. DISTINCT   B. UNION   C. ALL   D. ROWNUM

5. 如果只需要返回匹配的列，则应当使用_____连接？

A. 内连接   B. 交叉连接   C. 左连接   D. 全连接

6. 如果使用逗号分隔连接查询两个表，其中一个表有 20 行，另一个表有 50 行，如果未使用 WHERE 子句，则将返回_____行？

A. 20   B. 1 000   C. 50   D. 500

三、简答题

1. 什么是 SQL 注入式攻击？如何防范 SQL 注入式攻击？

2. 举例说明外连接的 3 种类型及其用法。

第 6 章
视图和索引操作

【学习目标】

本章将向读者介绍视图和索引的基本概述、SQL Developer 方式管理视图、PL/SQL 方式管理视图、SQL Developer 方式管理索引、PL/SQL 方式管理索引、聚集操作等基本内容。本章的学习要点主要包括：

（1）视图的基本知识；

（2）SQL Developer 创建、修改、查看和删除视图；

（3）PL/SQL 创建、修改、查看和删除视图；

（4）使用视图；

（5）索引的概述；

（6）SQL Developer 创建、修改、查看和删除索引；

（7）创建、修改和删除聚集。

【学习导航】

视图是 Oracle 数据库中的一种逻辑结构，它来源于数据表，只存储其定义，并不存储真实的数据。在简化数据库应用程序、隐藏数据表的结构和实现权限控制等方面可以发挥视图的优势。可以像使用数据表一样使用视图，包括执行数据查询和数据更新。索引是一种能够对数据记录进行物理排序或逻辑排序的机制，对基于索引列的查询来说，其查询效率得到了极大的提升。Oracle 11g 提供了多种类型的索引，DBA 可以根据需求为数据表的列创建合适类型的索引。本章内容在 Oracle 数据库系统管理与应用中的位置如图 6-1 所示。

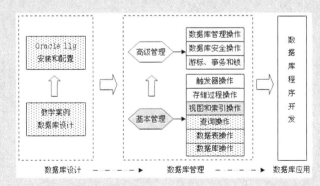

图 6-1　本章学习导航

6.1 视图概述

视图（View）是从一个或多个表（其他视图）中导出的表，其结构和数据是建立在对表的查询基础之上的。与表一样，视图也包括几个被定义的数据列和多个数据行，但就本质而言，这些数据列和数据行来源于其所引用的表。所以视图不是真实存在的基础表，而是一张虚表。视图所对应的数据并不实际地以视图结构存储在数据库中，而是存储在视图所引用的表中。

视图一经定义便存储在数据库中，与其相对应的数据并没有像表一样在数据库中另外存储一份，通过视图看到的数据只是存放在基表中的数据。对视图的操作与对表的操作一样，可以对其进行查询、修改（有一定的限制）和删除。

当对视图中的数据进行修改时，相应基表的数据也会发生变化，同时，如果基表的数据发生变化，则这种变化也可以自动地反映到视图中。

视图有很多优点，主要表现在以下方面。

（1）视点集中，减少对象大小。视图让用户能够着重于他们所需要的特定数据或所负责的特定要求，如用户可以选择特定行或特定列，不需要的数据可以不出现在视图中，增强了数据的安全性；而且视图并不实际包含数据，Oracle 只在数据库中存储视图的定义。

（2）从异构源组织数据。可以在连接两个或多个表的复杂查询的基础上创建视图，这样可以将单个表显示给用户，即分区视图。分区视图可基于来自异构源的数据，如远程服务器，或来自不同数据库中的表。

（3）隐藏数据的复杂性，简化操作。视图向用户隐藏了数据库设计的复杂性，这样即使开发者改变数据库设计，也不会影响到用户与数据库交互。另外，用户可将经常使用的连接查询、嵌套查询或联合查询定义为视图，这样，用户每次对特定的数据执行进一步操作时，无需指定所有条件和限定，因为用户只需查询视图，而不用再提交复杂的基础查询。

（4）简化用户权限的管理。可以将视图的权限授予用户，而不必将基表中某些列的权限授予用户，这样就简化了用户权限的定义。

6.2 视图操作

6.2.1 课堂案例1——使用 SQL Developer 管理视图

【案例学习目标】掌握 Oracle 中应用 SQL Developer 创建视图、修改视图、查看视图和删除视图的方法和基本步骤。

【案例知识要点】视图的定义、SQL Developer 创建视图、SQL Developer 修改视图、SQL Developer 查看视图和 SQL Developer 删除视图。

【案例完成步骤】

1．使用 SQL Developer 创建视图

在 SQL Developer 中创建视图时，首先必须以具有 CREATE VIEW 系统权限及具有操作视图所涉及的表或其他视图的权限的用户账户登录 SQL Developer（如系统账户 SYS 或者 SYSTEM 等）。在创建视图之前，先以 SYSDBA 身份登录 SQL Developer，执行以下语句以使 SCOTT 用户获得创建视图的系统权限：

```
GRANT CREATE VIEW TO SCOTT;
```

创建视图的过程如下。

（1）以 SCOTT 用户 SQL Developer 后，用鼠标右键单击"Views"，从弹出的快捷菜单中选择"New View"，如图 6-2 所示。

（2）在打开的"Create View"对话框中，输入视图名称（如 vw_SaleGoods），选择默认的用户方案 SCOTT，并在查询文本框内编写定义视图的查询语句，如图 6-3 所示。

图 6-2 选择新建视图　　　　　　　　图 6-3 定义视图

（3）单击"确定"按钮，如果创建视图的 SQL 语句没有错误，将成功创建视图。展开"Views"，将显示当前 SCOTT 方案中的视图列表，如图 6-4 所示。

（4）视图创建成功后，可以像数据表对象一样进行查看数据、修改、删除等操作。要查看视图中的数据，在指定方案的"Views"列表中选择指定的视图"VW_SALEGOODS"，显示该视图相关的信息。选择"Data"选择项，将显示视图的数据，如图 6-5 所示。

图 6-4 成功创建视图　　　　　　　　图 6-5 vw_SALEGOODS 视图中的数据

在查看视图数据时，也生成了对应的 SQL 查询语句，如图 6-6 所示。

2．使用 SQL Developer 修改视图

（1）重命名视图。

① 用鼠标右键单击当前方案中需要重命名的视图，如"VW_SALEGOODS"，从弹出的快捷菜单中选择"Rename"，如图 6-6 所示。

② 在打开的"Rename"对话框中，输入新的视图名称"VW_SALEGOODS1"，如图 6-7 所示。

③ 单击"应用"按钮，将重命名视图，并出现确认对话框。

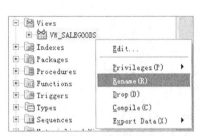

图 6-6 重命名视图

图 6-7 设置视图新名称

（2）修改视图定义。

① 用鼠标右键单击当前方案中需要修改的视图，如 "VW_SALEGOODS1"，从弹出的快捷菜单中选择 "Edit"，如图 6-8 所示。

② 在打开的 "Edit View" 对话框中，在 SQL Query 文本框内修改视图 "VW_SALEGOODS1" 的定义语句，如图 6-9 所示。

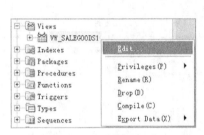

图 6-8 选择 "编辑视图"

图 6-9 修改视图定义

③ 单击 "Test Syntax" 按钮，检查修改视图的 PL/SQL 是否存在语法错误。如果没有语法错误，最后单击 "确定" 按钮，完成视图的修改定义操作。

3．使用 SQL Developer 查看视图

选中 "Views" 选项的视图 "VW_SALEGOODS1"，将在右边栏内显示视图的信息，如视图所包含的列、数据、所获得的授权等，如图 6-10 所示。

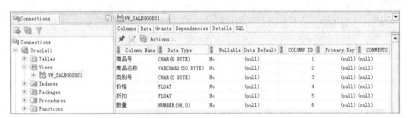

图 6-10　查看视图

● 视图的方案表示视图的所属。

● 视图的状态 VALID 表示有效状态，INVALID 表示无效状态。

4. 使用 SQL Developer 删除视图

删除视图时，只是删除视图结构的定义，对于视图所包含的数据（基表中的数据），并不会随着视图的删除而被删除，它们依然存储在与视图相关的基表中。

（1）在 SQL Developer 中，用鼠标右键单击"Views"选项中的待删除视图"VW_SALEGOODS1"，从快捷菜单中选择"Drop"项，如图 6-11 所示。

（2）打开图 6-12 所示的"Drop"对话框，单击"应用"按钮将删除该视图，单击"取消"按钮将撤销删除视图的操作。

图 6-11　选择需要删除的视图

图 6-12　删除视图

（3）单击"应用"按钮，将删除视图，并出现确认对话框。

6.2.2　课堂案例 2——使用 PL/SQL 管理视图

【案例学习目标】掌握 Oracle 中应用 PL/SQL 创建视图、修改视图、查看视图和删除视图的基本语句和使用方法。

【案例知识要点】PL/SQL 创建简单视图、PL/SQL 创建只读视图、PL/SQL 创建检查视图、PL/SQL 创建连接视图、PL/SQL 创建复杂视图、PL/SQL 创建强制视图、PL/SQL 修改视图、PL/SQL 查看视图和 PL/SQL 删除视图。

【案例完成步骤】

1. 使用 PL/SQL 创建视图

PL/SQL 中用于创建视图的语句是 CREATE VIEW 命令，其基本语法格式如下：

```
CREATE [OR REPLACE] [FORCE] [NOFORCE] VIEW [用户方案.]<视图名>
    [(列名[, … n])]
AS
    SELECT 语句
    [WITH CHECK OPTION [CONSTRAINT 约束名]]
    [WITH READ ONLY] ;
```

参数说明如下。

● REPLACE：在创建视图时，如果存在同名视图，则重新创建；若未使用 REPLACE 关键字，则只有在先删除原来的视图后，才能创建同名视图。

- FORCE：强制创建视图，无论视图的基表是否存在或者拥有者是否有权限，但 SELECT、INSERT、UPDATE 和 DELETE 语句的前提条件必须为真。
- 视图名：要建立的新视图的名称，其名字必须符合 PL/SQL 标识符的定义规则，而且在同一个用户方案下视图名必须是唯一的。
- 列名：组成视图的各个属性的名称。在一个视图中，列名也必须是唯一的。
- SELECT 语句：指定创建视图的 SELECT 语句，可以在 SELECT 语句中查询多个表或视图。
- WITH CHECK OPTION：指出在视图上进行的修改需要符合 SELECT 语句所指定的限制条件，这样可以确保数据修改后，仍然可以通过视图查看修改的数据。
- WITH READ ONLY：设置视图中不能执行 INSERT、UPDATE 和 DELETE 操作，只能检索数据。

> 对于视图列名的设置，在以下几种情况下必须指定视图的列名：
> - 由算术表达式、系统内置函数或者常量得到的列。
> - 视图中的列名与基表中的列名不相同的时候。
> - 共享同一个表名连接得到的列。

（1）创建简单视图。

【例 6-1】 经常需要查询"热点"商品的商品号（g_ID）、商品名称（g_Name）、类别号（t_ID）、商品价格（g_Price）、商品折扣（g_Discount）和商品数量（g_Number）信息，可以创建一个"热点"商品的视图。

```
CREATE OR REPLACE VIEW SCOTT.vw_HotGoods
AS
SELECT g_ID AS 商品号, g_Name AS 商品名称, t_ID AS 类别号, g_Price AS 价格, g_Discount
AS 折扣, g_Number AS 数量
FROM SCOTT.Goods
WHERE g_Status = '热点';
```

> - 视图创建后在 SQL Developer 中可以通过打开视图查看视图中的数据。
> - 也可以使用"SELECT * FROM 视图名"语句查看视图中的数据。

视图"vw_HotGoods"创建成功后，可以在 SQL Developer 或 OEM 中查看到所创建的视图，在 SQL Developer 中查看到的情况如图 6-13 所示。

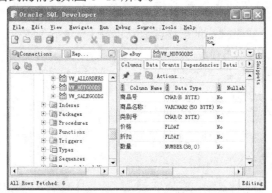

图 6-13 SQL Developer 中查看视图

（2）创建只读视图。在创建视图时，可以使用 WITH READ ONLY 选项创建只读视图。

【例 6-2】 经常需要了解员工的编号（e_ID）、名称（e_Name）、家庭地址（e_Address）、邮政编码（e_PostCode）和手机号码（e_Mobile）信息，要求能够通过视图来查询这些信息（但不能通过视图更改这些信息）。

```
CREATE VIEW SCOTT.vw_emp_readonly
AS
SELECT e_ID,e_Name,e_Address,e_PostCode,e_Mobile
FROM SCOTT.employees
WITH READ ONLY;
```

- 只读视图只能用于执行 SELECT 语句。
- 在只读视图中执行 DML 操作将会导致错误出现，详见"使用视图"。

（3）创建检查视图。在创建视图时，可以使用 WITH CHECK OPTION 选项创建检查视图。

【例 6-3】 经常需要了解海尔公司商品的商品号（g_ID）、商品名称（g_Name）、商品价格（g_Price）、商品折扣（g_Discount）和商品数量（g_Number）信息，可以创建一个关于海尔商品的视图。

```
CREATE OR REPLACE VIEW SCOTT.vw_HaierGoods
AS
SELECT g_ID, g_Name, g_Price,g_Discount,g_Number
FROM SCOTT.Goods
WHERE g_Name LIKE '%海尔%'
WITH CHECK OPTION;
```

- 该语句强制对视图执行的所有数据修改语句都必须符合在"SELECT 查询"中设置的条件。
- WITH CHECK OPTION 可确保提交修改后，仍可通过视图看到数据。

（4）创建连接视图。连接视图是指基于多个表所创建的视图，即定义视图的查询是一个连接查询。使用连接视图的主要目的是为了简化连接查询。

【例 6-4】 经常需要了解商品的商品号（g_ID）、商品名称（g_Name）、类别名称（t_Name）和商品价格（g_Price）信息，可以创建一个关于这类商品的视图。

```
CREATE OR REPLACE VIEW SCOTT.vw_TNameGoods
AS
SELECT g_ID, g_Name, t_Name, g_Price
FROM SCOTT.Goods
JOIN Types
ON Goods.t_ID=Types.t_ID
WITH CHECK OPTION
```

（5）创建复杂视图。复杂视图是指包含函数、表达式或分组数据的视图，主要目的是为了简化查询。

【例 6-5】 经常需要了解某一类商品的类别号（t_ID）和该类商品的最高价格信息，可以创建一个关于这类商品的视图。

```
CREATE OR REPLACE VIEW SCOTT.vw_MaxPriceGoods
AS
SELECT t_ID, Max(g_Price) AS MaxPrice
FROM SCOTT.Goods
GROUP BY t_ID
```

- 当视图的 SELECT 查询中包含函数或表达式时，必须为其定义列别名。
- 复杂视图主要用于执行查询操作，并不用于执行 DML 操作。

（6）强制创建视图。正常情况下，如果基表不存在，创建视图就会失败。但是可以使用 FORCE 选项强制创建视图（前提是创建视图的语句没有语法错误），但此时该视图处于失效状态。

【例 6-6】 创建并验证基于 Test 表的强制视图。

① 在 Test 表不存在的情况下，创建基于该表的强制视图 "vw_TestForce"。

```
CREATE FORCE VIEW SCOTT.vw_TestForce
AS
SELECT c1,c2 FROM Test;
```

以上语句执行后，视图创建成功，但会出现警告信息，视图状态为 INVALID 状态。

② 通过下列语句可以查看视图的状态。

```
SELECT object_name,status
FROM user_objects
WHERE object_name='VW_TESTFORCE';
```

- 许多时候用户在编写 PL/SQL 语句时指定的对象名称为小写，Oracle 会以大写的名称存储，因此在引用时请使用大写名称，如 "VW_TESTFORCE"，而不要写成 "vw_TestForce"。
- user_objects 是指特定的用户方案，因此请根据需要切换到特定的方案。

这种情况下，由于基表 Test 不存在，虽然基于 Test 表的视图 "VW_TESTFORCE" 创建成功，但该视图处于 INVALID 状态。这时候执行以下查询语句将会出现 "ORA-04063: view "SCOTT.VW_TESTFORCE" 有错误" 的提示信息。

```
SELECT * FROM SCOTT.vw_TestForce;
```

③ 为了进一步证明强制视图和基表的关系，创建 "VW_TESTFORCE" 视图的基表 Test：

```
CREATE TABLE SCOTT.Test
(c1 NUMBER(9) PRIMARY KEY, c2 VARCHAR2(20),c3 VARCHAR2(30));
```

④ 再重新执行查询视图的语句：

```
SELECT * FROM SCOTT.vw_TestForce;
```

在执行该语句的同时将会自动编译 INVALID（失效）的视图，执行完成后视图 "vw_TestForce" 的状态将会改变为 VALID 。

2. 使用 PL/SQL 修改视图

在实际应用中，随着查询要求的改变和数据源的变化，必然要求视图能够被修改。但在对视图进行更改（或重定义）之前，需要考虑如下几个问题：

- 由于视图只是一个虚表，其中没有数据，所以更改视图只是改变数据字典中对该视图的定义信息，视图的所有基础对象都不会受到任何影响；
- 更改视图之后，依赖于该视图的所有视图和 PL/SQL 程序都将变为 INVALID（失效）状态；
- 如果以前的视图中具有 WITH CHECK OPTION 选项，但是重定义时没有使用该选项，则以前的此选项将自动删除。

在 Oracle 中，通过 PL/SQL 语句既可以对视图进行重命名，也可以修改视图的定义。

（1）重命名视图。Oracle 提供了 rename 命令来重命名视图，其基本语法格式为

```
rename 旧视图名 TO 新视图名;
```

【例 6-7】 重命名用户方案 SCOTT 的视图 "vw_MaxPriceGoods" 为 "vw_MaxPrice"。

```
rename vw_MaxPriceGoods TO vw_MaxPrice;
```

在重命名视图时，可能会出现以下错误，请读者根据提示进行对应的处理。
- ORA-04043: 对象 "VW_MAXPRICEGOODS" 不存在。
- ORA-01765: 不允许指定表的所有者名。

（2）修改视图定义。可以使用 PL/SQL 的 CREATE OR REPLACE VIEW 命令修改视图的定义。

【例 6-8】 对于已创建的视图 "vw_HotGoods"，现在需要删除其中的折扣（g_Discount）信息，使之仅包含商品的商品号（g_ID）、商品名称（g_Name）、类别号（t_ID）、价格（g_Price）和数量（g_Number）信息。

```
CREATE OR REPLACE VIEW SCOTT.vw_HotGoods
AS
SELECT g_ID AS 商品号, g_Name AS 商品名称, t_ID AS 类别号, g_Price AS 价格, g_Number AS 数量
FROM SCOTT.Goods
WHERE g_Status = '热点'
```

修改视图而不是先删除后再重建视图的优势在于：所有与视图相关的权限等安全性内容依然存在。如果是删除视图再重建相同名称的视图，Oracle 会将该视图作为不同的视图来对待。

（3）重新编译视图。可以使用 PL/SQL 的 ALTER VIEW 语句重新编译视图。

```
ALTER VIEW 视图名 COMPILE;
```

当视图依赖的基表改变后，视图会"失效"。为了确保这种改变"不影响"视图和依赖于该视图的其他对象，应该使用 ALTER VIEW 语句明确地重新编译该视图，从而在运行视图前发现重新编译的错误。视图被重新编译后，若发现错误，则依赖于该视图的对象也会失效；若没有错误，视图会变为"有效"。

- 为了重新编译其他模式中的视图，必须拥有 ALTER ANY TABLE 系统权限。
- 当访问基表改变后的视图时（如查询视图内容），Oracle 会"自动重新编译"这些视图。
- SQL Server 中的 ALTER VIEW 命令为修改视图定义的语句。

3. 使用 PL/SQL 查看视图

Oracle 的 PL/SQL 语句提供了 DESCRIBE 命令用来查看视图的信息，其基本语法格式为

```
DESC[RIBE] [用户方案.]视图名;
```

【例 6-9】 查看用户方案 SCOTT 的视图 "VW_HOTGOODS" 的信息。

```
DESC SCOTT.VW_HOTGOODS;
```

运行结果如图 6-14 所示。

```
DESC SCOTT.VW_HOTGOODS;
Name                             Null     Type
-------------------------------  -------- ----------------
商品号                            NOT NULL CHAR(6)
商品名称                                   NOT NULL VARCHAR2(50)
类别号                            NOT NULL CHAR(2)
价格                             NOT NULL FLOAT(126)
数量                             NOT NULL NUMBER(38)

5 rows selected
```

图 6-14　SQL Developer 中查看视图

使用 DESCRIBE 命令查看视图与在 OEM 和 SQL Developer 中查看视图得到的信息是相差很大的，前者只能得到定义视图的结构信息，而后者可以得到除此之外更为丰富的信息。

4．使用 PL/SQL 删除视图

Oracle 的 PL/SQL 语句提供了 DROP VIEW 命令用于删除视图（必须保证当前用户具有 DROP ANY VIEW 的系统权限），其基本语法格式为

```
DROP VIEW [用户方案.]视图名;
```

【例 6-10】 删除用户方案 SCOTT 的视图"VW_TNAMEGOODS"的信息。

```
DROP VIEW SCOTT.VW_TNAMEGOODS;
```

> 与视图有关的许多操作都和权限有关，有关用户授权的方法参阅第 10 章。

另外，在 Oracle 中可以通过与视图相关的数据字典来完成对视图的操作，常见的与视图相关的数据字典及其作用见表 6-1。

表 6-1　　　　　　　　　　　视图相关的数据字典

编　号	名　　称	说　　明
1	dba_views	DBA 视图，描述数据库中的所有视图
2	all_views	ALL 视图，描述用户"可访问的"视图
3	user_views	USER 视图，描述"用户拥有的"视图
4	dba_tab_columns	DBA 视图，描述数据库中的所有视图的列（或表的列）
5	all_tab_columns	ALL 视图，描述用户"可访问的"视图的列（或表的列）
6	user_tab_columns	USER 视图，描述"用户拥有的"视图的列（或表的列）

6.3　课堂案例 3——使用视图

视图具有和数据表一样的结构，当定义视图以后，用户可以像对基表一样对视图进行操作，如对视图进行查询、插入、修改、删除等操作。

【案例学习目标】掌握 Oracle 中通过视图进行查询和 DML 操作的基本方法和注意事项。

【案例知识要点】通过视图查询数据、通过视图添加数据、通过视图修改数据、通过视图删除数据。

【案例完成步骤】

6.3.1　视图查询操作

在 Oracle 中使用 SELECT 语句查询视图所包含的数据，其使用方法与查询基表的数据相同。与直接通过基表进行连接查询不同，视图的结构经过了简化，它由基本查询语句生成视图的定义，直接对视图进行查询即可，并不需要对与视图有联系的多个基表进行查询操作，大大减少了查询语句的复杂度。

【例 6-11】 需要了解价格在 2 000 元以上的促销商品信息，为了简化查询操作，可以在

视图"vw_SaleGoods"中进行查询。

```
SELECT *
FROM SCOTT.vw_SaleGoods
WHERE 价格>2 000;
```

运行结果如图6-15所示。

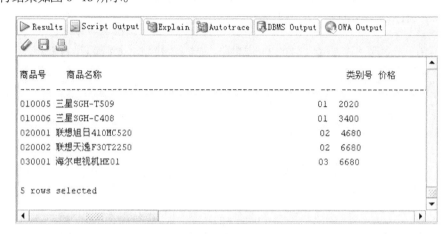

图6-15　查询视图"vw_SaleGoods"中的数据

- 视图"vw_SaleGoods"的定义请参阅前面的内容。
- "WHERE 价格>2 000"条件中使用的"价格"列为视图中的列，而GOODS表中的列名为"g_Price"。
- 视图中的列名取决于创建视图时指定的名称，而不是源表中的列名，由于在创建视图时为"g_Price"指定了别名"价格"，所以在利用视图进行查询时，不能使用列名"g_Price"而要使用"价格"。

下面根据【例6-11】分析一下在视图上执行查询操作的步骤和原理。

（1）将针对视图的SQL语句与视图的定义语句（保存在数据字典中）"合并"成一条SQL语句。

（2）在内存结构的共享SQL区中"解析"（并优化）合并后的SQL语句。

（3）"执行"合并、解析后的SQL语句。

上例中视图"vw_SaleGoods"的定义语句如下：

```
CREATE OR REPLACE FORCE VIEW SCOTT.VW_SALEGOODS
AS
SELECT g_ID 商品号,g_Name 商品名称,t_ID 类别号,g_Price 价格,g_Discount 折扣,g_Number 数量
FROM SCOTT.Goods
WHERE g_Status='促销' ORDER BY 价格;
```

当用户执行如下查询语句时：

```
SELECT *
FROM SCOTT.vw_SaleGoods
WHERE 价格>2 000;
```

Oracle将把这条SQL语句与视图定义语句"合并"成如下查询语句：

```
SELECT g_ID 商品号,g_Name 商品名称,t_ID 类别号,g_Price 价格,g_Discount 折扣,g_Number 数量
FROM SCOTT.Goods
WHERE g_Status='促销' AND g_Price>2 000 ORDER BY g_Price;
```

然后，解析（并优化）合并后的查询语句并执行查询语句，得到最终的查询结果。

【例 6-12】 需要统计每类商品的平均价格（显示类别名和该类别的平均价格），为了简化查询操作，可以在视图 "vw_TnameGoods" 中进行查询。

```
SELECT t_Name 类别名称, AVG(g_Price) 平均价格
FROM SCOTT.vw_TNameGoods
GROUP BY t_Name;
```

运行结果如图 6-16 所示。

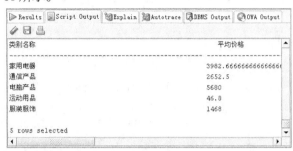

图 6-16　查询视图 "vw_TnameGoods" 中的数据

● 虽然在创建视图时没有为 "t_Name" 指定别名，但是可以在基于视图进行查询时为 t_Name 指定别名。这一点与查询基本表是完全一致的。

6.3.2　视图 DML 操作

当向视图中插入、修改或者删除数据时，实际上是对视图所引用的基表执行数据的插入、修改或删除操作。对于这些操作，Oracle 有如下的一些限制：

● 用户应该具有操作视图的权限，同时具有操作视图所引用的基表或其他视图的权限；
● 在一个语句中，一次不能修改一个以上的视图基表；
● 对视图中所有列的修改必须遵守视图基表中所定义的各种数据约束条件；
● 不允许对视图中的计算列进行修改，也不允许对视图定义中包含统计函数或者 GROUP BY 子句的视图进行更新操作。

【例 6-13】 通过视图 "vw_Users" 向表 "Users" 中增加一个用户。

（1）首先建立一个视图 "vw_Users"，要求将 "Users" 表中的英文列名换成汉字列名。

```
CREATE OR REPLACE VIEW SCOTT.vw_Users
AS
SELECT u_ID AS 编号, u_Name AS 用户名, u_Type AS 用户组, u_Password AS 用户密码
FROM SCOTT.Users;
```

（2）通过视图 "vw_Users" 实现记录的添加。

```
INSERT INTO SCOTT.vw_Users
VALUES('05','view','普通','view');
```

该语句成功执行后，在 Users 表中新增了一个名为 "view" 的管理员信息。使用以下查询语句可以查询到新增的用户的情况。

```
SELECT * FROM SCOTT.USERS;
```

运行结果如图 6-17 所示。

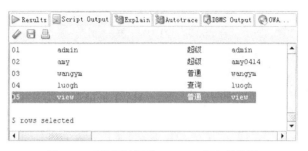

图 6-17 查询通过视图 vw_Users 添加的数据

【例 6-14】 通过视图 "vw_Users" 将用户 "amy" 的所属用户组修改为 "查询"。

```
UPDATE SCOTT.vw_Users
SET 用户组='查询'
WHERE 用户名='amy';
```

修改完成后，通过查询语句可以查看到用户名为 "amy" 所属的用户组由 "超级" 改变为 "查询"。

- 通过视图修改数据时，也必须使用视图中的列名，如【例 6-14】中使用视图中的 "用户组" "用户名"，而不是基于表中的 "u_Type" 和 "u_Name"。
- 当要通过视图修改多个视图基表时，必须给出多个单独的修改基表的语句来一起完成。

在对视图进行 DML 操作时，如果视图定义时指定了 WITH READ ONLY 选项（只读视图），那么对只读视图执行的 DML 操作将会受到限制。

【例 6-15】 试着通过视图 "vw_emp_readonly"（视图定义见 6.2.2 小节）删除名称为 "刘丽丽" 的员工。

```
DELETE FROM SCOTT.vw_emp_readonly
WHERE e_Name='刘丽丽';
```

语句执行后，将会显示 "无法对只读视图进行 DML 操作" 的错误提示，如图 6-18 所示。

图 6-18 通过视图 vw_emp_readonly 删除数据

6.4 索引概述

数据库中索引的概念与图书中目录的概念非常类似，不同之处在于数据库索引是用来在表中查找特定的行。使用索引的目的是为了提高查询的速度，当用户对查询速度不满意而需要对数据库的性能进行调校时，优先考虑建立索引。

6.4.1　索引概念

用户对数据库最频繁的操作是进行数据查询。一般情况下，数据库在进行查询操作时，需要对整个表进行数据搜索，当表中的数据量很大时，搜索数据就需要很长的时间，这就造成了服务器的资源浪费。为了提高检索数据的能力，Oracle 数据库系统中引入了索引机制。

索引（Index）是一个单独的、物理的数据结构，在这个数据结构中包括表中一列或若干列的值以及相应的指向表中物理标识这些值的数据页的逻辑指针的集合。索引提供了数据库中编排表内数据的内部方法。索引依赖于数据库的表，作为表的一个组成部分，一旦创建后，由数据库系统自身进行维护。一个表的存储是由两部分组成的，一部分用来存放表的数据页面，另一部分用来存放索引页面，索引就存放在索引页面上。通常，索引页面相对于数据页面来说要小得多。当进行数据检索时，系统先搜索索引页面，从中找到所需数据的指针，再直接通过指针从数据页面中读取数据。从某种程度上可以把数据库看作一本书，把索引看作书的目录，能通过目录查找书中的信息，显然比没有目录的书更方便、更快捷。

在关系数据中，一个行的物理位置无关紧要，除非数据库需要找到它。为了能找到数据，表中的每一行均用一个 RowID 来标识，RowID 可以告诉数据库这一行的准确位置（指出行所在的文件、该文件中的块、该块的行地址）。索引结构表没有传统的 OracleRowID，不过，其主键起到了一个逻辑 RowID 的作用。

Oracle 数据库支持几种类型索引，如 B 树索引、反向索引、降序索引、位图索引、函数索引和 interMedia 全文索引等，可以用于提高数据库的性能。

6.4.2　索引分类

1．B 树索引

B 树索引是最常见的索引结构，默认建立的索引就是这种类型的索引。B 树索引在检索拥有很多不同的值的列时可以提供最好的性能。当取出的行数占总行数比例较小时，B 树索引比全表检索提供了更有效的方法。但当检查的范围超过表的 10%时，就不能提高取回数据的性能了。B 树索引是基于二叉树的，由分支块和叶子块组成。在树结构中，位于最底层的块被称为叶子块，包含每个被索引列的值和行所对应的 RowID（行号）。在叶节点的上面是分支块，用来导航结构，包含了索引列（关键字）范围和另一索引块的地址，如图 6-19 所示。其中，B 表示分支节点，而 L 表示叶子节点。

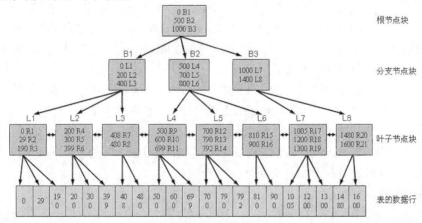

图 6-19　B 树索引

对于分支节点块（包括根节点块）来说，其所包含的索引条目都是按照顺序排列的（默认是升序排列，也可以在创建索引时指定为降序排列）。每个索引条目（也可以叫做每条记录）都具有两个字段。第 1 个字段表示当前该分支节点块下面所链接的索引块中包含的最小键值；第 2 个字段为 4 个字节，表示所链接的索引块的地址，该地址指向下面一个索引块。在一个分支节点块中所能容纳的记录行数由数据块大小以及索引键值的长度决定。从图 6-19 中可以看到，对于根节点块来说，包含 3 条记录，分别为（0 B1）、（500 B2）和（1 000 B3），它们指向 3 个分支节点块。其中的 0、500 和 1 000 分别表示这 3 个分支节点块所链接的键值中的最小值，而 B1、B2 和 B3 则表示所指向的 3 个分支节点块的地址。

对于叶子节点块来说，其所包含的索引条目与分支节点一样，都是按照顺序排列的（默认是升序排列，也可以在创建索引时指定为降序排列）。每个索引条目（也可以叫做每条记录）也具有两个字段。第 1 个字段表示索引的键值，对于单列索引来说是一个值；而对于多列索引来说则是多个值组合在一起的。第 2 个字段表示键值所对应的记录行的 ROWID，该 ROWID 是记录行在表里的物理地址。如果索引是创建在非分区表上或者索引是分区表上的本地索引，则该 ROWID 占用 6 个字节；如果索引是创建在分区表上的全局索引，则该 ROWID 占用 10 个字节。

B 树索引中不存在非唯一条目。在一个非唯一索引中，Oracle 会把 RowID 作为一个额外的列追加到键上，使得键唯一；而在一个唯一索引中，根据定义的唯一性，Oracle 不会再向索引键增加 RowID。B 树还有一个特点，即所有叶子块都应该在树的同一层上。B 树是一个绝佳的通用索引机制，无论是大表还是小表都很适用，随着底层块较小地增长，获取数据的性能只会稍有恶化（或者根本不会恶化）。

2．反向索引

反向索引是 B 树索引的一个分支，它的设计是为了运用在某些特定的环境下。Oracle 推出它的主要目的就是为了降低在并行服务器环境下索引叶子块的争用。当 B 树索引中有一列是由递增的序列号产生的时，那么这些索引信息基本上分布在同一个叶子块中；当用户修改或访问相似的列时，索引块很容易产生争用。反向索引中的索引键将会被分布到各个索引块中，减少了争用。反向索引反转了索引键中每列的字节。

3．降序索引

降序索引是 B 树的另一个衍生物，它的变化就是列在索引中的存储方式从升序变成了降序，在某些场合下降序索引将会起作用。创建降序索引时，Oracle 已经把数据都按降序排好了。

4．位图索引

位图索引主要用于决策支持系统或静态数据，不支持行级锁定。位图索引最好用于低 cardinality 列（即列的唯一值除以行数为一个很小的值，接近零），例如有一个"性别"列，列的值有"Male"、"Female"和"Null" 3 种，但一共有 300 万条记录，那么 3/3 000 000 约等于 0，这种情况下最适合用位图索引。

位图索引可以是简单的单列，也可以是连接的多列，但在实践中绝大多数是简单的。在这些列上多位图索引可以与 AND 或 OR 操作符结合使用。位图索引使用位图作为键值，对于表中的每一数据行位图包含了 TRUE（1）、FALSE（0）或 NULL 值。位图索引的位图存放在 B 树结构的叶子块中。B 树结构使查找位图变得非常方便和快速。另外，位图以压缩格式存放，因此占用的磁盘空间比 B 树索引要小得多。

5．函数索引

基于函数的索引有索引计算列的能力，它易于使用并且提供计算好的值，在不修改应用程序的逻辑上提高了查询性能。使用基于函数的索引有以下几个先决条件。

● 必须拥有 QUERY REWRITE（本用户方案下）或 GLOBAL QUERY REWRITE（其他用户方案下）权限。

● 必须使用基于成本的优化器，基于规则的优化器将被忽略。

● 必须设置以下两个系统参数：

```
QUERY_REWRITE_ENABLED=TRUE
QUERY_REWRITE_INTEGRITY=TRUSTED
```

可以通过 ALTER SYSTEM SET 和 ALTER SESSION SET 在系统级或线程级设置，也可以通过 init.ora 中添加实现。

6．各种索引的使用场合

（1）B 树索引。常规索引，多用于 OLTP 系统，快速定位行，应建立于高 cardinality 列（即列的唯一值除以行数为一个很大的值，存在很少的相同值）。

（2）反向索引。B 树的衍生产物，应用于特殊场合，在 OPS 环境加序列增加的列上建立，不适合做区域扫描。

（3）降序索引。B 树的衍生产物，应用于有降序排列的搜索语句中，索引中储存了降序排列的索引码，提供了快速的降序搜索。

（4）位图索引。位图方式管理的索引，适用于 OLAP（在线分析）和 DSS（决策处理）系统，应建立于低 cardinality 列，适合集中读取，不适合插入和修改，提供比 B 树索引更节省的空间。

（5）函数索引。B 树的衍生产物，应用于查询语句条件列上包含函数的情况，索引中储存了经过函数计算的索引码值。可以在不修改应用程序的基础上提高查询效率。

6.5 索引操作

6.5.1 课堂案例 4——使用 SQL Developer 管理索引

【案例学习目标】掌握 Oracle 中应用 SQL Developer 创建索引、修改索引、查看索引和删除索引的方法和基本步骤。

【案例知识要点】SQL Developer 创建索引、索引的选择、SQL Developer 修改索引、SQL Developer 查看索引和 SQL Developer 删除索引。

【案例完成步骤】

1．使用 SQL Developer 创建索引

在 SQL Developer 中创建索引时，首先必须以具有 CREATE ANY INDEX 系统权限的用户账户（如系统账户 SYS 或 SYSTEM 等）登录 SQL Developer。在创建索引之前，先以 SYSDBA 身份登录 SQL Developer，执行以下语句以使 SCOTT 用户获得创建索引的系统权限：

```
GRANT CREATE ANY INDEX TO SCOTT;
```

创建索引的过程如下。

（1）在 SQL Developer 中右键单击"Indexes"选项，从快捷菜单中选择"New Index"，将开始创建索引，如图 6-20 所示。

（2）在打开的"Create Index"对话框中，指定索引所在的用户方案和索引名，并指定需要创建索引的表，单击"+"按钮，从"Column Name or Expression"下拉列表框内选择需要创建索引的列名，并指定排序类型。其余采用默认值，如图 6-21 所示。

图 6-20 选择新建索引　　　　　　图 6-21 定义索引

- 自定义索引名称建议以 IX 为前缀。
- 可以指定索引创建于表还是集群（即聚集），这里选择表。聚集的详细内容见 6.6 节。

（3）单击"确定"按钮，完成索引的创建。

- 主键、唯一约束创建后，系统都会建立对应的索引，名称形如"SYS_XXXXX"。
- 图 6-20 显示的索引列表包括了在创建约束时系统创建的索引。

2．使用 SQL Developer 修改索引

（1）在 SQL Developer 中展开"Indexes"选项，右键单击需要修改的的索引项，从快捷菜单中选择"Edit"，将开始修改索引，如图 6-22 所示。

（2）在打开的"Edit Index"对话框中，用户可以更改索引的配置信息，如索引的排序类型等，如图 6-23 所示。

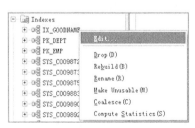

图 6-22 选择编辑索引　　　　　　图 6-23 编辑索引

3．使用 SQL Developer 查看和删除索引

如果要查看指定索引的信息，则在 SQL Developer 中选择该索引即可查看索引信息，如图 6-24 所示。

图 6-24　查看索引

如果要删除指定的索引，在图 6-22 所示的快捷菜单中单击"Drop"菜单项，将打开图 6-25 所示的"Drop"对话框，单击"取消"按钮将取消删除索引操作，单击"应用"按钮即可删除指定的索引。

图 6-25　删除索引

6.5.2　课堂案例 5——使用 PL/SQL 管理索引

【案例学习目标】掌握 Oracle 中应用 PL/SQL 创建索引、修改索引、查看索引和删除索引的方法和基本步骤。

【案例知识要点】CREATE INDEX 创建索引、索引的选择、ALTER INDEX 修改索引、通过数据字典查看索引和 DROP INDEX 删除索引。

【案例完成步骤】

1．使用 PL/SQL 创建索引

使用 PL/SQL 创建索引的基本语法格式为

```
CREATE [BITMAP] INDEX [用户方案.]<索引名>
ON [用户方案.]<表名>|<视图>（列名 ASC | DESC [, …] | 函数名（列名））
[REVERSE]
[CLUSTER [用户方案.]聚簇]
[INITRANS n]
[MAXTRANS n]
[PCTFREE n]
[STORAGE storage]
[TABLESPACE tablespace]
[NO SORT]
```

参数说明如下。

● 索引名必须符合 PL/SQL 标识的规则。

● BITMAP 指定创建位图索引。

● REVERSE 指定创建反向索引。

- ASC 指定创建升序索引（为默认设置），DESC 指定创建降序索引。
- 使用函数名指定创建函数索引。
- CLUSTER 指定一个聚集（HASH CLUSTER 不能创建索引）。
- INITRANS、MAXTRANS 指定初始和最大事务入口数。
- TABLESPACE 指定索引所在的表空间名。
- STORAGE 用于设置存储参数。
- PCTFREE 指定索引数据块空闲空间的百分比（不能指定 PCTUSED）。
- NO SORT 指定能否排序（存储时已按升序排序）。

【例 6-16】 创建关于员工表的员工名称列的唯一索引。

```
CREATE UNIQUE INDEX SCOTT.ix_EmpName
ON SCOTT.Employees(e_Name);
```

【例 6-17】 建立关于商品表的商品类别编号列的索引。

```
CREATE INDEX SCOTT.ix_TypeID
ON SCOTT.Goods(t_ID);
```

【例 6-18】 建立关于订单明细表的订单编号列和产品编号列的复合索引。

```
CREATE INDEX SCOTT.ix_OID_GID
ON SCOTT.ORDERDETAILS(O_ID,G_ID);
```

2．使用 PL/SQL 修改索引

使用 PL/SQL 修改索引的基本语法格式为

```
ALTER INDEX [用户方案.]<索引名>
[INITRANS n]
[MAXTRANS n]
[PCTFREE n]
[STORAGE storage]
[TABLESPACE tablespace]
[NO SORT]
… ;
```

其中各个参数的使用与 CREATE INDEX 命令的参数使用方法相同。

【例 6-19】 修改索引 ix_EmpName，重新调整 INITRANS 和 MAXTRANS 参数的值。

```
ALTER INDEX SCOTT.ix_EmpName
INITRANS 5
MAXTRANS 10;
```

3．使用 PL/SQL 删除索引

利用 DROP INDEX 命令可以删除一个或多个当前数据库中的索引。其语句格式如下：

```
DROP INDEX '[用户方案]<表名>.<索引名>' [, ... n]
```

【例 6-20】 删除员工表中为员工名称创建的唯一索引 IX_EMPNAME。

```
DROP INDEX 'SCOTT.EMPLOYEES.IX_EMPNAME';
```

> DROP INDEX 命令不能删除由 CREATE TABLE 或 ALTER TABLE 命令创建的 PRIMARY KEY 或 UNIQUE 约束索引，也不能删除系统表中的索引。

4．查看索引

当需要查看索引信息时，可以使用 Oracle 提供的索引相关的数据字典来完成，索引相关的数据字典见表 6-2。

表 6-2　　　　　　　　　　　　　　索引相关的数据字典

编　号	名　　称	说　　明
1	DBA_INDEXES ALL_INDEXES USER_INDEXES	DBA 视图，描述了数据库中所有表上的索引
2	DBA_IND_COLUMNS ALL_IND_COLUMNS USER_IND_COLUMNS	这些视图描述了表中索引的列信息
3	DBA_IND_EXPRESSIONS ALL_IND_ EXPRESSIONS USER_IND_ EXPRESSIONS	这些视图描述了基于函数的索引的表达式
4	INDEX_STATS	存储来自最后一个 ANALYZE INDEX...VALIDATE STRUCTURE 语句的信息
5	INDEX_HISTOGRAM	存储来自最后的 ANALYZE INDEX...VALIDATE STRUCTURE 语句的信息
6	VSOBJECT_USAGE	包含 ALTER INDEX...MONITORING USAGE 函数生成的索引使用信息

【例 6-21】　查看员工表中的索引 IX_EMPNAME 的信息。

```
SELECT    OWNER,INDEX_NAME,TABLE_OWNER,TABLE_NAME
FROM      SYS.DBA_INDEXES
WHERE     INDEX_NAME = 'IX_EMPNAME';
```

以 SYSDBA 身份执行上述查询后，将显示指定索引的所有者、名称、基表所有者和基表名称。最终得到的输出结果如图 6-26 所示。

图 6-26　查看索引

6.6　聚集操作

聚集（Cluster）是存储表数据的可选择的方法。一个聚集是一组表，将具有同一公共列值的行存储在一起，并且它们经常一起使用。表中相关的列称为聚集键（Cluster Key）。聚集键用一个聚集索引（Cluster Index）来进行索引；对于聚集中的多个表，聚集键值只存储一次。在把任何行插入聚集的表中之前，都必须先创建一个聚集索引。对于经常要一起查询的表来说，使用聚集比较方便。在聚集中，来自不同表的行存储在同一个块中；因此与将表分开存储相比，连接这些表的查询就可能执行更少的 I / O。不过，与对非聚集表的相同操作比较，聚集表的插入、更新和删除性能要差很多。在聚集表之前，要判断共同查询这些表的频率。如果这些表总是一起查询，就要考虑把它们合并成一个表，而不是聚集两个表。

聚集用于将不同表中的数据存储到相同的物理数据块中，适用于多表数据需要频繁进行连接查询的情况。多表数据存储在相同的数据块中后，在对表进行连接查询时，所需读取的物理块数减少，从而提高了查询性能。需要注意的是，对聚集中单表的查询和对聚集中表数据进行修改或插入等事务操作时，其性能将受到影响。每一个聚集存储其中各聚集表的数据并维护该聚集索引，以便对数据进行排序。聚集键通常是其聚集表中与某个表的主键相关联的表的外键。

聚集分为索引聚集和哈希聚集两种，下面进行具体介绍。

1．索引聚集

索引聚集是保存数据表的一种可选方案。索引聚集在同一个数据块中将多个不同表的相关行存储在一起，从而改善相关操作的存取时间。共享公共列的表可以聚集在该列的周围，从而加速对这些行的存取。索引聚集有利于聚集数据上的连接，因为所有的数据都在一个 I/O 操作中被检索。

数据插入必须基于聚集键，因而聚集可能会降低执行 INSERT 语句的性能。另外，索引聚集跨越多个块，需要扫描更多的数据。

2．哈希聚集

哈希聚集类似于索引聚集，但它使用哈希函数而非索引来引用聚集键。哈希聚集在同一数据块中将相关的行存储在一起，依据是这些行的哈希函数结果。在创建哈希聚集时，Oracle 为聚集的数据段分配初始数量的存储空间。

在基于聚集键的等值查询方面，使用哈希聚集可以发挥其高效的性能。与索引聚集一样，在哈希表上执行 INSERT 语句时，执行性能将下降。

- Oracle 聚集和 SQL Server 聚集索引是两个不同的概念，请读者注意区别。
- Oracle 聚集是两个或多个表的物理组合，这些表共享相同的数据块，并使用公共列作为聚集键。简单的理解就是将两个或多个表中有共同内容（意义）的列放在一起存放，节省磁盘空间。

6.6.1　创建聚集

在创建聚集之前，建议先估算聚集的空间需求，以更好地规划数据库空间的使用，提升系统的性能，创建聚集可以分为 3 个步骤：

- 创建聚集本身，它是存储聚集表的逻辑结构；
- 创建聚集中的表；
- 创建聚集键上的索引。

1．创建聚集本身

使用 PL/SQL 语句的 CREATE CLUSTER 可以用来创建聚集，其基本语法格式如下：

```
CREATE CLUSTER [用户方案.]<聚集>(列 数据类型 [, … n])
[ PCTFREE n | PCTUSED n | INITRANS n | MAXTRANS n | …
| SIZE n
| TABLESPACE <表空间>
| { INDEX | HASHKEYS n [HASH IS <表达式>] }
] … ;
```

参数说明如下。

- 用户方案：指定了包含聚集的用户方案名，默认时在当前用户方案中创建聚集。
- PCTUSED：指定 Oracle 用于决定额外可以增加到聚集的数据块中的限制。
- PCTFREE：指定为了扩展，每个聚集数据块中保留的空间。
- INITRANS：指定为聚集的数据块分配的并发更新事务的初始数量，默认为聚集的表空间的 INITRANS 值和 2 之间的较大者。
- MAXTRANS：指定并发更新事务的最大数量。

- SIZE：指定空间的数量，用于存储有相同聚集键或哈希值的所有行。
- TABLESPACE：指定聚集所在的表空间。
- INDEX：指定创建索引聚集。
- HASHKEYS：指定创建哈希聚集，指定哈希聚集的哈希值数量（最小值为 2）。
- HASH IS：指定一个用作哈希聚集的哈希函数的表达式，该表达式的结果必须为正值，不能为常数，默认使用 Oracle 内部哈希函数。

【例 6-22】 创建一个包含 column01 的聚集 testclu。

```
CREATE CLUSTER SCOTT.testclu(column01 VARCHAR(20));
```

2．创建聚集中的表

使用带 CLUSTER 选项的 CREATE TABLE 命令可以在聚集中创建表，当前用户必须具有 CREATE TABLE 或 CREATE ANY TABLE 的系统权限，但不需要表空间限额或 UNLIMITED TABLESPACE 系统权限。

创建聚集表的基本格式如下：

```
CREATE TABLE [用户方案.]<表>
( … )
CLUSTER <聚集>(列)
```

【例 6-23】 创建聚集为 testclu 的两个测试表 testa 和 testb。

```
CREATE TABLE SCOTT.testa(
a01 VARCHAR(20),
a02 VARCHAR(20)
)
CLUSTER SCOTT.testclu(a01);

CREATE TABLE SCOTT.testb(
b01 VARCHAR(20),
b02 VARCHAR(20)
)
CLUSTER SCOTT.testclu(b01);
```

3．创建聚集键上的索引

使用 CREATE INDEX 语句可以创建聚集索引，当前用户必须拥有 CREATE INDEX 或 CREATE ANY INDEX 系统权限，同时还需要拥有包含该聚集索引的表空间限额或有 UNLIMITED TABLESPACE 系统权限。

【例 6-24】 为聚集 testclu 创建聚集键。

```
CREATE INDEX SCOTT.ix_testclu ON CLUSTER SCOTT.testclu;
```
创建聚集索引后，就可以使用聚集了。

【例 6-25】 输入测试数据。

```
--为 testa 表添加两条记录
INSERT INTO SCOTT.testa VALUES('01','01');
INSERT INTO SCOTT.testa VALUES('02','02');
--为 testb 表添加两条记录
INSERT INTO SCOTT.testb VALUES('01','01');
INSERT INTO SCOTT.testb VALUES('02','02');
```

 如果在添加数据之前没有建立聚集索引，则会出现 "ORA-02032：聚簇表无法在簇索引建立之前使用" 的错误信息。

【例 6-26】 测试聚集。通过 autotrace 检查两个表是不是都采用索引 index_test 来检索数据。

第 6 章 视图和索引操作

```
SELECT * FROM SCOTT.testa WHERE a01='01';
SELECT * FROM SCOTT.testb WHERE b01='01';
```

上述两条 SELECT 语句执行后的结果如图 6-27 和图 6-28 所示。从两个执行计划看来，采用了共同的索引 index_test 来检索数据。

```
Plan hash value: 2542913801

-----------------------------------------------------------------------
| Id  | Operation           | Name       | Rows  | Bytes | Cost (%CPU)| Time     |
-----------------------------------------------------------------------
|   0 | SELECT STATEMENT    |            |     1 |    24 |     2   (0)| 00:00:01 |
|   1 |   TABLE ACCESS CLUSTER| TESTA    |     1 |    24 |     2   (0)| 00:00:01 |
|*  2 |    INDEX UNIQUE SCAN | IX_TESTCLU |     1 |       |     1   (0)| 00:00:01 |
-----------------------------------------------------------------------
```

图 6-27 testa 执行计划

```
Plan hash value: 4225997949

-----------------------------------------------------------------------
| Id  | Operation           | Name       | Rows  | Bytes | Cost (%CPU)| Time     |
-----------------------------------------------------------------------
|   0 | SELECT STATEMENT    |            |     1 |    24 |     2   (0)| 00:00:01 |
|   1 |   TABLE ACCESS CLUSTER| TESTB    |     1 |    24 |     2   (0)| 00:00:01 |
|*  2 |    INDEX UNIQUE SCAN | IX_TESTCLU |     1 |       |     1   (0)| 00:00:01 |
-----------------------------------------------------------------------
```

图 6-28 testb 执行计划

6.6.2 修改聚集

在创建好聚集后，可以根据需要对聚集的部分内容进行修改和重新设置，如数据块空间使用参数、平均聚集键大小、事务条目设置和存储参数等。要修改的聚集必须在用户方案中，或者用户拥有 ALTER ANY CLUSTER 系统权限。

使用 ALTER CLUSTER 命令可以修改聚集，其使用格式如下：

```
ALTER CLUSTER [用户方案.]<聚集>
[ PCTFREE n | PCTUSED n | INITRANS n | MAXTRANS n | …
| SIZE n
| TABLESPACE <表空间>
| { INDEX | HASHKEYS n [HASH IS <表达式>] }
] … ;
```

其中各个参数的使用与 CREATE CLUSTER 命令中的参数使用方法相同。

【例 6-27】 修改聚集 testclu，指定从范围中解除分配的未使用空间的数量，并指定保持的未使用空间数量为 100K。

```
ALTER CLUSTER testclu
    DEALLOCATE UNUSED KEEP 100K ;
```

6.6.3 删除聚集

使用 PL/SQL 语句删除聚集的语法格式如下：

```
DROP CLUSTER <聚集>
    [ INCLUDING TABLES [ CASCADE CONSTRAINTS ] ] ;
```

参数说明如下所示。

● "聚集"表示需要被删除的聚集名。

● INCLUDING TABLES 表示在删除聚集之前先删除聚集中的表，否则会出现 "ORA-00951: 簇非空"错误。

● CASCADE CONSTRAINTS 表示在删除聚集表时，表中的约束也一并被删除。

```
DROP TABLE SCOTT.testb;
DROP TABLE SCOTT.testa;
DROP CLUSTER SCOTT.testclu;
```

说明　如果聚集非空，将不能直接删除它，需要先删除聚集表才可以删除聚集。

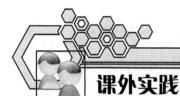

课外实践

【任务1】

根据需要，在 BookData 数据库中创建以下视图并完成基于视图的操作。

（1）创建出版社编号为"001"的图书信息的视图"vw_Book001"，结果要求如图 6-29 所示。

	图书编号	图书名称	作者	出版社编号	出版日期	价格
1	TP3/2737	Visual Basic.NET实用教程	佟伟光	001	2003-08-01...	18.00
2	TP3/2742	数据恢复技术	戴士剑、陈永红	001	2003-08-01...	39.00
3	TP312/146	C++程序设计与软件技术基础	梁普选	001	2004-07-01...	28.00
4	TP39/717	UML数据库设计应用	[美]Eric J.Naiburg等	001	2001-03-01...	30.00
5	TP39/719	SQL Server 2005实例教程	刘志成、陈承欢	001	2006-10-01...	34.00

图 6-29　视图"vw_Book001"

（2）在"vw_Book003"中查询包含"设计"字样的图书信息。

（3）创建存放地址为"03-03-01"的图书信息的视图"vw_Book030301"，要求显示条形码、图书编号、存放位置、图书状态、图书名称、出版社名称、作者和价格信息，结果要求如图 6-30 所示。

	条形码	图书编号	存放位置	图书状态	图书名称	作者	价格
1	128349	TP3/2741	03-03-01	借出	JSP程序设计案例教程	刘志成	27.00
2	128350	TP3/2741	03-03-01	借出	JSP程序设计案例教程	刘志成	27.00
3	128351	TP3/2741	03-03-01	借出	JSP程序设计案例教程	刘志成	27.00
4	128352	TP3/2741	03-03-01	遗失	JSP程序设计案例教程	刘志成	27.00
5	128353	TP39/711	03-03-01	借出	管理信息系统基础与开发	陈承欢、彭勇	23.00
6	128354	TP39/711	03-03-01	在藏	管理信息系统基础与开发	陈承欢、彭勇	23.00

图 6-30　视图"vw_Book030301"

（4）在"vw_Book030301"中查询已借出的图书信息。

（5）创建所有读者的借书信息的视图"vw_ReadersAll"，要求显示借书人、借书日期、还书日期、书名和还书状态，结果要求如图 6-31 所示。

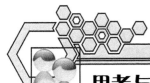

	借书人	借书日期	还书日期	书名	还书状态
1	王周应	2007-06-15...	2007-09-01	JSP程序设计案例教程	已还
2	王周应	2007-09-15...	NULL	JSP程序设计案例教程	未还
3	黄莉	2007-09-15...	NULL	JSP程序设计案例教程	未还
4	孟昭红	2007-10-24...	NULL	Visual Basic.NET进销存程序设计	未还
5	龙川玉	2007-09-15...	NULL	管理信息系统基础与开发	未还
6	谭海涛	2007-09-15...	2007-09-30	管理信息系统基础与开发	已还
7	阳杰	2007-09-15...	NULL	UML用户指南	未还
8	王周应	2007-09-15...	2007-09-30	UML数据库设计应用	已还
9	谢群	2007-06-24...	2007-09-24	UML数据库设计应用	已还
10	王周应	2007-09-15...	NULL	SQL Server 2005实例教程	未还

图 6-31 视图 "vw_vw_ReadersAll"

（6）在"vw_ReadersAll"中查询"王周应"的借书信息，并按借书日期升序排列。

【任务 2】

根据需要，在 BookData 数据库中创建以下索引并完成索引相关的操作。

（1）在 BookInfo 表中创建基于 b_Name 的唯一索引 ix_BookName。

（2）在 BookInfo 表中创建基于 b_Date 的非聚集索引 ix_BookDate。

（3）查看 BookInfo 表中的索引情况。

（4）在 ReaderInfo 表中创建基于 r_Name 的唯一索引 ix_ReaderName。

（5）查看 ReaderInfo 表中的索引情况。

思考与练习

一、填空题

1. 如果要定义只读的视图，可以在创建视图时使用_____关键字。

2. 删除视图的 PL/SQL 语句是_____。

3. 在使用 CREATE INDEX 创建索引时，使用_____关键字可以创建位图索引。

4. 聚集（Cluster）是存储表数据的可选择的方法。一个聚集是一组表，将具有同一公共列值的行存储在一起，并且它们经常一起使用。表中相关的列称为_____。

5. 在为表中某个列定义 PRIMARY KEY 约束 PK_____ID 后，则系统默认创建的索引名为_____。

6. 如果表中某列的基数比较低，则应该在该列上创建_____索引。

7. 如果要获知索引的使用情况，可以查询_____视图；而要获知索引的当前状态，可以查询_____视图。

二、选择题

1. 以下关于视图的描述中，错误的是_____。

A. 视图不是真实存在的基础表，而是一张虚拟表

B. 通过视图看到的数据是真正物理存储的数据

C. 在创建视图时，若其中某个目标列是聚合函数时，必须指明视图的全部列名

D. 一般情况下，不允许通过一条语句一次修改一个以上的视图对应的基表

2. 下列不属于视图的优点的是_____。

A. 视点集中　　　　　　　　　　B. 简化操作

C. 增强安全性　　　　　　　　　D. 数据物理独立

3. 下列关于索引的描述哪一项是不正确的？ ＿＿＿＿＿＿

A. 表是否具有索引不会影响到所使用的 SQL 的编写形式

B. 在为表创建索引后，所有的查询操作都会使用索引

C. 为表创建索引后，可以提高查询的执行速度

D. 在为表创建索引后，Oracle 优化器将根据具体情况决定是否采用索引

4. 查看下面的语句创建了哪一种索引？ ＿＿＿＿＿＿

```
CREATE INDEX test  index
ON student ( stuno, sname )
TABLESPACE users
STORAGE ( INITIAL 64k, next 32k );
```

A. 全局分区索引　　　　　　　　B. 位图索引

C. 复合索引　　　　　　　　　　D. 基于函数的索引

5. 下列关于约束与索引的说法中，哪一项是不正确的？ ＿＿＿＿＿＿

A. 在字段上定义 PRIMARY KEY 约束时会自动创建 B 树唯一索引

B. 在字段上定义 UNIQUE 约束时会自动创建一个 B 树唯一索引

C. 默认情况下，禁用约束会删除对应的索引，而激活约束会自动重建相应的索引

D. 定义 FOREIGN KEY 约束时会创建一个 B 树唯一索引

三、简答题

1. 举例说明使用视图有哪些优点。

2. 举例说明 B 树索引的基本组织结构。

3. 什么是聚集？简要说明使用聚集的一般步骤。

第 7 章
存储过程操作

本章将向读者介绍 PL/SQL 编程基础、使用 SQL Developer 和 PL/SQL 管理存储过程、管理函数、管理包等基本内容。本章的学习要点主要包括：

（1）存储过程概述；

（2）SQL Developer 创建、调用、查看、修改和删除存储过程；

（3）PL/SQL 创建、调用、查看、修改和删除存储过程；

（4）创建、调用和删除函数；

（5）定义包头、包体；

（6）包中定义函数和存储过程。

存储过程和函数都是 Oracle 数据库系统中用户预先定义的 PL/SQL 语句集合，经编译后存储在服务器上，它们在提高应用程序的运行效率和保护数据库的安全方面有显著效果。包则是包含已编译且保存在数据字典中的存储过程、函数和其他对象的集合。在应用程序中大量使用包，可以减少调用的时间，更利于模块化编程。本章内容在 Oracle 数据库系统管理与应用中的位置如图 7-1 所示。

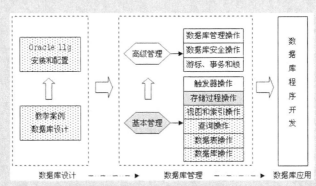

图 7-1　本章学习导航

7.1 课堂案例1——使用 PL/SQL 编程

【案例学习目标】掌握应用 PL/SQL 定义常量和变量、实现流程控制、常用系统函数的使用。

【案例知识要点】PL/SQL 常量操作、PL/SQL 实现顺序结构、PL/SQL 实现条件结构、PL/SQL 实现循环结构、常用系统函数。

【案例完成步骤】

7.1.1 变量和常量

1．常量

常量是指在程序运行期间其值不能改变的量。定义常量的语法格式为

```
<常量名> CONSTANT <数据类型> := <恒定值>;
```

需要注意的是，在定义常量的同时，必须为常量指定恒定值，而且常量一旦定义，其值将不能再被改变。

【例 7-1】 定义常量 PI（3.141 59）。

```
--设置打开控制台输出
SET SERVEROUTPUT ON
--声明一个变量或常量
DECLARE
    PI CONSTANT NUMBER(6,5) := 3.141 59;
BEGIN
--输出指定变量或常量的值
    DBMS_OUTPUT.PUT_LINE('PI =' || PI);
END;
```

其中，PUT_LINE 过程中使用的"||"用于连接输出内容的两部分。执行该 PL/SQL 块，将输出"PI = 3.141 59"。

PL/SQL 语句块既可以通过脚本文件的形式在 SQL Plus 中运行（参阅第 2 章），也可以在 SQL Developer 中运行。在 SQL Developer 中输入完 PL/SQL 语句后，单击工具栏上的 ![] 按钮或按 F5 键，执行 PL/SQL 语句块，【例 7-1】的运行结果如图 7-2 所示。

为了能够在 SQL Developer 中查看到 PL/SQL 语句块的输出结果，需要选择"DBMS Output"选项卡，单击 ![] 按钮，设置打开 DBMS 输出（相当于在 SQL Plus 中执行 SET SERVEROUTPUT ON 命令），如图 7-3 所示。

图 7-2 【例 7-1】运行结果   图 7-3 DBMS Output 选项卡

- SET SERVEROUTPUT ON 语句在 SQL Developer 中执行时被忽略。
- 本章后面的 PL/SQL 语句块将根据截图的需要在 SQL Developer 或 SQL Plus 中执行。

2．变量

变量是指由程序读取或赋值的存储单元，用于临时存储数据，变量中的数据可以随着程序

的运行而发生变化。每个变量都必须有一个特定的数据类型，可以是系统数据类型，也可以是自定义数据类型。

定义变量的语法格式为

```
<变量名> <数据类型> [:= <初始值>];
```

【例7-2】 编写计算圆面积的PL/SQL块。

```
SET SERVEROUTPUT ON
DECLARE
    PI CONSTANT NUMBER(6,5) := 3.141 59;
    --声明两个变量并赋初值
    v_radiu FLOAT := 2;
    v_area FLOAT;
BEGIN
    v_area := PI * v_radiu * v_radiu;
    DBMS_OUTPUT.PUT_LINE('Area =' || v_area);
END;
```

在上述PL/SQL块中定义了两个变量：v_radiu和v_area，其数据类型均为FLOAT，以实现根据圆半径求圆面积；"||"为连接运算符，实现将两个表达式连接在一起形成一个表达式以输出。执行该PL/SQL块将输出"Area = 12.566 36"。

7.1.2 流程控制语句

与高级语言类似，PL/SQL的基本逻辑控制结构也包括顺序结构、条件结构和循环结构。顺序结构的PL/SQL程序按照语句出现的先后次序依次执行，除非程序停止，否则每条PL/SQL语句都会被执行一次，而且仅被执行一次，如【例7-2】所示；条件结构能够根据特定的条件有选择地执行特定的PL/SQL语句；循环结构能够根据特定的条件多次重复执行特定的PL/SQL语句，条件结构和循环结构是PL/SQL程序控制结构的核心。

1．条件结构

条件结构用于根据检测条件有选择地执行操作。PL/SQL提供了两种用于实现条件结构的条件分支语句：IF结构和CASE结构。

（1）IF结构。PL/SQL为IF结构提供了3种条件分支语句：IF…THEN、IF…THEN…ELSE和IF…THEN…ELSIF，其语法结构如下所示：

```
IF 表达式1  THEN
    语句块1;
[ ELSIF 表达式2  THEN
    语句块2; ]
…
[ ELSIF 表达式n  THEN
    语句块n; ]
[ ELSE
    语句块n+1; ]
END IF;
```

【例7-3】 使用简单IF结构判断一个整数的奇偶性。

```
SET SERVEROUTPUT ON
DECLARE
    v_number INTEGER := 518;
BEGIN
    IF MOD(v_number, 2)=0  THEN
        DBMS_OUTPUT.PUT_LINE(v_number || ' 是一个偶数');
    ELSE
        DBMS_OUTPUT.PUT_LINE(v_number || ' 是一个奇数');
    END IF;
END;
```

执行该 PL/SQL 块，将输出"518 是一个偶数"。其中，MOD（m,n）为 Oracle 所提供的数学函数，用于获得整数 m 对整数 n 相除的余数。关于数学函数的使用请参阅本章 7.1.3 小节的内容。

【例 7-4】 使用复杂 IF 结构输出 3 个整数之中的最大者。

```
SET SERVEROUTPUT ON
DECLARE
    v_first INTEGER := 518;
    v_second INTEGER := 806;
    v_third INTEGER := 414;
    v_max INTEGER;
BEGIN
    IF v_first > v_second  THEN
        IF v_first > v_third  THEN
            v_max := v_first;
        ELSE
            v_max := v_third;
        END IF;
    ELSE
        IF v_second > v_third  THEN
            v_max := v_second;
        ELSE
            v_max := v_third;
        END IF;
    END IF;
    DBMS_OUTPUT.PUT_LINE('3 个整数之中的最大者是' || v_max);
END;
```

执行该 PL/SQL 块，将输出"3 个整数之中的最大者是 806"。

（2）CASE 结构。IF 结构在处理单重分支结构和嵌套分支结构时非常有效；但当处理多重分支时，IF 结构就会显得比较复杂，效率较低，此时，使用 CASE 结构比 IF 结构在语句上更为简洁，执行效率也更高。PL/SQL 中的 CASE 结构支持两种处理多重分支的方法：使用单一选择符进行等值比较和使用多种条件进行非等值比较。

● 使用单一选择符进行等值比较的 CASE 结构。

对于使用单一选择符进行等值比较的 CASE 结构，如果选择表达式的值与相应的匹配表达式的值相等，则执行对应的语句块；如果设置的所有匹配表达式的值都不与选择表达式的值相等，则执行 ELSE 后的语句块。该 CASE 结构的语法结构如下所示：

```
CASE 选择表达式
    WHEN  匹配表达式 1  THEN  语句块 1
    …
    WHEN  匹配表达式 n  THEN  语句块 n
    [ ELSE
            语句块 n+1; ]
END CASE;
```

【例 7-5】 使用根据单一选择符进行等值比较的 CASE 结构将百分制成绩转换为 5 分制成绩。

```
SET SERVEROUTPUT ON
DECLARE
    score FLOAT:=86;            --百分制成绩
    flag VARCHAR2(1);           --5 分制成绩
BEGIN
    IF score<0 OR score>100 THEN
        DBMS_OUTPUT.PUT_LINE('数据非法！');
        RETURN ;
    END IF;
    --使用单一选择符进行等值比较的 CASE 结构
```

```
    CASE TRUNC(score/10)
        WHEN 10 THEN flag:='A';
        WHEN 9  THEN flag:='A';
        WHEN 8  THEN flag:='B';
        WHEN 7  THEN flag:='C';
        WHEN 6  THEN flag:='D';
        ELSE         flag:='E';
    END CASE;
        DBMS_OUTPUT.PUT_LINE(score || ' : ' || flag);
END;
```

执行上述 PL/SQL 块，将输出 "86 : B"。其中 TRUNC 为 Oracle 提供的数学函数，请参阅本章 7.1.3 小节中的内容。

● 使用多种条件进行非等值比较的 CASE 结构。

使用单一选择符进行等值比较的 CASE 结构适合进行等值比较，如果包含多种条件进行非等值比较时，可以使用多种条件进行非等值比较的 CASE 结构。该 CASE 结构通过在 WHEN 子句中指定比较条件的逻辑表达式，根据该逻辑表达式的逻辑值 TRUE 或 FALSE 选择是否执行该分支语句块，其语法结构如下所示：

```
CASE
    WHEN  逻辑表达式1  THEN  语句块1
    …
    WHEN  逻辑表达式n  THEN  语句块n
    [ ELSE
        语句块n+1; ]
END CASE;
```

【例7-6】 使用根据多种条件进行非等值比较的 CASE 结构将百分制成绩转换为 5 分制成绩。

```
SET SERVEROUTPUT ON
DECLARE
    score FLOAT:=76;
    flag VARCHAR2(1);
BEGIN
    IF score<0 OR score>100 THEN
        DBMS_OUTPUT.PUT_LINE('数据非法! ');
        RETURN ;
    END IF;

    CASE
        WHEN score>=90 THEN flag:='A';
        WHEN score>=80 THEN flag:='B';
        WHEN score>=70 THEN flag:='C';
        WHEN score>=60 THEN flag:='D';
        ELSE                flag:='E';
    END CASE;

    DBMS_OUTPUT.PUT_LINE(score || ' : ' || flag);
END;
```

执行上述 PL/SQL 块，将输出 "76 : C"。

2．循环结构

循环结构能够重复执行 PL/SQL 块中的一条语句或一组语句，在 PL/SQL 中的循环结构包括 WHILE 循环、LOOP 循环和 FOR 循环 3 种类型。

（1）WHILE 循环。WHILE 循环根据表达式的逻辑值是否为 TRUE 来选择是否继续执行循环，执行流程图如图 7-4 所示，其语法结构如下所示：

```
WHILE 表达式 LOOP
    循环体;
END LOOP;
```

【例 7-7】 使用 WHILE 循环求 1~100 的所有正整数之和。

```
SET SERVEROUTPUT ON
DECLARE
    i INTEGER:=1;
    s INTEGER:=0;
BEGIN
    WHILE i<=100 LOOP
        s:=s+i;
        i:=i+1;
    END LOOP;
    DBMS_OUTPUT.PUT_LINE('1+2+...+100=' || s);
END;
```

对于该 WHILE 循环，只要表达式"i<=100"成立，循环就一直执行，直至"i>100"成立，循环才终止，并输出"1+2+…+100=5050"。

（2）LOOP 循环。与 WHILE 循环的先判断后执行不同，LOOP 循环至少执行一次，根据循环中设置的表达式的逻辑值是否为 FALSE 来选择是否继续执行循环。LOOP 循环的执行流程图如图 7-5 所示。

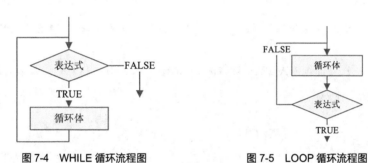

图 7-4 WHILE 循环流程图   图 7-5 LOOP 循环流程图

其语法结构如下所示：

```
LOOP
    循环体;
    EXIT WHEN 表达式;
END LOOP;
```

【例 7-8】 使用 LOOP 循环求 1~100 的所有正整数之和。

```
SET SERVEROUTPUT ON
DECLARE
    i INTEGER:=1;
    s INTEGER:=0;
BEGIN
    LOOP
        s:=s+i;
        i:=i+1;
        EXIT WHEN i>100;
    END LOOP;
    DBMS_OUTPUT.PUT_LINE('1+2+...+100=' || s);
END;
```

对于该 LOOP 循环，首先执行循环体，直至表达式"i>100"成立，循环才会终止，并输出"1+2+…+100=5 050"。

（3）FOR 循环。与 WHILE 和 LOOP 循环不同的是，使用 FOR 循环不需要显式声明循环控制变量的类型，而由 PL/SQL 隐式提供。FOR 循环是 3 种循环中最灵活的一种。在默认情况下，循环控制变量从下限值开始，每次循环结束后自动增加 1，直至超过上限值为止；若指定 REVERSE 参数，则循环控制变量从上限值开始，每次循环结束后自动减 1，直至低于下限值为止。不使用 REVERSE 参数和使用 REVERSE 参数的 FOR 循环的执行流程图分别如图 7-6 和图 7-7 所示，其语法结构如下所示：

```
FOR 循环控制变量 IN [ REVERSE ] 下限值 .. 上限值 LOOP
    循环体;
END LOOP;
```

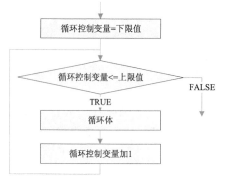

图 7-6　不使用 REVERSE 参数的 FOR 循环

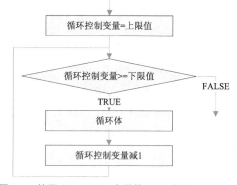

图 7-7　使用 REVERSE 参数的 FOR 循环

【例 7-9】　使用不带 REVERSE 参数的 FOR 循环求 1~100 的所有正整数之和。

```
SET SERVEROUTPUT ON
DECLARE
    s INTEGER:=0;
BEGIN
    FOR i IN 1..100 LOOP
        s:=s+i;
    END LOOP;
    DBMS_OUTPUT.PUT_LINE('1+2+...+100=' || s);
END;
```

对于该 FOR 循环，循环控制变量 i 首先从 1 开始增大，当 i 位于区间[1,100]之内时一直执行循环，直至 i 超出上限值 100 为止，然后输出"1+2+…+100=5 050"。

【例 7-10】　使用带 REVERSE 参数的 FOR 循环求 1~100 的所有正整数之和。

```
SET SERVEROUTPUT ON
DECLARE
    s INTEGER:=0;
BEGIN
    FOR i IN REVERSE 1..100 LOOP
        s:=s+i;
    END LOOP;
    DBMS_OUTPUT.PUT_LINE('1+2+...+100=' || s);
END;
```

对于该 FOR 循环，循环控制变量 i 首先从 100 开始减小，当 i 位于区间[1,100]之内时一直执行循环，直至 i 低于下限值 1 为止，然后输出"1+2+…+100=5 050"。

3．跳转语句

PL/SQL 提供 GOTO 语句，以实现将执行流程跳转到标号指定处继续执行。其语法格式为

```
GOTO 标号;
```

其中，标号的声明必须符合标识符规则。声明标号的语法格式为

```
<<标号>>
```

【例 7-11】 借助于 GOTO 跳转语句输出 10 以内第一个能同时被 2 和 3 整除的正整数。

```
SET SERVEROUTPUT ON
DECLARE
    num INTEGER:=1;
BEGIN
    WHILE num<=10 LOOP
        IF MOD(num, 2)=0 AND MOD(num, 3)=0 THEN
            GOTO display;
        END IF;
        num := num + 1;
    END LOOP;
    <<display>>
    DBMS_OUTPUT.PUT_LINE(num);
END;
```

对于该 PL/SQL 块，当循环执行到 num 等于 6 时，跳转到标号 display 处继续执行，然后输出 "6"。

7.1.3 PL/SQL 常用系统函数

Oracle 提供了许多功能强大的系统函数，在 PL/SQL 编程中经常使用的函数主要有数学函数、字符串函数、日期函数、转换函数和统计函数。下面分别介绍一些常用的函数。

1．数学函数

数学函数的输入参数和返回值均为数值型，这些函数可以直接在 PL/SQL 块中使用，常用的数学函数见表 7-1。

表 7-1   常用的数学函数

编 号	函 数 声 明	作 用
1	ABS(m)	返回 m 的绝对值
2	CEIL(m)	返回大于或等于 m 的最小整数
3	FLOOR(m)	返回小于或等于 m 的最大整数
4	MOD(m,n)	返回两个整数 m 对 n 相除的余数，若 $n=0$，返回 m
5	POWER(m,n)	返回 m 的 n 次幂
6	EXP(m)	返回 e 的 m 次幂
7	ROUND($m[,n]$)	返回 m 四舍五入到小数点右侧 n 位的值，若省略 n，则四舍五入到整数位
8	SIGN(m)	返回 m 的符号 1（m 为正数）、−1（m 为负数）或 0（m 为零）
9	SQRT(m)	返回 m 的平方根，m 必须大于等于 0
10	TRUNC($m[,n]$)	返回 m 舍入到指定 n 位的值：若 $n>0$，截取到小数点右侧的 n 位处；若 $n<0$，截取到小数点左侧的 n 位处；若 $n=0$，截取到小数处
11	LOG(m,n)	返回以 m 为底的数值 n 的对数，m 必须是大于 0 且不等于 1 的正整数，n 为正整数
12	LN(m)	返回数值 n 的自然对数，n 大于 0
13	SIN(m)	返回弧度 m 的正弦值
14	COS(m)	返回弧度 m 的余弦值
15	TAN(m)	返回弧度 m 的正切值
16	ASIN(m)	返回 m 的反正弦值，m 必须满足 $m \geq -1$ 且 $m \leq 1$

编　号	函 数 声 明	作　　用
17	ACOS(m)	返回 m 的反余弦值，m 必须满足 $m \geqslant -1$ 且 $m \leqslant 1$
18	ATAN(m)	返回 m 的反正切值
19	SINH(m)	返回 m 的双曲正弦值
20	COSH(m)	返回 m 的双曲余弦值
21	TANH(m)	返回 m 的双曲正切值

【例 7-12】测试常用数学函数的用法。

```
SET SERVEROUTPUT ON
BEGIN
    DBMS_OUTPUT.PUT_LINE('-8 的绝对值为 ' || ABS(-8));
    DBMS_OUTPUT.PUT_LINE('8 的 3 次幂为 ' || POWER(8, 3));
    DBMS_OUTPUT.PUT_LINE('8 的平方根为 ' || SQRT(8));
    DBMS_OUTPUT.PUT_LINE('3.14159 四舍五入到小数点后 3 位为 ' ||
        ROUND(3.14159, 3));
    DBMS_OUTPUT.PUT_LINE('e = ' || EXP(1));
    DBMS_OUTPUT.PUT_LINE('大于或等于-32.5 的最小整数为 ' || CEIL(-32.5));
    DBMS_OUTPUT.PUT_LINE('小于或等于-32.5 的最大整数为 ' || FLOOR(-32.5));
END;
```

执行该 PL/SQL 块，运行结果如图 7-8 所示。

图 7-8 　【例 7-12】运行结果

2．字符串函数

字符串函数用于对字符串进行处理，这些函数也可以直接在 PL/SQL 中直接使用。常用的字符串函数见表 7-2。

表 7-2　　　　　　　　　　　　　常用的字符串函数

编号	函 数 声 明	作　　用
1	ASCII(c)	返回字符 c 的 ASCII 值
2	CHR(m)	将 ASCII 值 m 转换为字符
3	LENGTH(s)	返回 s 的长度，s 可以是字符串、数字或表达式
4	LOWER(s)	将字符串 s 的字符改变为小写
5	UPPER(s)	将字符串 s 的字符改变为大写
6	CONCAT($s1,s2$)	将字符串 $s2$ 连接在 $s1$ 的尾部，其作用与"||"相同
7	LPAD(s,len[,p])	在字符串 s 左侧填充 p 指定的字符串直到达到 len 指定的长度，若未指定 p，则默认填充空格

编 号	函 数 声 明	作　　用
8	RPAD(*s*,len[,*p*])	在字符串 *s* 右侧填充 p 指定的字符串直到达到 len 指定的长度,若未指定 p,则默认填充空格
9	LTRIM(*s*[,p])	从字符串 *s* 左侧开始删除 p 中出现的任何字符,直至出现 p 中没有字符为止
10	RTRIM(*s*[,p])	从字符串 *s* 右侧开始删除 p 中出现的任何字符,直至出现 p 中没有字符为止
11	TRIM(*c*,*s*)	将字符串 *s* 的左右两侧删除特定字符 c
12	REPLACE(*s*,*s*1,*s*2)	将字符串 *s* 中与 *s*1 相同的部分用 *s*2 替换
13	SUBS(*s*,start[,len])	删除字符串 s 中从 start 位置开始的 len 个字符,若未指定 len,则删除 *s* 中从 start 位置开始的所有字符
14	SUBSTR(*s*,start,len)	取字符串 s 中从 start 位置开始,长度为 len 的子串
15	INITCAP(*s*)	将每个字符串的首字母大写
16	SOUNDEX(*s*)	查找与字符串 *s* 发音相似的单词,该单词的首字母必须与 *s* 的首字母相同
17	INSTR(*s*,*s*1[,*m*[,*n*]])	返回字符串 *s*1 在字符串 *s* 中出现的位置,其中 *m* 为开始搜索位置,*n* 为 *s*1 出现的次数。若 *m*<0,则从尾部开始搜索;*n* 必须为正整数;*m* 和 *n* 的默认值均为 1
18	TRANSLATE(*s*,*s*1,*s*2)	将字符串 *s* 按照 *s*1 和 *s*2 的对应关系进行转换

【例 7-13】测试常用字符串函数的用法。

```
SET SERVEROUTPUT ON
BEGIN
    DBMS_OUTPUT.PUT_LINE('a 的 ACSCII 值为 ' || ASCII('a'));
    DBMS_OUTPUT.PUT_LINE('ACSCII 值 97 对应的字符为 ' || CHR(97));
    DBMS_OUTPUT.PUT_LINE('字符串"Hunan Railway"的长度为 ' || LENGTH('Hunan Railway'));
    DBMS_OUTPUT.PUT_LINE('将字符串"Hunan Railway"全部转换为大写形式为 ' || UPPER('Hunan
Railway'));
    DBMS_OUTPUT.PUT_LINE('将字符串"Hunan Railway"全部转换为小写形式为 ' || LOWER('Hunan
Railway'));
    END;
```

执行该 PL/SQL 块,运行结果如图 7-9 所示。

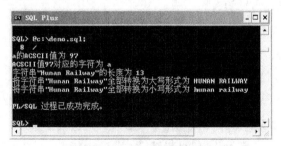

图 7-9　【例 7-13】运行结果

3.日期函数

日期函数用于处理 DATE 和 TIMESTAMP 数据类型的数据,这些函数同样可以直接在 PL/SQL 中直接使用。常用的日期函数见表 7-3。

表 7-3　　　　　　　　　　　　　常用的日期函数

编号	函 数 声 明	作　　　用
1	SYSDATE	返回当前系统的日期时间
2	SYSTIMESTAMP	返回当前系统的日期时间
3	CURRENT_DATE	返回当前会话时区所对应的日期时间
4	CURRENT_TIMESTAMP	返回当前会话时区所对应的日期时间
5	DBTIMEZONE	返回数据库所在时区
6	SESSIONTIMEZONE	返回当前会话所在时区
7	LAST_DAY(d)	返回包含日期 d 的月份的最后一天的日期
8	NEXT_DAY(d,f)	返回指定日期 d 后的第一个由 f 指定的工作日所对应的日期，f 可以是类似于"星期二"的形式
9	MONTHS_BETWEEN(d1,d2)	返回两个日期之间相差的月的数目
10	ROUND(d,f)	将日期按照指定的格式进行四舍五入，f 可以为 MM、DD 和 YYYY 等，若 f 指定为 YYYY，则 7 月 1 日为分界线；若 f 指定为 MM，则 16 日为分界线；若 f 指定为 DD，则中午 12:00 为分界线
11	ADD_MONTHS(d,n)	返回指定日期 d 之后（前）的 n 个月对应的日期，若 n>0 表示"之后"；若 n<0 表示"之前"
12	EXTRACT(f FROM d)	从指定日期 d 中获取指定格式 f 所要求的数据，f 可以为 MM、DD 和 YYYY 等
13	TO_CHAR(d)	将指定日期 d 转换为字符串
14	TO_DATE(s,f)	将字符串 s 按照 f 指定的格式转换为日期时间型数据，f 可以是类似于"YYYY-MM-DD"的形式
15	TO_TIMESTAMP(s,f)	将字符串 s 按照 f 指定的格式转换为日期时间型数据，f 可以是类似于"YYYY-MM-DD"的形式
16	NUMTODSINTERNAL(n,f)	将数值 n 转换为 f 格式所表示的 INTERVAL DAY TO SECOND 数据，f 可以是 DAY、HOUR、MINUTE 或 SECOND 等
17	NUMTOYMINTERNAL(n,f)	将数值 n 转换为 f 格式所表示的 INTERVAL DAY TO MONTH 数据，f 可以是 DAY、HOUR、MINUTE 或 SECOND 等
18	TRUNC(d[,f])	截断日期时间数据，若 f 为 YYYY，则结果为该年的 1 月 1 日；若 f 为 MM，则结果为该月 1 日

【例 7-14】测试常用日期函数的用法。

```
SET SERVEROUTPUT ON
BEGIN
    DBMS_OUTPUT.PUT_LINE('当前日期时间为 ' || SYSDATE);
    DBMS_OUTPUT.PUT_LINE('当前月份的最后一天的日期为 ' || LAST_DAY(SYSDATE));
    DBMS_OUTPUT.PUT_LINE('字符串对应日期 ' || TO_DATE('2007-5-24','YYYY-MM-DD'));
    DBMS_OUTPUT.PUT_LINE('两个日期相差的月份 ' || MONTHS_BETWEEN('14-4 月 -99',SYSDATE));
END;
```

当前日期为"06-10 月 -09"，执行该 PL/SQL 块，运行结果如图 7–10 所示。

图 7-10　【例 7-14】运行结果

4．转换函数

转换函数用于将数据从一种数据类型转换为另一种数据类型。在有些情况下，Oracle 会隐含地转换数据类型，在许多情况下，为了防止编译错误，需要使用转换函数显式地转换数据的数据类型。常用转换函数见表 7-4。

表 7-4　　　　　　　　　　　　常用的转换函数

编　号	函数声明	作　用
1	ASCIISTR(s)	将任意字符集的字符串转换为数据库字符集的 ASCII 字符串
2	HEXTOROW(s)	将十六进制字符串转换为 RAW 数据类型
3	RAWTOHEX(r)	将 RAW 数值 r 转换为十六进制字符串
4	CAST(s AS type)	将一个内置数据类型或集合类型数据 s 转换为另一种内置数据类型或集合类型 type
5	CHARTOROWID(s)	将字符串值转换为 ROWID 数据类型
6	COMPOSE(s)	将输入字符串转换为 Unicode 字符串值
7	DECOMPOSE(s)	分解字符串并返回相应的 Unicode 字符串
8	CONVERT(s，s1，s2)	将字符串 s 从一个字符集 s1 转换为另一种字符集 s2
9	TO_NUMBER(s[，f])	将符合特定数值格式的字符串 s 转换为指定格式 f 所要求的数值

【例 7-15】　测试常用转换函数的用法。

```
SET SERVEROUTPUT ON
BEGIN
    DBMS_OUTPUT.PUT_LINE('转换为数据库字符集的 ASCII 字符串为 ' || ASCIISTR('湖南铁道'));
    DBMS_OUTPUT.PUT_LINE('将当前日期转换为字符串类型数据为 ' || CAST(SYSDATE AS VARCHAR2));
    DBMS_OUTPUT.PUT_LINE('将字符串转换为 ROWID 数据类型为 ' || CHARTOROWID('AAAAFdl/#$'));
    DBMS_OUTPUT.PUT_LINE('字符集转换 ' || CONVERT('湖南铁道','US7ASCII','WE8ISO8859P1'));
END;
```

执行该 PL/SQL 块，运行结果如图 7-11 所示。

图 7-11　【例 7-15】运行结果

7.1.4　%TYPE 和%ROWTYPE 类型变量

在 Oracle 的 PL/SQL 程序中，除了可以使用 Oracle 规定的数据类型外，还可以使用%TYPE 和%ROWTYPE 来定义变量。%TYPE 类型的变量的数据类型由系统根据检索的数据列的数据类型决定。%ROWTYPE 类型的变量可以一次存储从数据表中检索的一行数据。

1．%TYPE 变量

为了让 PL/SQL 中变量的类型和数据表中的字段的数据类型一致，Oracle 9i 以后的版本提供了%TYPE 定义方法。这样当数据表的字段类型修改后，PL/SQL 程序中相应变量的类型也自动修改。在许多情况下，PL/SQL 变量可以用来存储在数据库表中的数据。在这种情况下，变量应该拥有与表列相同的类型。例如，Customers 表的 c_Name 列的类型为 VARCHAR2(30)，我们可以按照下述方式声明一个变量：

```
DECLARE
v_CName VARCHAR2(30);
```

但是如果 c_Name 列的定义改变了（例如表结构改变了，c_Name 现在的类型变为 VARCHAR2(25)），这样的话，就会导致所有使用这个列的 PL/SQL 代码都必须进行修改。如果你有很多的 PL/SQL 代码，这种处理可能是十分耗时和容易出错的。这时，可以使用"%TYPE"变量而不是强制指定变量类型。例如：

```
DECLARE
v_CName Customers. c_Name%TYPE;
```

通过使用%TYPE，v_CName 变量将同 Customers 表中 c_Name 列的类型相同（可以理解为将两者绑定起来）。每次匿名块或命名块运行该语句块以及编译存储对象（过程、函数、包、对象类和触发器）时，就会根据表中的 c_Name 列确定 v_Cname 变量的类型。因此说，使用%TYPE 是非常好的编程风格，因为它使得 PL/SQL 更加灵活，更加适应于对数据库定义的更新。

【例 7-16】 使用%TYPE 获取所查询商品的基本信息。

```
SET SERVEROUTPUT ON
DECLARE
  v_gId Goods.g_ID%TYPE;
  v_gName Goods.g_Name%TYPE;
  v_gPrice Goods.g_Price%TYPE;
  v_gNumber Goods.g_Number%TYPE;
BEGIN
  SELECT g_ID,g_Name,g_Price,g_Number
  INTO v_gId,v_gName, v_gPrice, v_gNumber
  FROM SCOTT.Goods
  WHERE g_ID='010003';
  dbms_output.put_line(v_gId || '/' || v_gName ||'/' || v_gPrice || '/'|| v_gNumber );
END;
```

执行该 PL/SQL 语句块，运行结果如图 7-12 所示。

图 7-12 【例 7-16】运行结果

● 如果不是以 SCOTT 的用户登录，则需要在表名前面加上用户方案的前缀，如 v_gId SCOTT.Goods.g_ID%TYPE。
● 为方便调试程序，使用同一个 SQL 文件 demo.sql 保存要执行的 PL/SQL 语句块，读者在实际使用时，可以将不同的 PL/SQL 语句块保存在不同的文件中。

2. %ROWTYPE 变量

与%TYPE 类型类似，也可以在不确定查询列的类型的情况下，使用%ROWTYPE 类型的变量存储查询的一行数据。例如，下列语句将定义一个记录，该记录中的字段将与 Goods 表中的列相对应。

```
DECLARE
v_GoodRecord Goods%ROWTYPE;
```

【例 7-17】 使用%ROWTYPE 获取查询的商品基本信息。

```
SET SERVEROUTPUT ON
DECLARE
  v_GoodRecord Goods%ROWTYPE;
BEGIN
  SELECT *
  INTO v_GoodRecord
  FROM SCOTT.Goods
  WHERE g_ID='010003';
  dbms_output.put_line(v_GoodRecord.g_ID );
  dbms_output.put_line(v_GoodRecord.g_Name );
  dbms_output.put_line(v_GoodRecord.g_Price );
  dbms_output.put_line(v_GoodRecord.g_Number );
END;
```

该程序中定义了一个%ROWTYPE 变量 v_GoodRecord，该变量的结构与 Goods 表中的一条记录的结构完全相同。因此，可以将查询到的一条记录的数据保存到该变量中。运行结果如图 7-13 所示。

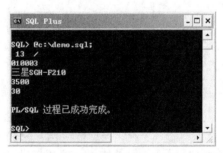

图 7-13 【例 7-17】运行结果

- 使用%TYPE 和%ROWTYPE 可以确保所定义的变量能够存储检索的数据。
- 数据表的列或数据表结构变化时，%TYPE 和%ROWTYPE 类型的变量可以自动进行调整。
- 使用%TYPE 和%ROWTYPE 的程序在执行过程中需要查看系统字典以确定变量，会对程序的性能产生一定的影响。

7.1.5 异常处理

为了提高应用程序的健壮性，开发人员必须考虑程序可能出现的各种错误，并进行相应的处理。在 Oracle 中，为了处理 PL/SQL 应用程序的各种错误，Oracle 提供了 3 种类型的异常。

（1）预定义异常：用于处理常见的 Oracle 错误。

（2）非预定义异常：用于处理预定义异常所不能处理的 Oracle 错误。

（3）自定义异常：用于处理与 Oracle 错误无关的其他情况。

异常处理部分是以关键字 EXCEPTION 开始的，其基本语法格式如下：

```
EXCEPTION
    WHEN 异常 1 THEN <异常 1 处理语句>
    WHEN 异常 2 THEN <异常 2 处理语句>
    WHEN OTHERS THEN  <其他异常处理语句>
END;
```

异常处理部分从关键字 EXCEPTION 开始，在异常处理部分使用 WHEN 字句捕捉各种异常，如果有其他未预定义到的异常，使用 WHENOTHERSTHEN 字句进行捕捉和处理。

1．处理预定义异常

预定义异常是 PL/SQL 所提供的系统异常。当 PL/SQL 应用程序违反了 Oralce 规则或系统限制时，则会隐含触发一个内部异常，常见系统预定义的异常见表 7–5。

表 7–5　　　　　　　　　　　　　　常见系统预定义异常

编号	异常名称	说明
1	Access_info_null（ora–06530）	访问没有初始化的对象
2	Case_not_found(ora–06592)	case 过程中 when 后面没有包含必要的条件分支并且没有 else 子句
3	Collection_is_null(06531)	访问未初始化的集合元素（嵌套表或者 varray）
4	Cursor_already_open(ora–06511)	重新打开已经打开的游标
5	Dup_val_on_index(ora–00001)	当在唯一索引所对应的列上键入重复值时
6	Invalid_cursor(ora–01001)	试图在不合法的游标上执行操作时，譬如没打开游标就提取内容
7	Invalid_number(ora–01722)	当试图将非法的字符串转换为数字类型时
8	No_data_found(ora–01403)	执行 SELECT INTO 未返回行，或者引用了索引表未初始化的元素时
9	Too_many_rows(ora–01422)	执行 select into 返回超过一行数据时
10	Zero_divide(ora–01476)	0 作为被除数时
11	Subscript_beyond_count(ora–06533)	使用嵌套表或者 varray 集合时，如果引用下标超过 last
12	Subscript_outside_limit(ora–06532)	使用嵌套表或 varray 集合时，如果引用下标小于 first
13	Value_error(ora–06502)	在执行赋值操作时，如果变量长度不足以容纳实际数据
14	Login_denied(ora–01017)	连接数据库时提供了不正确的用户名或口令
15	Not_logged_on(ora–01012)	在程序没有连接到 Oracle 数据库时执行 PL/SQL 代码则会触发
16	Program_error(ora–06501)	PL/SQL 内部问题
17	Rowtype_mismatch(ora–06504)	执行赋值操作时，如果宿主游标变量和 PL/SQL 游标变量返回类型不兼容时
18	Self_is_null(ora–30625)	使用对象类型时，如果在 NULL 实例上调用成员方法
19	Storage_error(ora–06500)	超出内存空间或者内存被损坏
20	Sys_invalid_rowid（ora–01410）	无效字符串企图转换为 rowid 类型时
21	Timeout_on_resource(ora–00051)	等待资源时出现超时错误

【例 7-18】　　对 Goods 表中插入的重复商品号进行异常处理（使用预定义异常）。

```
SET SERVEROUTPUT ON
BEGIN
```

```
    INSERT  INTO  SCOTT.Goods  VALUES('010001','诺基亚  6  700  Slide','01',1 500,0.9,20,to_date
('2009-06-01','yyyy-mm-dd'),'pImage/010001.gif','热点','彩屏',1 600 万色,TFT,240×320 像素,2.2 英寸
');
    EXCEPTION
    WHEN DUP_VAL_ON_INDEX THEN
    dbms_output.put_line('捕获到 DUP_VAL_ON_INDEX 异常');
    dbms_output.put_line('重复的商品编号');
    END;
```
运行结果如图 7-14 所示。

2．处理非预定义异常

如果一种特定的 Oracle 错误没有预定义的异常，但也需要异常处理程序，这就需要使用非预定义异常。使用非预定义异常需要包括以下 3 个步骤。

（1）在定义部分定义异常名。

（2）在异常和 Oracle 错误之间建立关联（需要使用伪过程 EXCEPTION_INIT）。

（3）在异常处理部分捕捉并处理异常。

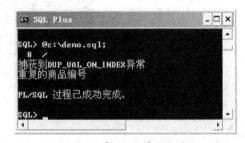

图 7-14　【例 7-18】运行结果

【例 7-19】　删除商品类别表，并处理 ORA-2292 错误（使用非预定义异常）。

```
SET SERVEROUTPUT ON
DECLARE
  e_FK EXCEPTION;                          --定义部分
  PRAGMA EXCEPTION_INIT(e_FK,-2292);       --建立关联关系
BEGIN
  DELETE SCOTT.Types
WHERE t_Name='通信商品';
EXCEPTION
  WHEN e_FK THEN                           --捕捉处理
    DBMS_OUTPUT.PUT_LINE('该类别已被使用');
END;
```
运行后将会显示“该类别已被使用”的信息。

对于如何确定非预定义的 Oracle 错误，可以通过运行单独 SQL 语句，测试其在程序块中可能会出现并需要处理哪些 Oracle 错误。

3．处理自定义异常

预定义异常和非预定义异常都与 Oracle 错误有关，并且当出现 Oracle 错误时会隐含触发相应异常；而自定义异常与 Oracle 错误没有任何关联，它是由开发人员为特定情况所定义的异常。使用自定义异常时，需要包括以下 3 个步骤。

（1）需要在定义部分（DECLARE）定义异常。

（2）在执行部分（BEGIN）触发异常（使用 RAISE 语句）。

（3）在异常处理部分（EXCEPTION）捕捉并处理异常。

【例 7-20】　编写更新用户表的程序，要求保证至少更新一条记录，否则显示“未更新任何行”的信息（使用自定义异常）。

```
DECLARE
  EX_My EXCEPTION;
BEGIN
  UPDATE Users
  SET u_Password='wangym0806'
  WHERE u_Name='wang';
  IF sql%notfound THEN
   RAISE EX_My;
```

```
    END IF;
EXCEPTION
WHEN EX_My THEN
    dbms_output.put_line('捕获到自定义异常');
    dbms_output.put_line('未更新任何行');
END;
```

运行结果如图 7-15 所示。

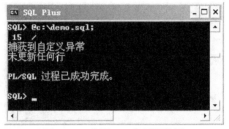

图 7-15　【例 7-20】运行结果

● 不能在同一个 PL/SQL 块中描述 EXCEPTION 两次，但是可以在两个不同的 PL/SQL 块中描述一个 EXCEPTION。

● 异常是有作用域的，子块的异常不能被当前块所捕捉。

7.2　存储过程概述

在 Oracle 中，可以在数据库中定义子程序，在子程序中将一些固定的操作集中起来，由 Oracle 数据库服务器完成，以完成某个特定的功能，这种子程序称为存储过程。存储过程存储在数据库内部的数据字典中，可以为不同的用户和应用程序所共享。创建好的存储过程经编译以后存储在数据库中，以后调用该存储过程时可以实现程序的优化和重用。使用存储过程具有如下的优点。

（1）存储过程在服务器端运行，执行速度快。

（2）存储过程执行一次后驻留在 Oracle 数据库服务器的高速 Cache 中，以后再次执行存储过程时，只需从高速 Cache 中调用已经编译好的代码即可，从而提高了系统性能。

（3）存储过程确保了数据库的安全。使用存储过程，可以在禁止用户直接访问应用程序中的某些数据表的情况下，授权执行访问这些数据表的存储过程。这样，对于没有获得访问数据表授权的用户将只能通过存储过程访问这些表，从而确保了这些数据表的访问安全性。

（4）自动完成需要预先执行的任务。存储过程可以设置为系统启动时自动执行，而不必在系统启动后再进行手动操作，从而方便了用户的使用，可以自动完成一些需要预先执行的任务。

7.3　课堂案例 2——使用 SQL Developer 管理存储过程

【案例学习目标】掌握在 SQL Developer 中创建存储过程、执行存储过程的方法。

【案例知识要点】SQL Developer 中创建存储过程、执行存储过程。

【案例完成步骤】

用户自定义存储过程只能定义在当前数据库中，Oracle 提供了 OEM（本章不作详细介绍）、SQL Developer 和 PL/SQL 语句 3 种方式创建存储过程。在默认情况下，用户创建的存储过程的所有者为当前登录用户，DBA 可以通过授权给予其他用户操作权限。

创建存储过程时，在存储过程内可以包含各种 PL/SQL 语句，但以下语句除外：

- CREATE VIEW
- CREATE DEFAULT
- CREATE RULE
- CREATE PROCEDURE

7.3.1 SQL Developer 创建存储过程

（1）在 SQL Developer 中右键单击 "Procedures"，从弹出的快捷菜单中选择 "New Procedure" 菜单项，如图 7-16 所示。

（2）在打开的 "Create PL/SQL Procedure" 对话框中，输入新建存储过程的名称 UP_NAMEBYID，单击 "+" 按钮添加参数，如图 7-17 所示。

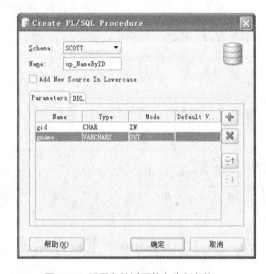

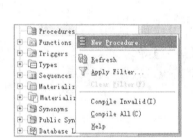

图 7-16 选择新建存储过程   图 7-17 设置存储过程的名称和参数

该存储过程的作用是根据用户输入的商品编号返回商品名称，其中 gid 是输入参数（IN），gname 是输出参数（OUT）。

（3）单击 "确定" 按钮，在 PL/SQL 编辑窗口中补充创建存储过程的 PL/SQL 代码，如下所示：

```
CREATE OR REPLACE
PROCEDURE UP_NAMEBYID
(
  gid IN CHAR,
  gname OUT VARCHAR2
)
AS
BEGIN
  SELECT  g_Name INTO gname
  FROM    SCOTT.GOODS
  WHERE   g_ID = gid;
END UP_NAMEBYID;
```

编辑完成后，保存 PL/SQL 代码，并单击编译图标，将该存储过程编译后存储在当前数据库中。

（4）编译成功后，单击运行图标 ，打开图7-18所示的"Run PL/SQL"对话框。在PL/SQL代码中填充输入参数GID的值为"010001"。

图7-18 调用存储过程

单击"确定"按钮，在"Running Log"窗体中将得到以下输出信息：

```
Connecting to the database Oracle11.
GNAME = 诺基亚 6500 Slide
Process exited.
Disconnecting from the database Oracle11.
```

其中的"GNAME = 诺基亚 6500 Slide"即为调用该存储过程所得到的运行结果。

- 本书中存储过程使用前缀 up（User Procedure）表示。
- 编写存储过程体的 PL/SQL 语句块时请遵循存储过程的一般规则。

7.3.2　SQL Developer 查看存储过程

在 SQL Developer 中，单击存储过程即可查看该存储过程的信息，如图7-19所示。

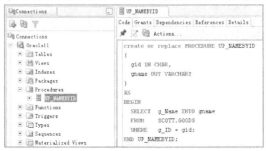

图7-19 查看存储过程

在存储过程的查看页面，可以了解到存储过程的名称、所属方案、状态、过程的代码块等信息。

7.3.3　SQL Developer 修改存储过程

（1）在 SQL Developer 中，右键单击"Procedures"选项中的存储过程"UP_NAMEBYID"，从快捷菜单中选择"Edit"项，如图7-20所示。

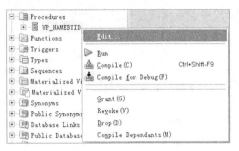

图 7-20　修改存储过程

（2）在打开的存储过程编辑窗口中，修改存储过程的定义 PL/SQL 语句，如下所示：

```
CREATE OR REPLACE
PROCEDURE UP_NAMEBYID
(
  gid   IN CHAR,
  gname OUT VARCHAR2
) AS
BEGIN
  SELECT 'Name : ' || g_Name INTO gname
  FROM    SCOTT.GOODS
  WHERE   g_ID = gid;
END UP_NAMEBYID;
```

（3）修改完成后，保存 PL/SQL 代码，并单击编译图标 ，将修改后的存储过程编译后存储到当前数据库中。

7.3.4　SQL Developer 删除存储过程

（1）在 SQL Developer 中，右键单击"Procedures"选项中的待删除存储过程，如"UP_NAMEBYID"，从快捷菜单中选择"Drop"项，如图 7-21 所示。

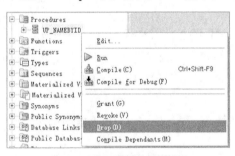

图 7-21　选择待删除存储过程

（2）在打开的"Drop"对话框中，在"Prompts"（提示）选项卡内显示了待删除存储过程的所有者和名称，并提示用户是否需要删除该存储过程，如图 7-22 所示。

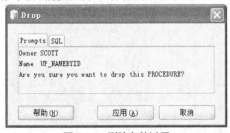

图 7-22　删除存储过程

（3）单击"应用"按钮，将删除存储过程并打开确认对话框，以提示用户该存储过程已经被删除。

7.4 课堂案例3——使用 PL/SQL 管理存储过程

【案例学习目标】学习使用 PL/SQL 语句创建存储过程、修改存储过程、编译存储过程和执行存储过程的方法。

【案例知识要点】使用 CREATE [OR REPLACE] PROCEDURE 创建和修改存储过程、使用 ALTER PROCEDURE 编译存储过程、执行存储过程的几种方法。

【案例完成步骤】

7.4.1 PL/SQL 创建和执行存储过程

1．创建存储过程

使用 PL/SQL 创建存储过程的基本语法格式为

```
CREATE [ OR REPLACE ] PROCEDURE [用户方案.]<存储过程名>
[ ( 参数1  参数模式 数据类型 [, … ] ) ]
IS | AS
[参数1 数据类型[, …]]
BEGIN
    PL/SQL 语句
END  [存储过程名];
```

参数说明如下所示。

● 存储过程名必须符合标识符定义规则。

● 参数模式指出参数的类型，有 3 种参数模式：IN(输入参数)、OUT(输出参数)、IN OUT (输入/输出参数)。

2．执行存储过程

使用 PL/SQL 执行存储过程的基本语法格式为

```
[DECLARE
    参数1 数据类型[, …] ]
BEGIN
    [ EXECUTE ]  [用户方案.]<存储过程名>[ ( 参数1 [, … ] ) ];
END;
```

【例 7-21】 创建简单存储过程，显示当前的系统时间。

（1）定义存储过程。

```
CREATE OR REPLACE PROCEDURE SCOTT.up_CurrentTime
AS
BEGIN
    DBMS_OUTPUT.PUT_LINE(SYSDATE);
END up_CurrentTime;
```

编辑创建存储过程的 PL/SQL 语句完成以后，按 F5 键或单击 Run Script 图标 以编译存储过程。

（2）执行存储过程。

```
BEGIN
    SCOTT. up_CurrentTime ();
END;
```

该存储过程执行后将会显示系统的时间为"05-10 月-09"。

也可以使用 EXEC（或 EXECUTE）关键字来执行存储过程，注意该语句不需要放在

BEGIN…END 块中。

```
EXEC SCOTT. up_CurrentTime ();
```

【例 7-22 】 通过存储过程添加用户记录。

（1）定义存储过程。

```
CREATE OR REPLACE PROCEDURE up_InsertUser
AS
BEGIN
  INSERT INTO SCOTT.Users VALUES('88','存储过程','普通','storeproc');
EXCEPTION
  WHEN DUP_VAL_ON_INDEX THEN
    DBMS_OUTPUT.PUT_LINE('重复用编号');
  WHEN OTHERS THEN
    DBMS_OUTPUT.PUT_LINE('发生其他错误');
END up_InsertUser;
```

（2）执行存储过程。

```
EXEC up_InsertUser;
```

（3）查询 Users 表。存储过程执行后，使用下列语句查看 User 表的记录情况，如图 7-23 所示。

```
SELECT * FROM USERS;
```

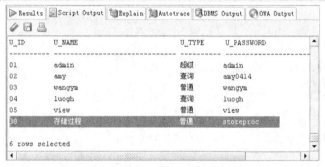

图 7-23　存储过程 up_InsertUser 执行结果

【例 7-23 】 创建存储过程，根据商品类别编号统计该类型所有商品的总数量（带 IN 参数）。

（1）定义存储过程。

```
CREATE OR REPLACE PROCEDURE up_CountByTid
(tid in VARCHAR2)
AS
  total NUMBER;
  BEGIN
    SELECT COUNT(*) INTO total FROM SCOTT.GOODS WHERE t_ID=tid;
    DBMS_OUTPUT.PUT_LINE(total);
  END;
```

在 SQL Developer 中的 SQL 编辑器中输入以上 PL/SQL 语句块后，按 F5 键编译存储过程。

（2）执行存储过程。

```
BEGIN
  --up_CountByTid('01');
  up_CountByTid(tid=>'01');
END;
```

参数说明如下所示。

● up_CountByTid('01')：位置表示法传递参数。

● up_CountByTid(tid=>'01')：名称表示法传递参数。

存储过程执行后，将会统计出类别编号为 "01" 的商品的总数为 8。

【例 7-24 】 创建存储过程，根据商品类别编号统计该类型所有商品的总数量，默认情况下统计类别编号为"02"的商品的总数量（带默认值的 IN 参数）。

（1）定义存储过程。

```
CREATE OR REPLACE PROCEDURE up_CountByTid
(tid in VARCHAR2 DEFAULT '02')
AS
  total NUMBER;
  BEGIN
    SELECT COUNT(*) INTO total FROM SCOTT.GOODS WHERE t_ID=tid;
    DBMS_OUTPUT.PUT_LINE(total);
  END;
```

在 SQL Developer 中的 SQL 编辑器中输入以上 PL/SQL 语句块后，按 F5 键编译存储过程。

（2）执行存储过程。

```
BEGIN
  --up_CountByTid('01');
  up_CountByTid();
END;
```

【例 7-25】 创建存储过程，根据商品的编号获得商品的名称和类别编号（带 IN 和 OUT 参数）。

（1）定义存储过程。

```
CREATE OR REPLACE PROCEDURE up_GetByID(gid in VARCHAR2,gname out GOODS.g_Name%TYPE,tid out
GOODS.t_ID%TYPE)
  AS
  BEGIN
    SELECT g_Name,t_ID INTO gname,tid
    FROM SCOTT.Goods
    WHERE g_ID=gid;
  EXCEPTION
    WHEN NO_DATA_FOUND THEN
    gname:=null;
    tid:=null;
END up_GetByID;
```

在 SQL Developer 中的 SQL 编辑器中输入以上 PL/SQL 语句块后，按 F5 键编译存储过程。

（2）执行存储过程。

```
--调用带输出参数的存储过程
variable v_name varchar2(50);
variable v_id varchar2(2);
exec up_GetByID('020001',:v_name,:v_id);
print v_name;
print v_id;
```

运行结果如图 7-24 所示。

【例 7-26】 编写存储过程实现两个数交换，并编写 PL/SQL 代码调用该存储过程（带 INOUT 参数）。

（1）定义存储过程。

```
CREATE OR REPLACE PROCEDURE up_Swap(num1 in out number,num2 in out number)
IS
temp number;
BEGIN
  temp:=num1;
  num1:=num2;
  num2:=temp;
END;
```

（2）执行存储过程。

```
--调用带 INOUT 参数的存储过程
SET SERVEROUTPUT ON
DECLARE
```

```
    nMax number:=20;
    nMin number:=28;
BEGIN
    IF nMax<nMin THEN
        up_swap(nMax,nMin);
    END IF;
    DBMS_OUTPUT.PUT_LINE('nMax:'||nMax);
    DBMS_OUTPUT.PUT_LINE('nMin:'||nMin);
END;
```

运行结果如图 7-25 所示。

图 7-24　存储过程 up_GetByID 执行结果

图 7-25　存储过程 up_Swap 执行结果

7.4.2　PL/SQL 查看存储过程

Oracle 的 PL/SQL 语句提供了 DESCRIBE 命令查看存储过程的信息，其基本语法格式为

```
DESC[RIBE]  [用户方案.]<存储过程名>;
```

【例 7-27】查看用户方案 SCOTT 的存储过程 up_GetByID 的信息。

```
DESC  SCOTT.up_GetByID;
```

运行结果如图 7-26 所示。

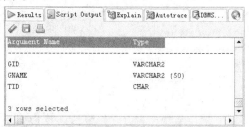

图 7-26　查看存储过程 up_GetByID 信息

7.4.3　PL/SQL 修改存储过程

修改存储过程和修改视图类似，虽然 Oracle 也提供 ALTER PROCEDURE 命令，但它只用于重新编译或者验证现有存储过程。如果需要修改存储过程的定义，请使用 CREATE OR REPLACE PROCEDURE 命令。

7.4.4　PL/SQL 删除存储过程

当存储过程不再需要时，就应该将其从 Oracle 数据库中删除，以释放它所占用的内存资源。Oracle 的 PL/SQL 语句提供了 DROP PROCEDURE 命令来删除存储过程，其基本语法格式为

```
DROP PROCEDURE [用户方案.]存储过程名;
```

【例 7-28】删除用户方案 SCOTT 的存储过程 up_CurrentTime。

```
DROP PROCEDURE SCOTT. up_CurrentTime;
```

该语句执行后将会删除指定的存储过程 up_CurrentTime。

7.5 课堂案例 4——管理函数

【**案例学习目标**】学习在 SQL Developer 和 PL/SQL 中创建函数、调用函数、删除函数的方法。

【**案例知识要点**】SQL Developer 中创建函数、SQL Developer 删除函数、PL/SQL 创建函数、PL/SQL 调用函数、PL/SQL 删除函数。

【**案例完成步骤**】

函数（Function）与存储过程类似，也是组成一个子程序的一组 PL/SQL 语句。不同的是，函数接受 0 个或多个输入参数，并返回一个值，返回值的数据类型在创建函数时定义。

在 Oracle 11g 中管理函数，可以通过 SQL Developer 工具、OEM 管理界面或 PL/SQL 语句来实现。本节将主要介绍使用 SQL Developer 和 PL/SQL 语句管理函数的方法。

7.5.1 创建函数

1. 使用 SQL Developer 创建函数

（1）在 SQL Developer 中右键单击 "Functions" 选项，从快捷菜单中选择 "New Function" 项，将开始创建函数，如图 7-27 所示。

（2）在打开的 "Create PL/SQL Function" 对话框内，指定用户方案为 SCOTT，设置函数名称为 fn_CountTypes，创建一个统计商品种类的函数，如图 7-28 所示。

（3）单击 "确定" 按钮，开始编辑函数的定义，以实现统计商品种类的函数。补充后的函数定义代码如下所示：

```
CREATE OR REPLACE FUNCTION fn_CountTypes
RETURN NUMBER
AS
COUNTER NUMBER;
BEGIN
    SELECT      COUNT (t_ID) INTO COUNTER
    FROM        SCOTT.GOODS;
    RETURN      COUNTER;
END fn_CountTypes;
```

图 7-27 选择新建函数

图 7-28 设置函数的名称

（4）展开 "Functions" 选项，右键单击函数 "fn_CountTypes"，从快捷菜单中选择 "Run" 项，打开运行函数对话框，如图 7-29 所示。

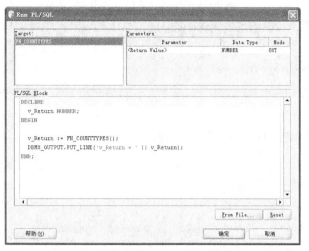

图 7-29 运行函数

（5）单击"确定"按钮，开始运行函数，运行结果如图 7-30 所示。

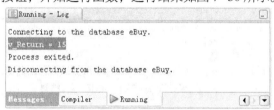

图 7-30 函数 fn_CountTypes 运行结果

2．使用 PL/SQL 命令创建函数

使用 PL/SQL 中的 CREATE FUNCTION 语句可以创建函数，其基本语法格式如下：

```
CREATE [ OR REPLACE ] FUNCTION [用户方案.]<函数名>
[ ( 参数 1 参数模式 数据类型 [, … ] ) ]
RETURN 数据类型
IS | AS
[参数 1 数据类型[, …]]
BEGIN
    PL/SQL 语句
END [函数名];
```

其中，各个参数的含义与 CREATE PROCEDURE 中的参数含义相同。

【例 7-29】 在用户方案 SCOTT 中创建函数 fn_TOTALVALUE，它根据客户编号查询该客户的订单总金额。

创建函数的 PL/SQL 语句如下：

```
CREATE OR REPLACE FUNCTION SCOTT.fn_TOTALVALUE
(cid  SCOTT.ORDERS.c_ID%TYPE)
RETURN    NUMBER
AS
    T_VALUE      NUMBER;
BEGIN
    SELECT SUM(d_Price *d_Number)  INTO  T_VALUE
    FROM    SCOTT.ORDERDETAILS OD
    JOIN    SCOTT.ORDERS O
    ON      OD.o_ID = O.o_ID
    WHERE   c_ID = cid;
    RETURN T_VALUE;
```

```
END fn_TOTALVALUE;
```

函数创建成功后，可以编写调用该函数的 PL/SQL 语句块（请参阅本章第 7.5.2 小节）。

7.5.2 调用函数

创建函数成功后，需要进行调用，以测试和实现函数特定的功能。调用函数的方法与执行存储过程类似。

【例 7-30】 调用用户方案 SCOTT 中的函数 fn_TOTALVALUE，计算客户编号为"C0001"的订单总额。

```
DECLARE
  cid SCOTT.ORDERS.c_ID%TYPE;
  BEGIN
    cid:='C0001';
    DBMS_OUTPUT.PUT_LINE(cid || ' : ' || SCOTT.fn_TOTALVALUE(cid));
  END;
```

函数执行结果如图 7-31 所示。

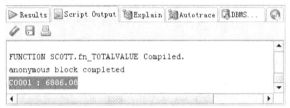

图 7-31 函数 fn_TOTALVALUE 运行结果

7.5.3 删除函数

在 Oracle 11g 中删除不再需要的函数时，可以通过 SQL Developer 工具或 PL/SQL 语句来实现。

1. 使用 SQL Developer 删除函数

（1）在 SQL Developer 中右键单击"Functions"选项，从快捷菜单中选择"Drop"项，将会删除选定的函数，如图 7-32 所示。

（2）在打开的"Drop"对话框中，显示了待删除函数的信息，如函数所属的用户方案和名称等，如图 7-33 所示。

图 7-32 选择删除函数

图 7-33 删除函数

（3）单击"应用"按钮，开始删除函数。删除成功后，显示确认删除对话框，如图 7-34 所示，提示用户函数已经被删除。

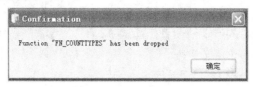

图 7-34　确认删除函数

2．使用 PL/SQL 命令删除函数

使用 PL/SQL 中的 DROP FUNCTION 语句也可以删除函数，其基本语法格式如下所示：

```
DROP FUNCTION <函数名>;
```

【例 7-31】删除用户方案 SCOTT 中的函数 fn_CountTypes。

```
DROP FUNCTION fn_CountTypes;
```

- 函数必须有返回值，而过程可以没有。
- 函数可以作为表达式的一部分，但不能作为一个完整的语句使用。

7.6　课堂案例 5——应用包

【**案例学习目标**】学习 SQL Developer 和 PL/SQL 定义包头、定义包体和使用包的方法。

【**案例知识要点**】SQL Developer 定义包头、SQL Developer 定义包体、PL/SQL 定义包头、PL/SQL 定义包体和使用包 。

【**案例完成步骤**】

包（Package）可将一些有联系的对象放置在其内部，构成一个逻辑分组，这些对象包括存储过程、函数、游标、自定义的类型（例如 PL/SQL 表和记录）和变量等。与存储过程和函数相比，包仅能存储在非本地的数据库中；除了允许相关的对象组合为包之外，包与依赖性较强的存储过程相比所受到的限制较少；而且，包的效率比较高。

实际上，包相当于一个命名的声明部分，任何能在块定义部分出现的对象都可以在包中出现，用户可以从其他 PL/SQL 块中对包进行引用，因此，包为 PL/SQL 提供了全局变量。

包拥有两个独立的部分：包头和包体，它们都存储在数据字典中。定义一个包，要分别定义包头和包体。

包与存储过程和函数的一个显著区别是包仅能存储在非本地的数据库中。可以将存储过程和函数定义在包中，包被保存在高速缓存中，这样体现了模块化编程的特点，使得应用系统的开发更为灵活，运行效率更高。

存储过程和函数被加入到包中时，存储过程和函数的声明放在包头部分，而执行代码则放在包体部分。

7.6.1　定义包

1．定义包头

存储过程或函数必须在包头中预定义。也就是说，在包头中仅定义存储过程名、函数名或其他对象名以及它们的参数。存储过程或函数的执行代码将在包体中定义。这不同于在匿名块中定义存储过程和函数。

Oracle 提供了 3 种方式来定义包头：使用 OEM 定义包头、使用 SQL Developer 定义包头和使用 PL/SQL 定义包头。使用 OEM 定义包头的方式请读者自行学习。

（1）使用 SQL Developer 定义包头。

① 在 SQL Developer 中右键单击 "Packages" 选项，从快捷菜单中选择 "New Package" 项，如图 7-35 所示。

② 在打开的 "Create PL/SQL Package" 对话框中，输入包的名称（如 pkg_Goods），如图 7-36 所示。

③ 单击 "确定" 按钮，开始编写包头定义部分，如图 7-37 所示。

图 7-35　选择新建包

图 7-36　设置包的名称

图 7-37　pkg_Goods 包的包头定义

（2）使用 PL/SQL 定义包头。

Oracle 的 PL/SQL 语句提供了 CREATE PACKAGE 命令来定义包头，其基本语法格式为

```
CREATE [OR REPLACE] PACKAGE [用户方案.]包名
IS | AS
包头描述;
```

参数说明如下所示。

● 用户方案：指定将要创建的包所属的用户方案。

● 包名：将要创建的包的名称，它必须符合 PL/SQL 的标识符命名规则。

● 包头描述：可以是变量、常量及数据类型定义和游标定义，也可以是存储过程、函数定义和参数列表返回类型。

【例 7-32】　创建包 pkg_DisplayGoods，包括一个存储过程和一个函数，其中存储过程实现根据商品编号查询商品名称、类别名称和商品价格的功能，函数实现根据商品类别编号返回该类别商品的总库存量的功能。

定义包头部分的 PL/SQL 语句如下所示：

```
CREATE OR REPLACE PACKAGE pkg_DisplayGoods
IS
--声明存储过程
    PROCEDURE up_GetGoods
    (
        gid SCOTT.Goods.g_ID%TYPE,
    gname OUT SCOTT.Goods.g_NAME%TYPE,
    tname OUT SCOTT.Types.t_ID%TYPE,
    gprice    OUT SCOTT.Goods.g_Price%TYPE
    );
--声明函数
```

```
       FUNCTION  fn_SumByTID
       (tid SCOTT.Goods.t_ID%TYPE )
       RETURN  NUMBER;
END pkg_DisplayGoods;
```

2．定义包体

包体是一个数据字典对象，它只包含在包头中已经预定义的子程序的代码。只有在包头成功编译后，包体才能被编译。在包头中定义（不是预定义）的对象可以直接在包体中使用，不必再在包体中定义。Oracle 同样提供了两种方式来定义包体：使用 SQL Developer 定义包体和使用 PL/SQL 定义包体。

（1）使用 SQL Developer 定义包体。

① 在 SQL Developer 的"Package"选项中右键单击已经定义包头的"pkg_Goods"选项，从快捷菜单中选择"Create Body"项，如图 7-38 所示。

② 开始编写包体定义部分，如图 7-39 所示。

（2）使用 PL/SQL 定义包体。

Oracle 的 PL/SQL 提供了 CREATE PACKAGE BODY 命令来定义包体，其基本语法格式为

```
CREATE [OR REPLACE] PACKAGE BODY [用户方案.]包名
IS | AS
      包体描述;
```

参数说明如下。

● 用户方案：指定将要创建的包所属的用户方案。

● 包名：将要创建的包的名称，必须符合 PL/SQL 的标识符命名规则，该名称可以和包头所在的包名相同，也可以不相同。

图 7-38　选择定义包体

图 7-39　pkg_Goods 包的包体定义

● 包体描述：游标、存储过程或者函数的定义。

● 包体是可选的，如果在包头中没有声明任何存储过程或者函数，则该包体就不存在，即使在包头中有变量、游标或者类型的声明也不例外。

【例 7-33】　实现包 pkg_DisplayGoods 中存储过程和函数的功能。

```
CREATE OR REPLACE PACKAGE BODY pkg_DisplayGoods
AS
    --存储过程的执行部分
    PROCEDURE up_GetGoods
    (
      gidSCOTT.Goods.g_ID%TYPE,
      gname    OUT  SCOTT.Goods.g_NAME%TYPE,
      tname    OUT  SCOTT.Types.t_ID%TYPE,
      gprice   OUT  SCOTT.Goods.g_Price%TYPE
```

```
        )
        AS
        BEGIN
          SELECT  g_Name, t_Name, g_Price
          INTO    gname, tname, gprice
          FROM    SCOTT.Goods G
          JOIN    SCOTT.Types T
          ON G.t_ID = T.t_ID
          WHERE   G.g_ID = gid;
        END up_GetGoods;
  --函数的执行部分
        FUNCTION  fn_SumByTID
          (tid SCOTT.Goods.t_ID%TYPE  )
        RETURN  NUMBER
        IS
        total NUMBER;
        BEGIN
        SELECT    SUM(g_Number) INTO  total
        FROM  Goods
        WHERE t_ID = tid;
        RETURN  total;
  END fn_SumByTID;
  END pkg_DisplayGoods;
```

7.6.2　使用包

1．包的初始化

当第一次调用打包子程序时，该包将进行初始化，即将该包从辅存中读入内存，并启动调用的子程序的编译代码，这时，系统为该包中定义的所有变量分配内存单元。每个会话都有其打包变量的副本，以确保执行同一包的子程序的两个对话框时使用不同的内存单元。

2．引用包中对象

在包中定义的任何对象既可以在包内使用，也可以在包外使用。在外部引用包中对象时，可以通过使用包名作为前缀对其进行引用，其语法格式如下：

```
BEGIN
    [用户方案.][包名.]对象名;
END;
```

在包内使用属于同一个包的对象时，可以省略包名的前缀部分。

【例 7-34】　调用包 pkg_DisplayGoods 中的存储过程和函数，查询商品编号为"200708011430"的商品信息和统计商品类别编号为"01"的商品总数量。

通过以下代码可以调用包 PKG_DISPLAYPRODUCT 中的存储过程和函数。

```
DECLARE
    gid SCOTT.Goods.g_ID%TYPE,
    gname   OUT SCOTT.Goods.g_NAME%TYPE,
    tname   OUT  SCOTT.Types.t_ID%TYPE,
    gprice  OUT  SCOTT.Goods.g_Price%TYPE,
    tid SCOTT.Goods.t_ID%TYPE,
    total     NUMBER;
BEGIN
    gid:= '200708011430';
    tid:= '01';
    SCOTT.pkg_DisplayGoods.up_GetGoods (gid,gname,tname,gprice);
    total:= SCOTT.pkg_DisplayGoods.fn_SumByTID(tid);
    DBMS_OUTPUT.PUT_LINE('商品信息一览');
    DBMS_OUTPUT.PUT_LINE('----------------------------------------------------------');
    DBMS_OUTPUT.PUT_LINE('商品编号: ' || gid);
    DBMS_OUTPUT.PUT_LINE('商品名称: ' || gname);
```

```
      DBMS_OUTPUT.PUT_LINE('类别名称: ' || tname);
      DBMS_OUTPUT.PUT_LINE('商品价格: ' || gprice);
      DBMS_OUTPUT.PUT_LINE('类别为 01 的商品总数量: ' || total);
      DBMS_OUTPUT.PUT_LINE('--------------------------------------------');
END;
```

7.6.3 Oracle 11g 的内置包

Oracle 11g 提供了很多具有特定功能的内置包，这些常用的包见表 7-6。

表 7-6   常用的内置包

编　号	包　名　称	作　用
1	DBMS_ALERT 包	用于数据库报警，允许会话间通信
2	DBMS_JOB 包	用于任务调用服务
3	DBMS_LOB 包	用于大型对象操作
4	DBMS_PIPE 包	用于数据库管道，允许会话间通信
5	DBMS_SQL 包	用于执行动态 SQL
6	UTL_FILE 包	用于文本文件的输入与输出

除了 UTL_FILE 包既存储在 Oracle 服务器中又存储在客户端以外，其他所有的 DBMS 包都存储在 Oracle 服务器中。

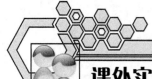

课外实践

【任务 1】

编写 PL/SQL 语句块，使用 IF 语句求出三个数中最大的数。

【任务 2】

编写 PL/SQL 语句块，使用 LOOP 和 FOR-IN-LOOP-END LOOP 循环计算 1+3+5+…+99 的值。

【任务 3】

创建存储过程 up_Borrow，要求该存储过程返回未还图书的借阅信息，包括借书人、借书日期、图书名称和图书作者。

【任务 4】

执行任务 3 所创建的存储过程 up_Borrow，查询所有未还图书的详细信息。

【任务 5】

创建存储过程 up_ Borrow ByID，要求该存储过程能够根据输入的读者号返回该读者的所有借阅信息，包括借书日期、还书日期、图书名称和图书作者。

【任务 6】

执行任务 5 所创建的存储过程 up_ Borrow ByID，查询读者号为"0016584"的读者的借阅信息。

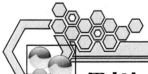

思考与练习

一、填空题

1. 在 Oracle 的 PL/SQL 程序中，除了可以使用 Oracle 规定的数据类型外，还可以使用_____类型的变量，由系统根据检索的数据表列的数据类型决定该变量的类型，也可以使用_____类型的变量用来一次存储从数据表中检索的一行数据。

2. _____函数可以获得当前系统的日期，_____函数可以实现从指定的字符串中取指定长度的字符串。

3. 用来编译存储过程的 PL/SQL 语句是_____，_____语句可以用来创建函数。

二、选择题

1. 下面关于存储过程的描述不正确的是_____。

A. 存储过程实际上是一组 PL/SQL 语句

B. 存储过程预先被编译存放在服务器的系统表中

C. 存储过程独立于数据库而存在

D. 存储过程可以完成某一特定的业务逻辑

2. 下面的函数不能进行数据类型转换的是_____。

A. CONVERT   B. TO_NUMBER

C. CAST   D. LTRIM

3. 下列哪个语句可以在 SQL Plus 中直接调用一个过程？_____

A. RETURN   B. CALL

C. SET   D. EXEC

4. 下面哪些不是过程中参数的有效模式？_____

A. IN   B. IN OUT

C. OUT IN   D. OUT

5. 如果创建了一个句为 PKG_USER 的程序包，并在程序包中包含了名为 test 的过程。下列哪一个是对这个过程的合法调用？_____

A. test（10）   B. PKG_USER.test（10）

C. test. PKG_USER（10）   D. test（10）. PKG_USER

6. 可以引用下列哪个数据字典视图来查看软件包中包含的代码？_____

A. USER　OBJECTS   B. USER　PACKAGE　TEXT

C. USER　SOURCE   D. USER　TEXT

三、简答题

1. 简述过程和函数的区别。

2. 举例说明调用过程时传递参数值的 3 种方法。

3. 简述如何处理用户自定义异常。

## PART 8

第 8 章
游标、事务和锁

【学习目标】

本章将向读者介绍游标的基本概念、Oracle 中使用游标、Oracle 中的事务处理和 Oracle 中的锁等基本内容。本章的学习要点主要包括：

（1）声明游标、打开游标、提取游标数据和关闭游标；

（2）循环处理游标；

（3）游标的更新；

（4）存储过程使用游标返回结果集；

（5）提交事务、回滚事务和设置保存点；

（6）锁的功能及其类型。

【学习导航】

游标作为处理结果集中一条数据记录的机制，对于逐行处理数据记录来说是非常方便的。通过使用游标，既可以实现逐行查询数据记录功能，也可以实现逐行更新数据记录功能。事务和锁为维护数据的完整性、一致性和并发性提供了一种特殊的处理机制。本章内容在 Oracle 数据库系统管理与应用中的位置如图 8-1 所示。

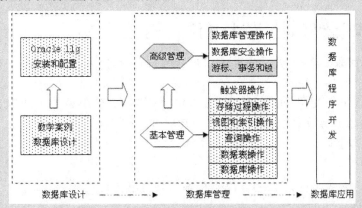

图 8-1　本章学习导航

8.1 游标

在 PL/SQL 中，可以通过使用查询语句给变量赋值，但要注意确保该查询语句的返回结果集中含有一条数据记录，否则将会引发错误。对于每次处理结果集中一行的方法，PL/SQL 提供了游标的机制。

8.1.1 游标的概念

游标（Cursor）是 Oracle 系统在内存中开辟的一块工作区，在该工作区中存放查询语句返回的结果集。这样的结果集可以包含零条数据记录、一条数据记录，也可以是多条数据记录。在定义游标所在的工作区中存在一个指针，在初始状态下，游标指针指向查询结果集的第一条数据记录的位置。当执行 FETCH 语句提取数据记录后，游标指针将向下移动一个数据记录的位置。

Oracle 中的游标分为显式游标和隐式游标。当查询返回的结果集超过一条数据记录时，就需要一个显式游标，此时用户不能使用 SELECT INTO 语句。显式游标在 PL/SQL 块的声明部分声明，在执行部分或异常处理部分打开、提取和关闭。PL/SQL 管理隐式游标，当查询开始时隐式游标打开，查询结束时隐式游标自动关闭。

游标通过以下方式扩展结果处理。

● 从结果集的当前位置检索一行数据记录。
● 支持对结果集的当前数据记录进行数据更新。

PL/SQL 游标一般按以下步骤来使用。

（1）声明游标。
（2）打开游标。
（3）提取游标数据。
（4）对当前数据记录执行更新操作（可选）。
（5）关闭游标。

8.1.2 课堂案例 1——游标操作

【案例学习目标】学习使用 Oracle 的 PL/SQL 语句声明游标、打开游标、提取游标数据和关闭游标的操作方法。

【案例知识要点】使用 DECLARE CURSOR 声明游标、使用 OPEN CURSOR 打开游标、使用 FETCH 提取游标数据、使用 CLOSE CURSOR 关闭游标。

【案例完成步骤】

1．声明游标

声明游标就是使一个游标与一条查询语句建立联系。声明游标必须在 PL/SQL 块的 DECLARE 区完成。

声明游标的基本语句格式如下所示：

```
DECLARE
    CURSOR <游标名>[（参数 1 数据类型[, …n]）] IS 查询语句
    [FOR UPDATE [OF [用户方案.]<表名>.<列名> [, …n]]];
```

参数说明如下。

- 游标名必须遵循 PL/SQL 的标识符命名规则。
- 查询语句可以包含排序、子查询等部分。
- 游标的参数是可选的。
- FOR UPDATE 子句用于更新当前数据记录。
- OF 子句用于锁定特定的表。

2. 打开游标

打开游标就是执行游标定义时所对应的查询语句，并把查询返回的结果集存储在游标对应的工作区中。

打开游标的基本语句格式如下所示：

```
OPEN <游标名>[（参数 1 [, …n]）]；
```

参数说明如下。

- 游标必须首先声明才能打开，游标打开后，如果没有关闭就不能继续打开。
- 如果声明游标时使用了参数，打开游标时就使用相应的参数，也可以在提取数据时使用参数。

3. 提取游标数据

提取游标数据，就是从定义游标的工作区中检索一条数据记录作为当前数据记录。

提取游标的基本语句格式如下所示：

```
FETCH <游标名> INTO 变量 1 [, … n]
```

其中，变量用于存储查询结果，变量既可以存储当前数据记录的某一个列的值，也可以存储整个当前数据记录。

在使用 FETCH 语句提取游标数据时，有下面几点需要注意。

- 对游标第一次执行 FETCH 语句时，它将定义该游标的工作区中的第一条数据记录赋值给变量，并使工作区内的游标指针指向下一条数据记录。
- 工作区内的游标指针只能向下移动，不能回滚，如果查询完某一条数据记录后想回滚到上一条数据记录，则必须关闭游标并重新打开游标。
- 在使用 FETCH 语句之前，必须先打开游标，这样才能确保将结果集保存在工作区内。
- INTO 子句中的变量个数、顺序和数据类型必须和定义游标时 SELECT 子句中列的个数、顺序和数据类型保持一致。

4. 关闭游标

关闭游标就是释放当前结果集并且解除定位游标的行上的游标锁定，这样，定义游标的工作区就会变为无效。关闭游标后，不允许直接提取游标数据，但可以重新打开游标后，再执行相应操作。

关闭游标的基本语句格式如下所示：

```
CLOSE <游标名>；
```

【例 8-1】 使用游标查询商品表 GOODS 中第一款商品的信息。

```
DECLARE
    --声明变量
    v_gid   SCOTT.GOODS.g_ID%TYPE;
    v_gname SCOTT.GOODS.g_NAME%TYPE;
    v_gprice   SCOTT.GOODS.g_PRICE%TYPE;
v_gnumber  SCOTT.GOODS.g_Number%TYPE;
    --声明游标
    CURSOR cur_Goods IS
        SELECT  g_ID,g_Name,g_Price,g_Number
        FROM  SCOTT.GOODS;
```

```
BEGIN
    --打开游标
    OPEN  cur_Goods;
    --提取游标数据
    FETCH cur_Goods INTO v_gid, v_gname, v_gprice, v_gnumber;
    DBMS_OUTPUT.PUT_LINE(v_gid || ',' || v_gname  || ',' || v_gprice || ',' || v_gnumber);
    --关闭游标
    CLOSE cur_Goods;
END;
```

运行结果如下：

010001, 诺基亚 6 500 *Slide*,1 500,20

> - FETCH INTO 语句中变量的个数一般情况下应该与 SELECT 后面的列的个数保持一致。
> - 这里的游标相当于一个指针，指向结果集中的某一条记录。

【例 8-2】　使用游标查询商品表 GOODS 中类型编号为 "02" 的第一款商品的信息。

为了查询指定商品类别编号的商品信息，必须在游标中使用参数，将商品类别编号作为输入参数传入游标内部，使返回的结果集中只包含符合要求的数据记录。

```
DECLARE
    --声明变量
    v_gid    SCOTT.GOODS.g_ID%TYPE;
    v_gname  SCOTT.GOODS.g_NAME%TYPE;
    v_gprice SCOTT.GOODS.g_PRICE%TYPE;
v_gnumber  SCOTT.GOODS.g_Number%TYPE;
    --声明游标
    CURSOR cur_GoodsByType(tid SCOTT.GOODS.t_ID%TYPE) IS
        SELECTg_ID,g_NAME,g_PRICE,g_NUMBER
        FROM      SCOTT.GOODS
        WHERE     t_ID = tid;
BEGIN
    --打开游标
    OPEN  cur_GoodsByType ('02');

    --提取游标数据
    FETCH cur_GoodsByType INTO v_gid, v_gname, v_gprice, v_gnumber;
    DBMS_OUTPUT.PUT_LINE(v_gid || ',' || v_gname  || ',' || v_gprice || ',' || v_gnumber);
    --关闭游标
    CLOSE cur_GoodsByType;
END;
```

运行结果如下：

020001, 联想旭日 *410MC520*,4680,18

其中类型编号为 "02" 的商品信息如图 8-2 所示。

图 8-2　类型编号为 "02" 的商品信息

8.1.3　游标的属性

在实际使用中,有时需要在一个循环控制结构中反复使用 FETCH 语句,以便检索工作区内的每一条数据记录。循环次数的控制可以通过聚合函数 COUNT(*)来完成,更为简单的方式是使用游标的属性来实现。

游标的属性包括%ISOPEN、%FOUND、%NOTFOUND 和%ROWCOUNT。

使用游标属性的基本格式如下所示:

<游标名>[属性名]

● 属性名和游标名之间没有空格。

● 游标的属性只能在 PL/SQL 块中使用,不能在 SQL 命令中使用。

下面对游标的各个属性进行说明。

(1)%ISOPEN。%ISOPEN 属性用于描述游标是否已经打开,返回布尔型值。如果游标没有打开就直接使用 FETCH 语句提取游标数据,Oracle 系统就会报告错误。

(2)%FOUND。%FOUND 属性用于描述最近一次 FETCH 操作的执行情况,返回布尔型值。如果最近一次使用 FETCH 语句提取游标数据得到结果则返回 TRUE,否则返回 FALSE。

(3)%NOTFOUND。%NOTFOUND 属性同样用于描述最近一次 FETCH 操作的执行情况,返回布尔型值。但与%FOUND 属性不同的是,如果最近一次使用 FETCH 语句提取游标数据没有得到结果则返回 TRUE,否则返回 FALSE。

(4)%ROWCOUNT。%ROWCOUNT 属性用于描述截至目前从游标工作区提取的实现记录数。

【例 8-3】　使用游标查询商品表 GOODS 中所有商品的信息。

要查询 GOODS 表中所有商品的信息,需要遍历 GOODS 表每一种商品的信息,可以借助简单的 LOOP 循环语句来实现。

```
DECLARE
    --声明变量
    rec_Goods SCOTT.GOODS%ROWTYPE;
    --声明游标
    CURSOR cur_AllGoods IS
        SELECT      *
        FROM        SCOTT.GOODS;
BEGIN
    --打开游标
    OPEN  cur_AllGoods;
    --循环处理
        LOOP
        --提取游标数据到数据记录行
        FETCH cur_AllGoods INTO rec_Goods;
        --如果提取失败则退出循环
        EXIT WHEN cur_AllGoods %NOTFOUND;
        DBMS_OUTPUT.PUT_LINE(rec_Goods.g_ID || ',' || rec_Goods.g_NAME || ',' ||
                    rec_Goods.g_Price || ',' || rec_Goods.g_Number);
    END LOOP;
    --关闭游标
    CLOSE cur_AllGoods;
END;
```

运行结果如图 8-3 所示。

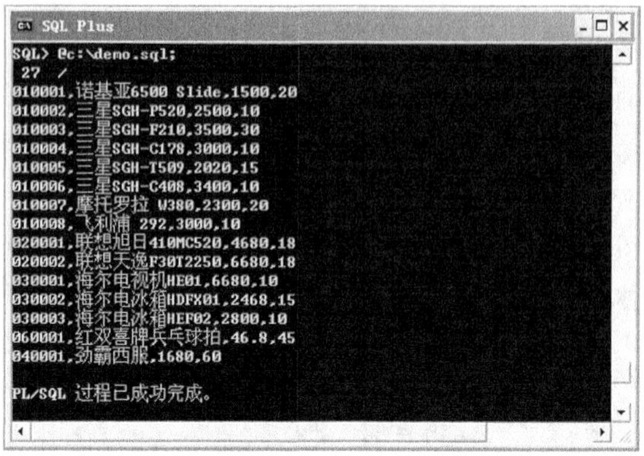

图 8-3 【例 8-3】运行结果

8.1.4 游标中的循环

循环提取游标工作区内结果集的数据记录时，既可以通过 LOOP 循环来简单实现，也可以通过 FOR 循环来实现复杂功能。而且，使用 FOR 循环提取游标数据时，与其他方法有些差异，主要表现在以下几方面。

● 使用 FOR 循环提取游标数据时，Oracle 系统自动打开游标，而不必显式地使用 OPEN 语句打开游标。

● Oracle 系统隐含地定义了一个数据类型为%ROWTYPE 的变量，并以此作为循环的计数器。

● Oracle 系统自动重复从游标工作区内提取数据并放入计数器变量中。

● 当游标工作区内所有数据记录都被提取完成或者循环终止时，Oracle 系统会自动关闭游标。

使用 FOR 循环提取游标数据的语法格式如下所示：

```
FOR <变量名> IN <游标名> LOOP
    FETCH <游标名> INTO 变量1 [, …n];
    …
END LOOP;
```

参数说明如下。

● 变量名不需要显式定义，可以直接应用。

● 在声明游标并使用 FETCH 提取游标数据之前，不需要显式使用 OPEN 语句打开游标。

● 当循环结束或者提取游标数据完成后，不需要显式关闭游标。

对于【例 8-3】，也可以使用 FOR 循环来实现，PL/SQL 语句如下所示：

```
DECLARE
    --声明游标
    CURSOR cur_GoodsByFor IS
        SELECT      *
        FROM        SCOTT.GOODS;
BEGIN
    --FOR 循环提取游标数据
    FOR rec_goods IN cur_GoodsByFor LOOP
        DBMS_OUTPUT.PUT_LINE(rec_goods.g_ID  ||  ','  ||  rec_goods.g_NAME  ||  ','  ||
rec_goods.t_ID || ',' || rec_goods.g_Price);
    END LOOP;
END;
```

通过使用 LOOP 循环和 FOR 循环提取游标数据可以发现，使用 FOR 循环时，游标工作区内的当前数据记录被保存在 FOR 循环的变量内，而不需要另外定义%ROWTYPE 类型的变量。另外，使用 FOR 循环提取游标数据也不必再使用 FETCH 语句来提取数据，Oracle 系统会自动重复地从工作区内提取数据。

【例 8-4】　使用游标查询商品表 GOODS 中"02"类型的所有商品的信息。

可以通过使用 FOR 循环提取游标的数据，并向游标内部传入商品类别编号作为游标参数，相应的声明游标、提取游标数据的 PL/SQL 语句如下所示：

```
DECLARE
    --声明带参数的游标
    CURSOR cur_GOODS(tid SCOTT.GOODS.t_ID%TYPE) IS
        SELECT      *
        FROM        SCOTT.GOODS
        WHERE       t_ID = tid;
BEGIN
    --循环提取游标数据
    FOR rec_goods IN cur_GOODS('01') LOOP
        DBMS_OUTPUT.PUT_LINE(rec_goods.g_ID || ',' || rec_goods.g_NAME || ',' ||
rec_goods.t_ID || ',' || rec_goods.g_Price);
    END LOOP;
END;
```

运行结果如图 8-4 所示。

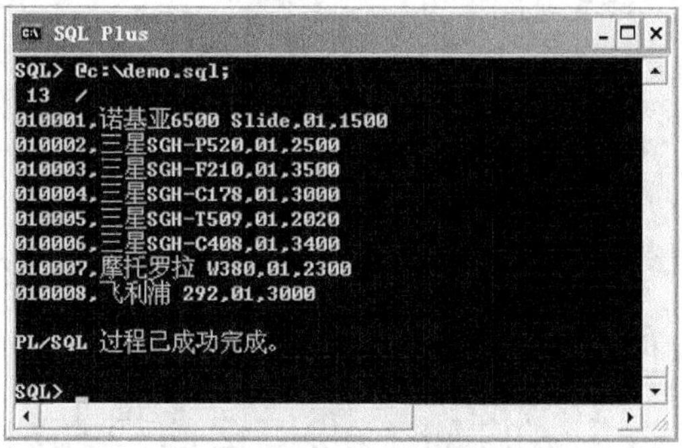

图 8-4　【例 8-4】运行结果

【例 8-4】也可以通过在 FOR 循环内嵌入查询语句来实现类似游标的功能，相应的 PL/SQL 代码如下所示：

```
BEGIN
            FOR rec_goods IN (  SELECT   *
                                FROM   SCOTT.GOODS
                                WHERE  t_ID = '01')  LOOP
        DBMS_OUTPUT.PUT_LINE(rec_goods.g_ID || ',' || rec_goods.g_NAME || ',' ||
rec_goods.t_ID || ',' || rec_goods.g_Price);
            END LOOP;
END;
```

运行结果如图 8-4 所示。

8.1.5　游标的更新

在 PL/SQL 中依然可以使用 UPDATE 和 DELETE 语句更新或删除数据行。显式游标只在需要获得多行数据的情况下使用。PL/SQL 提供了仅仅使用游标就可以执行删除或更新记录的方法。

UPDATE 或 DELETE 语句中的 WHERE CURRENT OF 子句专门处理要执行 UPDATE 或 DELETE 操作的表中取出的最近的数据。要使用这个方法，在声明游标时必须使用 FOR

UPDATE 子句，当使用 FOR UPDATE 子句打开一个游标时，所有结果集中的数据行都将处于行级（ROW-LEVEL）独占式锁定状态，其他对象只能查询这些数据行，不能进行 UPDATE、DELETE 或 SELECT…FOR UPDATE 操作。

在多表查询中，使用 OF 子句来锁定特定的表，如果忽略了 OF 子句，那么所有表中选择的数据行都将被锁定。如果这些数据行已经被其他会话锁定，那么在正常情况下 Oracle 将等待，直到数据行解锁。

在 UPDATE 和 DELETE 中使用 WHERE CURRENT OF 子句的语法格式如下：

```
WHERE CURRENT OF <游标名|条件表达式>
```

【例 8-5】 使用带 FOR UPDATE 子句的游标更新商品表 GOODS 中商品的详细描述信息，并显示更新前后的信息。

```
DECLARE
    CURSOR cur_GOODS IS
        SELECT    *
        FROM      SCOTT.GOODS
    FOR UPDATE OF g_DESCRIPTION;
BEGIN
    FOR rec_goods IN cur_GOODS LOOP
        DBMS_OUTPUT.PUT_LINE('更新前: ' ||rec_goods.g_ID || ',' ||rec_goods.g_Name|| ',' 
||rec_goods.g_Description);
        UPDATE    SCOTT.GOODS
        SET       g_Description = g_Description || '...'
        WHERE g_ID = rec_goods.g_ID;
        DBMS_OUTPUT.PUT_LINE('更新后: ' || rec_goods.g_ID ||',' || rec_goods.g_Name|| ',' 
|| rec_goods.g_Description);
    END LOOP;
END;
```

运行后将显示更新前后（更新后在原有描述的基础上添加"…"）的商品描述信息。

8.1.6 存储过程使用游标返回结果集

在"第 7 章 存储过程操作"的例题中，调用存储过程返回的数据都是标量类型，如返回字符串、整数等。很多情况下需要调用存储过程返回查询结果集，这就需要使用返回引用类型数据，如 REF CURSOR，即返回游标对象。

【例 8-6】 创建存储过程 UP_LISTGOODS，返回所有商品信息。

（1）创建存储过程，使用隐式游标 sys_refcursor 作为存储过程的返回参数。sys_refcursor 是系统预定义的 REF CURSOR 类型的数据类型，保存在 SYS.STANDARD 包中，该类型的变量可以直接返回结果集。

```
CREATE OR REPLACE PROCEDURE UP LISTGOODS
(
  ref cursor OUT sys refcursor
)
AS
BEGIN
  OPEN ref cursor FOR
    SELECT  *
    FROM    SCOTT.GOODS;
END;
```

（2）调用存储过程，使用 LOOP 循环提取游标中的数据。

```
DECLARE
  ref cursor sys.STANDARD.sys refcursor;
  currow SCOTT.GOODS%ROWTYPE;
BEGIN
 UP LISTGOODS(ref cursor);
 LOOP
```

```
FETCH ref cursor INTO currow;
EXIT WHEN ref cursor %NOTFOUND;
DBMS OUTPUT.PUT LINE(currow.g ID || ' ' || currow.g name || ' ' || currow.g Price);
END LOOP;
END;
```

（3）运行结果如图 8-5 所示。

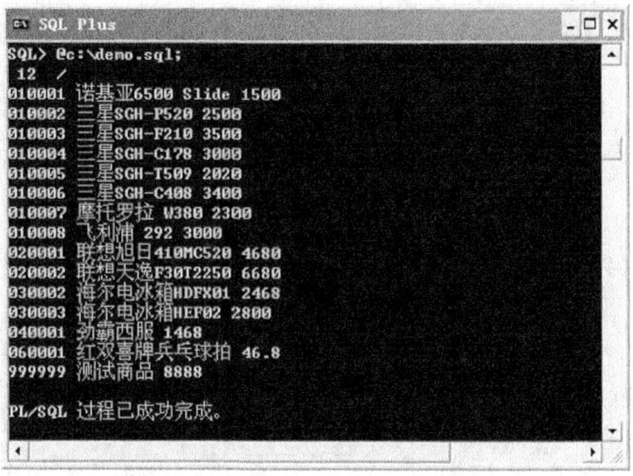

图 8-5 【例 8-6】运行结果

8.2 事务

事务（Transaction）是 Oracle 系统中进行数据库操作的基本单位。事务是一个操作序列，它包含了一组 SQL 语句，所有的 SQL 语句作为一个逻辑整体一起向 Oracle 系统提交或者撤销操作请求，即事务中的 SQL 语句要么都被执行，要么都不被执行。因此，事务是 Oracle 系统中一个不可分割的逻辑工作单元。应用事务可以保证 Oracle 数据库的一致性和可恢复性。

8.2.1 事务的属性

一个事务的逻辑工作单元必须具有以下属性。

（1）原子性（Atomicity）。一个事务必须作为 Oracle 系统工作的原子单位（在化学中，原子称为"不可再分的微粒"），事务要么全部执行，要么全部不执行。

（2）一致性（Consistency）。当事务完成之后，所有数据必须处于一致性状态，事务所修改的数据必须遵循 Oracle 数据库的各种完整性约束。

（3）隔离性（Isolation）。一个事务所做的更新操作必须与其他事务所做的更新操作保持完全隔离，在并发处理过程中，一个事务开始处理的数据必须为另一个事务处理前或者处理后的数据，而不能为另一个事务正在处理的数据。这种隔离性是通过 Oracle 的锁机制来实现的。

（4）永久性（Durability）。事务完成后，事务对数据库所做的更新被永久保持。

事务的上述 4 种属性也被称为事务的 ACID（取每种属性的英文名称的首字母组成）属性。

8.2.2 课堂案例 2——事务处理

【案例学习目标】学习使用 Oracle 的 PL/SQL 语句进行事务提交、事务回滚、事务撤销和设置保存点等操作。

【案例知识要点】使用 COMMIT 事务提交、使用 ROLLBACK 进行事务回滚、事务撤销和使用 SAVEPOINT 设置事务保存点。

【案例完成步骤】

1. 事务提交

事务提交（Commit）用于提交自上次提交以后对数据库中数据所做的改动。在 Oracle 数据库中，为了维护数据的一致性，系统为每个用户分别设置了一个工作区，对数据表中数据所做的添加、修改和删除操作都在工作区内完成。在执行事务提交之前数据库中的数据并没有发生任何改变，此时，用户可以通过使用查询语句查看数据库操作的结果，但其他用户却无法看到该用户对数据库所做的操作结果。如果对用户的这些操作实施事务提交，其他用户和当前用户一样可以看到对数据库操作的结果，此时，用户对数据库的操作被永久改变。整个过程如图 8-6 所示。

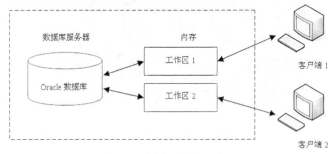

图 8-6　事务提交过程示意图

在 Oracle 系统中，提交事务的命令是 COMMIT，其基本语法格式如下所示：

```
COMMIT;
```

在 Oracle 系统中还设置了一个自动提交开关，如果设置此开关为 ON，那么数据库中所有数据更新语句的执行都会立即生效，进而影响到数据库中的数据。设置此开关的命令格式如下所示：

```
SET AUTO COMMIT ON | OFF;
```

参数说明如下。

● 设置开关为 ON，表示自动提交数据更新语句。

● 设置开关为 OFF，表示关闭自动提交数据更新语句的功能。

【例 8-7】 提交更新商品表 GOODS 的事务。

在执行更新商品表 GOODS 的 UPDATE 语句后，只有当前用户可以看到数据库更新后的结果，此时还需要显式使用 COMMIT 命令（除非设置自动提交开关的状态为 ON）提交事务，以使数据更新生效。

```
--执行数据更新操作
UPDATE      SCOTT.GOODS
SET         g_DESCRIPTION = '男人的衣柜,展现男人的魅力'
WHERE       g_ID = ' 040001';

--提交事务
COMMIT;
```

执行上述语句，返回的结果如下：

```
1 rows updated
COMMIT succeeded.
```

在 Oracle SQL Developer 开发环境中，如果只执行上述代码中的更新语句，执行更新后当前用户可以看到商品表中的数据发生了改变，但重新启动环境后，商品表中的数据又被还原了，说明数据更新操作结果没有被写入 Oracle 数据库中。

2. 事务回滚

事务回滚（Rollback）是指当事务中的某一条 SQL 语句执行失败时，将对数据库的操作恢复到事务执行前或者某个指定位置。

事务回滚通过 ROLLBACK 命令来实现，其基本语法格式如下所示：

```
ROLLBACK [TO <保存点>];
```

其中，"TO 保存点" 表示不回滚全部事务中的 SQL 语句，只回滚到保存点处，保存点之前的语句依然有效。

【例 8-8】 更新商品表 GOODS 的信息并回滚该事务。

```
--执行数据更新操作
UPDATE      SCOTT.GOODS
SET         g_DESCRIPTION = NULL
WHERE       g_ID = ' 040001';

--回滚事务
ROLLBACK;
```

执行上述语句，返回的结果如下：

```
1 rows updated
ROLLBACK succeeded.
```

3．设置保存点

如果让事务回滚到指定位置，需要在事务中预先设置事务保存点（Save Point）。所谓保存点，是指在其所在位置之前的事务语句不能回滚的位置，回滚事务后，保存点之后的事务语句被回滚，但保存点之前的事务语句依然被有效执行，即不能回滚。

使用 SAVEPOINT 命令可以设置事务保存点，其基本语法格式如下所示：

```
SAVEPOINT <保存点名>;
```

● 可以将事务的语句分为几个部分，设置多个保存点，这样在实施事务回滚时，可以根据需要回滚事务到不同的保存点位置。

【例 8-9】 更新商品表 GOODS 的信息并回滚该事务。

```
BEGIN
    --执行数据更新操作
    UPDATE      SCOTT.GOODS
    SET         g_DESCRIPTION = NULL
WHERE       g_ID = ' 040001';

    --设置事务保存点
    SAVEPOINT update_point;

    --执行数据插入操作
    INSERT  INTO  SCOTT.Goods  VALUES('011111',' 诺 基 亚  6 500  Slide','01',1 500,0.9,20,to_
date('2009-10-01','yyyy-mm-dd'),'pImage/010001.gif','热点','彩屏,1 600 万色,TFT,240×320 像素,2.2 英寸
');
    --回滚事务到保存点
    ROLLBACK TO update_point;
    --提交有效事务
    COMMIT;
END;
```

执行上述语句后，数据更新操作有效，但数据插入操作则被回滚了。

8.3 锁

数据库是一个多用户使用的共享资源。当多个用户并发地存取数据时，在数据库中就会产生多个事务同时存取同一数据的情况。若对并发操作不加控制就可能会读取和存储不正确的数据，破坏数据库的一致性。

8.3.1 锁的概述

Oracle 通过使用锁（Lock）机制维护数据的完整性、并发性和一致性。锁用于限制其他用户对数据的存取。Oracle 通过不同类型的锁，允许或阻止其他用户对同一资源的存取，以确保不破坏数据的完整性。加锁也是实现数据库并发控制的一种非常重要的技术。当事务对某个数据对象进行操作前，先向系统发出请求，对其加锁。加锁后事务就对该数据对象有了一定的控制，在该事务释放锁之前，其他的事务不能对此数据对象进行更新操作。

Oracle 在两个不同级别上提供读取一致性：语句级读取一致性和事务级读取一致性。

（1）语句级读取一致性。Oracle 总是实施语句级读取一致性，保证单个查询所返回的数据与该查询开始时刻保持一致。一个查询不会看到在查询执行过程中提交的其他事务所进行的更新操作。为了实现语句级读取一致性，从查询进入执行阶段开始，截至当前系统修改数字（简称为 SCN）时，所提交的数据是有效的，而对于在语句执行开始之后其他事务提交的任何更新，查询是看不到的。

（2）事务级读取一致性。事务级读取一致性是指在同一个事务中的所有数据对时间点是一致的。Oracle 通过 SCN 机制获得所需的专用表锁和行锁来确保事务级读取一致性。Oracle 通过使用回滚段的数据实现读取一致性。当一条查询语句进入执行状态时，当前的 SCN 就被确定了。当它开始读取数据块的数据时，数据块的 SCN 与监测到的 SCN 进行比较。如果数据块的 SCN 数值大于查询开始时的 SCN，则意味着在该查询开始执行以后，那些数据块中的数据就已经变化了。假如从数据块中读取出此数据，那么它与查询开始不一致。Oracle 使用回滚段重新构造该数据，因为回滚段总是包含旧数据。

8.3.2 锁的类型

在 Oracle 数据库中，按照锁级别划分有两种基本的锁类型：排他锁（Exclusive Locks，即 X 锁）和共享锁（Share Locks，即 S 锁）。当数据对象被加上排他锁时，其他的事务不能对它进行读取和修改。加了共享锁的数据对象可以被其他事务读取，但不能修改。数据库利用这两种基本的锁类型来对数据库的事务进行并发控制。

在实际应用中经常会遇到与锁相关的异常情况，如由于等待锁事务被挂起、死锁等现象，如果不能及时地解决，将严重影响应用的正常执行。

根据保护对象的不同，Oracle 数据库锁可以分为以下几大类：DML 锁（Data Locks，数据锁），用于保护数据的完整性；DDL 锁（Dictionary Locks，字典锁），用于保护数据库对象的结构，如表、索引等的结构定义；内部锁和闩（Internal Locks and Latches），保护数据库的内部结构。

DML 锁的目的在于保证并发情况下的数据完整性，在 Oracle 数据库中，DML 锁主要包括 TM 锁和 TX 锁，其中 TM 锁称为表级锁，TX 锁称为事务锁或行级锁。

当 Oracle 执行 DML 语句时，系统自动在所要操作的表上申请 TM 类型的锁。当 TM 锁获得后，系统再自动申请 TX 类型的锁，并将实际锁定的数据行的锁标志位进行置位。这样在事务加锁前检查 TX 锁相容性时就不用再逐行检查锁标志了，而只需检查 TM 锁模式的相容性即可，大大提高了系统的效率。TM 锁包括了 SS、SX、S、X 等多种模式，在数据库中用 0～6 来表示。不同的 SQL 操作产生不同类型的 TM 锁，如表 8-1 所示。

表 8-1

表 8-1 Oracle 的 TM 锁类型

锁模式	锁 描 述	解 释	SQL 操作
0	none		
1	NULL	空	SELECT
2	SS(Row-S)	行级共享锁，其他对象只能查询这些数据行	SELECT for UPDATE、LOCK for UPDATE、Lock Row Share
3	SX(Row-X)	行级排他锁，在提交前不允许做 DML 操作	INSERT、UPDATE、DELETE、Lock Row Share
4	S(Share)	共享锁	CREATE INDEX、Lock Share
5	SRX(S/Row-X)	共享行级排他锁	Lock Share Row Exclusive
6	X(Exclusive)	排他锁	ALTER TABLE、DROP TABLE、DROP INDEX、TRUNCATE TABLE 、Lock Exclusive

在数据行上只有 X 锁（排他锁）。在 Oracle 数据库中，当一个事务首次发起一个 DML 语句时就获得一个 TX 锁，该锁保持到事务被提交或回滚。当两个或多个会话在表的同一条记录上执行 DML 语句时，第一个会话在该条记录上加锁，其他的会话处于等待状态。当第一个会话提交后，TX 锁被释放，其他会话才可以加锁。

当 Oracle 数据库发生 TX 锁等待时，如果不及时处理，则常常会引起 Oracle 数据库挂起，或导致死锁的发生，产生 ORA-60 的错误。这些现象都会对实际应用产生极大的危害，如长时间未响应、大量事务失败等。

在日常工作中，如果发现在执行某条 SQL 语句时数据库长时间没有响应，很可能是产生了 TX 锁等待的现象。为了解决这个问题，首先应该找出持锁的事务，然后再进行相关的处理，如提交事务或强行中断事务。

在数据库中，当两个或多个会话请求同一个资源时会产生死锁的现象。死锁的常见类型是行级锁死锁和页级锁死锁，Oracle 数据库中一般使用行级锁。下面主要讨论行级锁的死锁现象。

当 Oracle 检测到死锁产生时，中断并回滚死锁相关语句的执行，报出 ORA-00060 的错误并记录在数据库的日志文件 alertSID.log 中。同时在 user_dump_dest 下产生了一个跟踪文件，详细描述死锁的相关信息。

在日常工作中，如果发现在日志文件中记录了 ORA-00060 的错误信息，则表明产生了死锁。这时需要找到对应的跟踪文件，根据跟踪文件的信息定位错误的原因。

如果查询结果表明，死锁是由于位图索引引起的，则将 IND_T_GOODS_HIS_STATE 索引改为 normal 索引，即可解决死锁的问题。

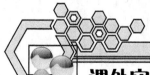

课外实践

【任务 1】

使用游标实现以报表形式显示 BookData 数据库中"未还"图书的信息（借书人、借书时间、图书名称、图书作者）。

【任务 2】

在读者还书时，将对 BorrowReturn 中图书状态的修改操作和对 BookStore 表中图书状态的操作组合成一个事务进行处理，以保证同一本书的状态是一致的。

思考与练习

一、填空题

1. 要从服务器游标中检索特定的一行，可以使用_____语句；使用_____可以关闭指定的游标。

2. 一个事务所做的修改必须能够与其他事务所做的修改隔离开来，这是事务的_____特性。

3. 可以使用_____语句进行显式事务的提交。

二、选择题

1. 以下与事务控制无关的关键字是_____。

A. ROLLBACK   B. COMMIT   C. DECLARE   D. SAVEPOINT

2. Oracle 11g 中的锁不包括_____。

A. 共享锁   B. 行级排他锁   C. 排他锁   D. 插入锁

3. 下列关于避免死锁的描述不正确的是_____。

A. 尽量避免并发地执行涉及修改数据的语句

B. 要求每个事务一次就将所有要使用的数据全部加锁，否则不予执行

C. 预先规定一个锁定顺序，所有的事务都必须按这个顺序对数据进行锁定

D. 每个事务的执行时间尽可能的长

4. 下列不可能在游标使用过程中使用的关键字是_____。

A. OPEN   B. CLOSE   C. FETCH   D. DROP

5. 在定义游标时使用的 FOR UPDATE 子句的作用是_____。

A. 执行游标   B. 执行 SQL 语句的 UPDATE 语句

C. 对要更新表的列进行加锁   D. 都不对

6. 对于游标 FOR 循环，以下哪一种说法是不正确的?_____

A. 循环隐含使用 FETCH 获取数据   B. 循环隐含使用 OPEN 打开记录集

C. 终止循环操作也就关闭了游标   D. 游标 FOR 循环不需要定义游标

7. 下列哪个语句会终止事务?_____

A. SAVEPOINT   B. ROLLBCK TO SAVEPOINT

C. END TRANSACTION   D. COMMIT

三、简答题

1. 举例说明使用显式游标需要哪几个步骤?

2. Oracle 11g 中的锁有哪几种类型? 说明怎么样才能尽可能地避免死锁。

## PART 9

第 9 章
触发器操作

【学习目标】

本章将向读者介绍 Oracle 中的触发器概述、SQL Developer 管理触发器、PL/SQL 管理触发器、eBuy 电子商城中的典型触发器等基本内容。本章的学习要点主要包括：

（1）触发器的基础知识；

（2）:OLD 和:NEW 变量；

（3）SQL Developer 创建、修改、查看、编译和删除触发器；

（4）PL/SQL 创建、修改、查看、编译和删除触发器；

（5）触发器的功能及使用；

（6）eBuy 电子商城中的典型触发器。

【学习导航】

触发器从形式上看是一种特殊类型的存储过程，从功能上看触发器又可以像约束一样来实现数据完整性控制。当触发表执行 DML 操作或其他操作时被 Oracle 系统自动执行。同时，触发器可以实现复杂的数据完整性规则，达到保护触发表中数据的目的。本章内容在 Oracle 数据库系统管理与应用中的位置如图 9-1 所示。

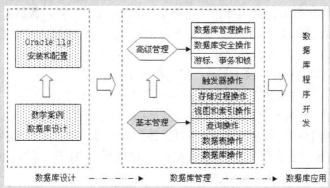

图 9-1　本章学习导航

9.1　触发器概述

触发器（Trigger）是 Oracle 系统中一种特殊类型的存储过程，和约束一样，它主要用来实现 Oracle 数据库中数据的一致性和完整性，但触发器可以实现比约束更为强大的数据控制功能。

9.1.1　触发器简介

触发器是一种特殊的存储过程，它与数据表紧密联系，用于保护表中的数据，当一个定义了特定类型触发器的基表执行插入、修改或删除表中数据的操作时，将自动触发触发器中定义的操作，以实现数据的一致性和完整性。

触发器拥有比数据库本身标准的功能更精细和更复杂的数据控制能力。例如，当删除一种商品类别时，该商品类别下的所有商品记录也应该一并被删除。对于这样的情况，可以在商品类别表上定义删除型触发器，在触发器中定义级联删除商品表中相应记录的操作语句，当在商品类别表上执行删除操作时，会自动执行该触发器，从而删除商品表中的对应商品记录。

作为一种自动执行的数据库对象，触发器具有以下作用。

（1）在安全性方面，触发器可以基于数据库的值使用户具有操作数据库的某种权利。

① 可以基于时间限制用户的操作。例如，不允许下班后和节假日修改数据库数据。

② 可以基于数据库中的数据限制用户的操作。例如，不允许商品价格的升幅一次性超过 10%。

（2）在审计方面，触发器可以跟踪用户对数据库的操作。

① 审计用户操作数据库的语句。

② 把用户对数据库的更新写入审计表。

（3）实现复杂的数据完整性规则。

① 实现非标准的数据完整性检查和约束。触发器可产生比规则更为复杂的限制，与规则不同，触发器可以引用列或数据库对象。

② 提供可变的默认值。

（4）实现复杂的非标准的数据库相关完整性规则。触发器可以对数据库中相关的表进行连环更新。例如，在 GOODS 表 g_ID 列上的删除触发器可导致相应删除在其他表中与之匹配的行。

① 在修改或删除时级联修改或删除其他表中与之匹配的行。

② 在修改或删除时把其他表中与之匹配的行设成 NULL 值。

③ 在修改或删除时把其他表中与之匹配的行级联设成默认值。

④ 触发器能够拒绝或回退那些破坏相关完整性的变化，取消试图进行数据更新的事务，当插入一个与其主健不匹配的外部键时，这种触发器会起作用，例如，可以在 GOODS.t_ID 列上生成一个插入触发器，如果新值与 TYPES.t_ID 列中的某值不匹配，则插入被回退。

（5）同步实时地复制表中的数据。

（6）自动计算数据值，如果数据的值达到了一定的要求，则进行特定的处理。例如，如果商品的数量低于 5，则立即给管理人员发送库存报警信息。

9.1.2　触发器的类型

按照触发事件的不同，触发器可以分为不同的类型。一般将触发器按以下几类因素分为不同的触发器。

1．触发器的功能

（1）DML 触发器。当对表进行 DML 操作时触发，可以在 DML 操作前或操作后触发。

（2）替代触发器。是 Oracle 用来替换所使用的实际语句而执行的触发器。

（3）系统触发器。在 Oracle 数据库系统的事件（Oracle 系统的启动与关闭等）中进行触发。

（4）用户事件触发器。指与数据库定义语句或用户的登录/注销等事件相关的触发器。

2．触发事件

按触发事件的不同，触发器可以分为插入型（INSERT）、更新型（UPDATE）和删除型（DELETE）触发器。

对于插入型触发器，当触发器所在的表发生插入操作时，触发器将自动触发执行；对于更新型触发器，当触发器所在的表发生更新操作时，触发器将自动触发执行；同样，对于删除型触发器，当触发器所在的表发生删除操作时，触发器也将自动触发执行。

3．触发时间

根据指定的事件和触发器执行的先后次序，触发器可以分为 BEFORE 型和 AFTER 型触发器。

如果在指定的事件（INSERT、UPDATE 或者 DELETE）之前执行触发器，这类触发器被称为 BEFORE 触发器；若在指定的事件之后执行触发器，则称这类触发器为 AFTER 触发器。

4．触发级别

根据触发级别的不同，触发器可以分为行触发器和语句触发器。

对于行触发器，受触发事件影响的每一行都将引发触发器的执行；而对于语句触发器，触发事件只触发一次，即使有若干行受触发事件的影响，也只执行一次触发操作。

9.1.3　:OLD 和:NEW 变量

在 Oracle 系统中，每个触发器被 DML 操作触发时，会产生两个特殊的变量，即 OLD 和:NEW，分别代表某数据记录行在修改前和修改后的值。这两个变量都是系统变量，由 Oracle 系统管理，存储在内存中，不允许用户直接对其进行修改。:OLD 和:NEW 变量的结构总是与执行 DML 操作的表的结构相同。当触发器工作完成以后，这两个变量也随之消失。这两个变量的值是只读的，即用户不能向这两个变量写入内容，但可以引用变量中的数据。

- :OLD 变量用于存储 DELETE 和 UPDATE 操作所影响的行的副本。当执行 DELETE 或 UPDATE 操作时，行从触发表中被删除，并传输到:OLD 变量中。

- :NEW 变量用于存储 INSERT 和 UPDATE 操作所影响的行的副本。当执行 INSERT 或 UPDATE 操作时，新行被同时添加到:NEW 变量和触发表中，:NEW 变量中的行即为触发表中新行的副本。

执行 DELETE、INSERT 和 UPDATE 操作时，触发表和:NEW、:OLD 变量之间的联系分别如图 9-2、图 9-3 和图 9-4 所示。

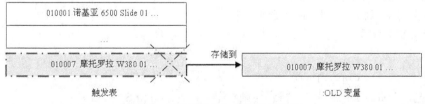

图 9-2　DELETE 操作中的:OLD 变量

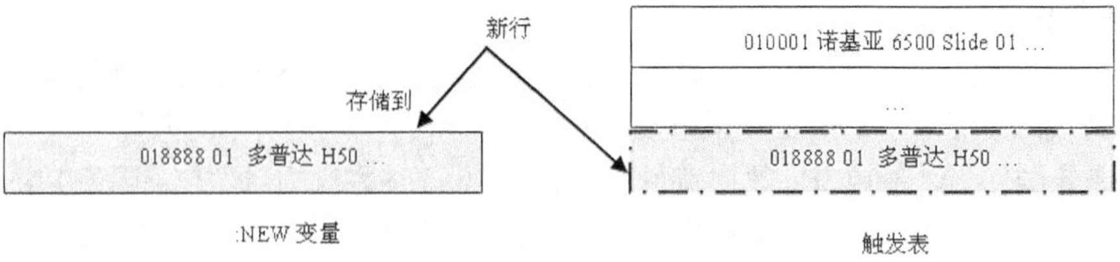

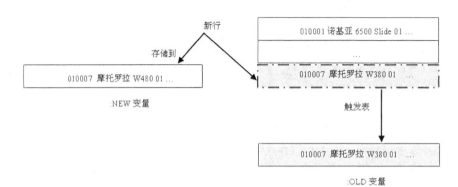

图 9-3 INSERT 操作中的:NEW 变量

图 9-4 UPDATE 操作中的:NEW 和:OLD 变量

Oracle 提供了 SQL Developer 和 PL/SQL 语句两种方式创建触发器。创建触发器时，在触发器内可以包含各种 PL/SQL 语句，但以下情况需要特别注意：

● 触发器不可以在定义它的表上执行 DML 操作；

● 触发器不可以执行 COMMIT、ROLLBACK 或者 SAVEPOINT 语句，而且也不可以调用包含这些语句之一的存储过程或者函数。

● 触发器从形式上看类似于存储过程，在功能上看类似于约束。

● 在触发器中不可以声明 LONG 或者 LONG RAW 变量。

9.2 DML 触发器

9.2.1 课堂案例1——使用 SQL Developer 管理触发器

【案例学习目标】学习使用 SQL Developer 创建触发器的方法和基本步骤，掌握触发器的执行时机。

【案例知识要点】SQL Developer 创建触发器、查看触发器、修改触发器、删除触发器和验证触发器的作用。

【案例完成步骤】

1．创建触发器

（1）在 SQL Developer 中右键单击"Triggers"选项，从快捷菜单中选择"New Trigger"项，将开始创建触发器，如图 9-5 所示。

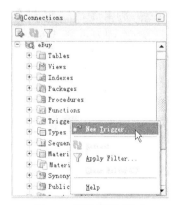

图 9-5 选择新建触发器

（2）在打开的"Create Trigger"对话框中，输入 TR_ADDUSER 作为新建触发器的名称；选择触发器类型（Trigger Type）为 TABLE，并选择触发表为客户表 USERS。然后选择触发器类别信息为 After、语句级别为 Statement Level 以及插入型为 Insert；其余采用默认值，如图 9-6 所示。

（3）触发器设置完成后，单击"确定"按钮，在 PL/SQL 编辑窗口中补充创建触发器的 PL/SQL 代码，如图 9-7 所示。

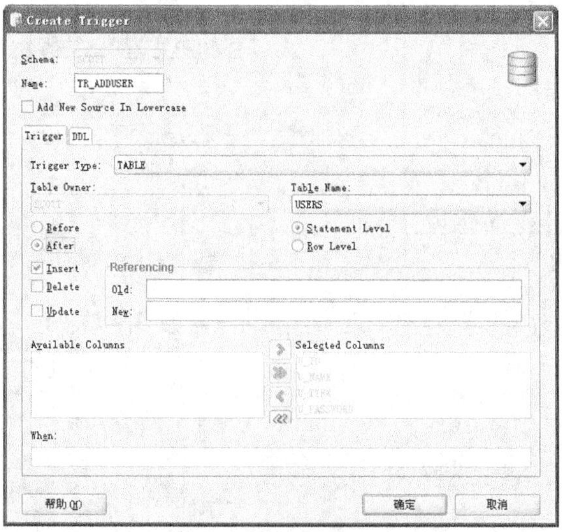

图 9-6　设置触发器

图 9-7　补充触发器内容

最终得到的触发器的 PL/SQL 语句如下：

```
CREATE OR REPLACE
TRIGGER tr_AddUser
AFTER INSERT ON Users
BEGIN
    DBMS_OUTPUT.PUT_LINE('欢迎新用户注册!');
END;
```

编辑完成后，保存 PL/SQL 代码，并单击编译图标，将该触发器编译后存储在当前数据库中。

（4）触发器编译成功后，在 PL/SQL 编辑窗口中输入以下 PL/SQL 代码：

```
INSERT INTO Users
VALUES('00','trigger','普通',' trigger ');
```

（5）按 F9 键执行该 PL/SQL 语句，激发触发器的执行，在"DBMS Output"窗口中将得到以下输出信息：

欢迎新用户注册!

2．查看触发器

在 SQL Developer 的左边的树型结构中，展开"Triggers"节点后选择需要查看的触发器"TR_ADDUSER"，将在右边栏内显示 tr_AddUser 触发器的信息，如触发器的定义语句和详细描述等，如图 9-8 所示。

3．修改触发器

（1）在 SQL Developer 中，右键单击"Triggers"选项中的触发器"TR_ADDUSER"，从快捷菜单中选择"Edit"项，如图 9-9 所示。

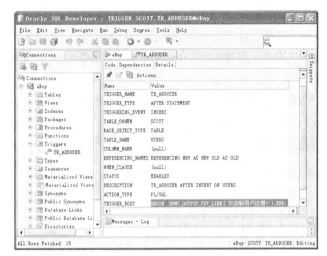
图 9-8　SQL Developer 中查看触发器

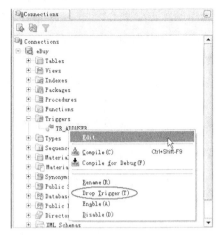
图 9-9　选择修改触发器

（2）在打开的触发器编辑窗口中，修改触发器的定义语句，改后结果如下所示：

```
CREATE OR REPLACE TRIGGER tr_AddUser
AFTER INSERT
ON Users
BEGIN
    DBMS_OUTPUT.PUT_LINE('欢迎您, ' || :NEW.u_Name);
END;
```

编译上述脚本时，将发生以下错误：

Error: ORA-04082: NEW 或 OLD 引用不允许在表级触发器中

原因在于对于没有使用 FOR EACH ROW 选项的表级触发器，不允许在触发器的执行部分引用:NEW 或:OLD 变量。

修改触发器的 PL/SQL，重新编写为以下代码：

```
CREATE OR REPLACE TRIGGER tr_AddUser
AFTER INSERT
ON Users
FOR EACH ROW
BEGIN
    DBMS_OUTPUT.PUT_LINE('欢迎您, ' || :NEW.u_Name);
END;
```

重新修改后，保存 PL/SQL 代码，并单击编译图标 ，将修改后的触发器编译后存储在当前数据库中。

　　　　触发器定义后，在特定的操作发生时会自动触发，不需要像存储过程一样显式调用。

4．删除触发器

当触发器不再被需要时，就应该将其从 Oracle 数据库中删除，以释放它所占用的内存资源。

（1）在 SQL Developer 中，右键单击"Triggers"选项中的待删除触发器 TR_ADDUSER，从快捷菜单中选择"Drop Trigger"项，如图 9-9 所示。

（2）在打开的"Drop Trigger"对话框中，在"Prompts"（提示）选项卡内显示了待删除触发器的所有者和名称，并提示用户是否需要删除该触发器，如图 9-10 所示。

图 9-10　删除触发器

（3）单击"应用"按钮，将打开"Confirmation"对话框，以提示用户该触发器已经被删除。单击"确定"按钮，完成触发器的删除操作。

9.2.2　课堂案例 2——使用 PL/SQL 管理触发器

【**案例学习目标**】学习使用 PL/SQL 语句中的 CREATE TRIGGER 语句的用法。

【**案例知识要点**】CREATE[OR REPLACE] TRIGGER 创建或修改触发器、USER TRIGGERS 视图查看触发器、DROP TRIGGER 删除触发器和验证触发器的作用。

【**案例完成步骤**】

1．创建触发器

使用 PL/SQL 中的 CREATE TRIGGER 命令可以用来创建触发器，其基本语法格式如下：

```
CREATE [ OR REPLACE ] TRIGGER [用户方案.]<触发器名>
BEFORE | AFTER | INSTEAD OF
INSERT | [OR] DELETE | [OR] UPDATE [ OF 列 1, … n ]
ON [用户方案.]<表名 | 视图名>
  FOR EACH ROW [ WHEN <条件表达式> ]]
BEGIN
    PL/SQL 语句
END  [触发器名];
```

参数说明如下。

● 用户方案：指出将要创建的触发器所属的用户方案。

● 触发器名必须符合标识符定义规则。

● BEFORE：在指定的事件之前执行触发器。

● AFTER：在指定的事件之后执行触发器。

● INSTEAD OF：指定创建替代触发器，不能在视图上定义 AFTER 触发器。

● INSERT、UPDATE、DELETE：指出触发事件的类型分别为插入型、更新型和删除型，多个触发事件之间使用 OR 连接。

● OF 列：指出在哪些列上进行 UPDATE 触发。

● [用户方案.]<表名 | 视图名>：指出将为指定用户方案的表或者视图创建触发器。

● FOR EACH ROW：指定该选项时，当前触发器为行触发器；否则为语句触发器。

● WHEN <条件表达式>：设置执行触发器的条件，当条件表达式的值为逻辑真时，可以执行触发器，否则不能执行该触发器。

● PL/SQL 语句：指定触发器触发时将要执行的语句块。

【**例 9-1**】　为用户方案 SCOTT 的客户表 CUSTOMERS 创建插入型触发器，当添加新客户信息时，显示"欢迎新用户注册!"。

```
CREATE OR REPLACE TRIGGER SCOTT.tr_ADDCUST
AFTER INSERT
ON SCOTT.CUSTOMERS
BEGIN
    DBMS_OUTPUT.PUT_LINE('欢迎新用户注册!');
END tr_ADDCUST;
```

在 SQL Developer 的 PL/SQL 编辑窗口中编写以上 PL/SQL 语句块后，按 F5 键运行脚本，成功创建触发器。然后在 PL/SQL 编辑窗口中输入下面的 INSERT 命令：

```
INSERT INTO SCOTT.Customers VALUES('C2002','trigger','触发器','女',to_date('1999-04-
14','yyyy-mm-dd'),'430202198604141006','湖南长沙市','410001','13313313333','0731-8888888',
'amya163.com','123456','6666','你出生在哪里','湖南长沙','普通');
```

按 F9 键行该 PL/SQL 语句，激发触发器的执行，在 "DBMS Output" 窗口中将得到以下输出信息：

欢迎新用户注册!

如果在同一个表上创建了多个插入型触发器，当插入数据记录到 CUSTOMER 表中时，多个触发器都被触发执行，执行的顺序取决于触发器的创建顺序。

【例 9-2】 为用户方案 SCOTT 的客户表 CUSTOMERS 创建删除型触发器，当删除会员信息时，显示 "×××用户已被删除！" 的信息。

```
CREATE OR REPLACE TRIGGER tr_DelCUST
BEFORE DELETE
ON SCOTT.CUSTOMERS
FOR EACH ROW
BEGIN
    DBMS_OUTPUT.PUT_LINE('待删除的记录为:');
    DBMS_OUTPUT.PUT_LINE(:OLD.c_NAME||'用户已被删除!');
END tr_DelCUST;
```

按 F5 键运行上述创建触发器的脚本，成功创建触发器。然后在 PL/SQL 编辑窗口中输入下面的 DELETE 命令：

```
DELETE CUSTOMERS
WHERE c_D = 'C2002';
```

按 F9 键执行该 PL/SQL 语句，激发触发器的执行，在 "DBMS Output" 窗口中将得到以下输出信息：

待删除的记录为:
trigger 用户已被删除!

【例 9-3】 实现 eBuy 电子商城系统的日志操作功能（语句级触发器）。

（1）创建语句级触发器的测试表（该语句应该在创建触发器的语句之前运行）。

```
CREATE TABLE SYSLOG(
WHO VARCHAR2(30),
OPER_DATE DATE);
```

该表用来保存对 eBuy 系统进行操作的日志。

（2）创建语句级触发器。

```
CREATE OR REPLACE TRIGGER  tr_DeleteUser
AFTER DELETE
ON Users
BEGIN
  INSERT INTO SYSLOG(WHO,OPER_DATE)
  VALUES(USER,SYSDATE);
END;
```

该触发器用来实现在 Users 表中删除一条记录时，在 SYSLOG 表中添加一条包含当前操作用户（USER 表示当前用户）和当前操作日期（SYSDATE 表示当前日期）的记录。

（3）测试触发器 tr_DeleteUser。

通过删除 Users 表中的一条记录（用户名称为 "存储过程"）来测试触发器的功能。

```
DELETE FROM Users WHERE u_Name='存储过程';
SELECT * FROM Syslog;
```
运行结果如图 9-11 所示。

图 9-11　触发器 tr_DeleteUser 触发后的结果

【例 9-4】　通过临时表将 Users 表中删除的记录进行临时保存（行级触发器）。
（1）创建行级触发器的测试表。
```
CREATE TABLE userdel
AS
SELECT * FROM Users
WHERE u_Name='amy';
```
（2）创建行级触发器。
```
CREATE OR REPLACE TRIGGER tr_DeleteUser2
AFTER DELETE
ON Users
FOR EACH ROW
BEGIN
  INSERT INTO userdel
  VALUES(:OLD.u_ID,:OLD.u_Name,:OLD.u_Type,:OLD.u_Password);
END;
```
（3）测试触发器 tr_DeleteUser 和 tr_DeleteUser2。
```
DELETE FROM Users WHERE u_Name='amy';
SELECT * FROM userdel;
SELECT * FROM syslog;
```
运行结果如图 9-12 所示。

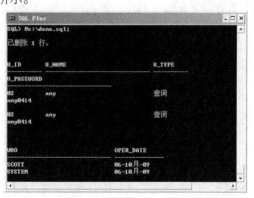

图 9-12　触发器 tr_DeleteUser 和 tr_DeleteUser2 触发后的结果

第一条名称为 "amy" 的用户记录是在创建 userdel 表时得到的。第二条名称为 "amy" 的用户记录是在 Users 中执行删除操作时，由行级触发器 tr_DeleteUser2 添加到 userdel 表中的。在 Users 中执行删除操作时，既触发了行级触发器 tr_DeleteUser2，也触发了语句级触发器

tr_DeleteUser（此时操作员为"SYSTEM"）。

Oracle 约定：如果一个表为同一个操作定义了多个表级触发器，当相应的 DML 操作发生时，这些触发器都将被触发，执行的顺序取决于触发器的创建顺序。如果一个表为同一个操作定义了多个行级触发器，当相应的 DML 操作发生时，这些触发器中只有第一次创建的触发器被触发。

2．查看触发器

Oracle 11g 为 DBA 提供"USER_TRIGGERS"视图以查看触发器的结构，包括触发器的名称、触发类型、触发事件、所有者、所属用户方案和触发表等。

【例 9-5】 查看用户方案 SCOTT 中所有触发器的名称、触发类型、触发事件、所有者和触发表等信息。

```
SELECT      TRIGGER_NAME 触发器名,
            TRIGGER_TYPE 触发类型,
            TRIGGERING_EVENT 触发事件,
            TABLE_NAME 触发表
FROM        USER_TRIGGERS;
```

按 F5 键运行上述 PL/SQL 语句，运行结果如图 9-13 所示。

图 9-13　查看 SCOTT 中的所有触发器

3．修改触发器

修改触发器和修改视图类似，虽然 Oracle 也提供 ALTER TRIGGER 命令，但它只用于重新编译或者验证现有触发器。如果需要修改触发器的定义，则仍然使用 CREATE OR REPLACE TRIGGER 命令。

4．删除触发器

Oracle 的 PL/SQL 语句提供了 DROP TRIGGER 命令来删除触发器，其基本语法格式为

```
DROP TRIGGER [用户方案.]触发器名;
```

【例 9-6】 删除用户方案 SCOTT 的触发器 tr_ADDCUST。

实现该删除任务的 DROP TRIGGER 命令如下：

```
DROP TRIGGER SCOTT. tr_ADDCUST;
```

9.3　课堂案例 3——使用其他类型触发器

Oracle 11g 除了提供了管理 DML 触发器外，也可以管理替代触发器、系统事件触发器和用户事件触发器。

9.3.1　替代触发器

INSTEAD OF 触发器主要用来对另一个表或者视图进行 DML 操作。假设创建的视图是基于多个表的，当在该视图上执行插入操作时，仅当所有基表的主键包括在视图定义中时才是可

以的。在 Oracle 中，可以通过定义 INSTEAD OF 触发器，实现将数据记录插入到其中的一个基表中。另外，当更新影响多个基表的视图时，一次不能同时更新多个基表的列，通过定义 INSTEAD OF 触发器，可以同时实现"一次"更新多个基表的列。

【例 9-7】 已经创建了查询商品信息的视图"VW_GOODSINFO"，视图结构包含商品编号、商品名称、商品类别和详细描述。

（1）定义视图。

```
CREATE OR REPLACE VIEW SCOTT.VW_GOODSINFO
AS
    SELECT      g_ID, g_NAME, t_NAME,g_PRICE
    FROM        SCOTT.GOODS G
    JOIN        SCOTT.TYPES T
    ON          G.t_ID = T.t_ID;
```

视图的定义需要特定的权限，请参阅第 6 章。

（2）更新视图数据。对于视图"VW_GOODSINFO"，考虑使用更新语句，以期更新视图，达到更新基表中数据的目的。相应的 PL/SQL 语句如下所示：

```
UPDATE          SCOTT.VW_GOODSINFO
SET        g_NAME = '三星 SGH-C888',t_NAME = '电脑产品'
WHERE      g_ID = '010006';
```

运行上述 PL/SQL 语句，Oracle 系统提示执行错误，显示相应的消息：

SQL Error: ORA-01776: 无法通过连接视图修改多个基表

原因在于更新操作影响了视图的多个基表导致了上述错误，为视图的更新操作创建 INSTEAD OF 触发器可以实现同步更新两个基表的数据。

（3）创建 INSTEAD OF 触发器。创建 INSTEAD OF 触发器的 PL/SQL 语句如下所示：

```
CREATE OR REPLACE TRIGGER SCOTT.tr_UPDATE_GOODS_TYPES
INSTEAD OF UPDATE
ON SCOTT.VW_GOODSINFO
FOR EACH ROW
BEGIN
        --更新商品表 GOODS
    UPDATE SCOTT.GOODS
    SET    g_NAME = :NEW.g_NAME
    WHERE  g_ID = :OLD.g_ID;
        --更新类别表 TYPES
    UPDATE  SCOTT.TYPES
    SET    t_NAME = :NEW.t_NAME
    WHERE   t_NAME = :OLD.t_NAME;
END tr_UPDATE_GOODS_TYPES;
```

创建视图"VW_GOODSINFO"替代触发器后，再执行更新语句，便可完成通过视图更新多个基表的数据。

- 基于视图的更新操作要遵循基表现在的约束。
- 与执行 AFTER 或 BEFORE 触发器不同，创建指定 DML 操作类型的 INSTEAD OF 触发器后，该 DML 操作不再执行，而代之以执行触发器语句完成该 DML 功能。

9.3.2　系统事件触发器

系统事件触发器是指由数据库系统事件触发的数据库触发器。数据库系统事件通常包括以下几种：

- 数据库的启动（STARTUP）；
- 数据库的关闭（SHUTDOWN）；

● 数据库服务器出错（SERVERERROR）。

【例9-8】 创建数据库启动后记录启动时间的系统事件触发器。

（1）创建系统事件触发器测试表。

```
CREATE TABLE dblog(op_date timestamp);
```

（2）创建系统事件触发器。

```
CREATE OR REPLACE TRIGGER tr_StartDB
AFTER STARTUP
ON DATABASE
BEGIN
  INSERT INTO DBLOG VALUES(SYSDATE);
END;
```

● tr_StartDB 的作用是在用户登录数据库时，记录登录时间。
● 对于 STARTUP 和 SERVERERROR 事件，只可以创建 AFTER STARTUP 触发器；而对于 SHUTDOWN 事件，只可创建 BEFORE SHUTDOWN 触发器。

9.3.3 用户事件触发器

用户事件触发器是指与数据库定义语句或用户的登录/注销等事件相关的触发器。这些事件包括以下语句，并且可以规定触发时间 BEFORE 或 AFTER：

● CREATE
● AUDIT
● NOTAUDIT
● ALTER
● COMMENT
● DROP
● GRANT
● ANALYZE
● REVOKE
● ASSOCIATE STATISTICS
● DISASSOCIATE STATISTICS
● RENAME
● TRUNCATE

在用户事件触发器中只可以指定触发时间 BEFORE 的事件为 LOGOFF、触发时间 AFTER 的用户事件为 LOGON。

【例9-9】 创建保存系统操作日志的用户事件触发器。

```
create or replace
TRIGGER SCOTT.TR_DDL
AFTER LOGON ON SCHEMA
BEGIN
  INSERT INTO SCOTT.SYSLOG VALUES(USER,SYSDATE);
END;
```

- SYSLOG 为前面所建的保存系统日志的表。
- 用户事件触发器通常与 DDL 或用户登录/注销事件相关。
- 在编译触发器时，经常会出现"Warning: 执行完毕，但带有警告"的警告信息，请使用 SQL Developer 对带有警告的触发器进行编译，并根据编译的提示修改错误。

第 9 章 触发器操作

9.4 课堂案例 4——eBuy 中的典型触发器

无论是何种类型的触发器，将其成功创建后，只有当触发表发生指定的数据更新操作时，Oracle 系统才会自动执行对应触发器的代码。

9.4.1 插入型触发器

当对触发表执行插入操作时，将会引发触发表上的插入型触发器的执行。

【例 9-10】 在用户方案 SCOTT 的商品表 GOODS 中插入数据记录时需要进行如下检查：当试图往 GOODS 表中插入在商品类别表 TYPES 中并不存在的商品类别编号 t_ID 时，返回一条类别错误的消息；否则显示插入成功的消息。

判断该商品记录能否成功被插入到商品表中，关键需要判断该商品记录的类别编号是否在商品类别表中存在，若存在，则可以显示正确消息，否则显示错误消息。

（1）编写插入型触发器。

```
CREATE OR REPLACE TRIGGER TR_ADDGOODS
BEFORE INSERT
ON SCOTT.GOODS
FOR EACH ROW
DECLARE
    counter INTEGER;
BEGIN
    --根据新商品记录的商品类别编号获取其在类别表中出现的行数
    SELECT  COUNT(*) INTO counter
    FROM    SCOTT.Types
    WHERE   t_ID = :NEW.t_ID;
    --判断新商品记录的商品类别编号是否在类别表中存在
    IF counter > 0 THEN
        DBMS_OUTPUT.PUT_LINE('添加新商品成功！');
    ELSE
        DBMS_OUTPUT.PUT_LINE('商品编号' || :NEW.t_ID ||
        '在商品类别表 Types 中不存在！');
    END IF;
END TRG_ADDGOODS;
```

（2）验证插入触发器 TR_ADDGOODS。为了执行上述触发器代码，需要用户针对商品表执行插入操作，相应的 PL/SQL 代码如下：

```
INSERT INTO SCOTT.Goods VALUES('990001','圣德西西服','99',1468,0.9,60,to_date('2009-
06-01','yyyy-mm-dd'),'pImage/040001.gif','推荐','展现男人的魅力');
```

由于该商品的类别编号"99"在商品类别表中并不存在，执行触发器的结果如下所示：

```
1 rows inserted
商品编号 99 在商品类别表 Types 中不存在！
```

- 如果既有外键约束，也有触发器，则外键约束作用在触发器之前；
- 对于上例的触发器，无论是使用 BEFORE 型触发器还是 AFTER 触发器，都不能从根本上阻止 DML 操作的发生；
- BEFORE 型触发器由于在 DML 操作之前触发，它可以使用:NEW 和:OLD 的值，而 AFTER 型触发器则只能使用:OLD 的值；
- 如果用户不指定 BEFORE 或者 AFTER，创建的触发器被默认为是 AFTER 型触发器。

9.4.2 删除型触发器

当对触发表执行删除操作时，将会引发触发表上的删除型触发器的执行。

【例 9-11】 当需要删除用户方案 SCOTT 中订单表 ORDERS 的数据记录时，需要同时删除订单明细表 ORDERDETAILS 的相关数据记录，并显示相应的消息。

删除订单表的数据记录时，通过:OLD 值获得被删除订单记录的订单编号，并通过该订单编号级联删除订单明细表的所有相关数据记录。

（1）创建删除型触发器。

```
create or replace TRIGGER SCOTT.TR_DELORDER
AFTER DELETE
ON SCOTT.ORDERS
FOR EACH ROW
BEGIN
    DELETE FROM SCOTT.ORDERDETAILS
    WHERE  o_ID = :OLD.o_ID;
    DBMS_OUTPUT.PUT_LINE('成功删除订单及订单明细信息!');
END TR_DELORDER;
```

如果没有在 TR_DELORDER 前面加上 SCOTT 前缀，则以其他用户操作该触发器时，将会出现"权限不足"的提示信息，如图 9-14 所示。

图 9-14　编译触发器错误

（2）验证删除型触发器 TR_DELORDER。为了执行上述触发器代码，需要用户针对订单表执行删除操作，相应的 PL/SQL 代码如下：

```
DELETE FROM   SCOTT.ORDERS
WHERE         o_ID = '200708011430';
```

执行结果如下所示：

成功删除订单及订单明细信息！

9.4.3 更新型触发器

当对触发表执行更新操作时，将会引发触发表上的更新型触发器的执行。

【例 9-12】 当需要更新用户方案 SCOTT 中商品表 GOODS 的数据记录时，需要同时判断该数据记录的商品类别编号是否存在，若存在，则显示表示正确的消息；否则显示表示错误的信息。

更新商品表的数据记录时，通过:NEW 值获得被更新商品记录类别编号，并通过该商品类别编号判断其在类别表中是否存在，根据存在与否显示不同的表示信息。

（1）创建更新型触发器。

```
CREATE OR REPLACE TRIGGER SCOTT.tr_UPDATEGOODS
BEFORE UPDATE
ON SCOTT.GOODS
FOR EACH ROW
DECLARE
    counter INTEGER;
BEGIN
    --根据更新后的商品类别编号获取其在类别表中出现的行数
    SELECT  COUNT(*) INTO counter
    FROM    SCOTT.Goods
    WHERE   t_ID = :NEW.t_ID;
    --判断新商品类别编号是否存在
    IF counter > 0 THEN
        DBMS_OUTPUT.PUT_LINE('更新商品信息成功!');
    ELSE
        DBMS_OUTPUT.PUT_LINE('商品类别编号!' || :NEW.t_ID || '不存在! ');
    END IF;
END tr_UPDATEGOODS;
```

（2）验证更新型触发器 tr_UPDATEGOODS。

为了执行上述触发器代码，需要用户针对商品表执行更新操作，相应的 PL/SQL 代码如下：

```
UPDATE    SCOTT.GOODS
SET       t_ID = '88'
WHERE     g_ID = ' 040001 ';
```

执行结果如下所示：

商品类别编号 88 不存在!

9.4.4 混合型触发器

有时候，为了方便管理触发器，会将多种类型的 DML 操作绑定到一个触发器上，这类触发器可以被多类 DML 操作触发，因此被称为混合型触发器。

【例 9-13】 当需要对用户方案 SCOTT 中的商品表 GOODS 执行 DML 操作时，需要根据不同的 DML 操作返回不同的信息。

判断 DML 操作的类型时，可以通过当前操作是否 INSERTING、UPDATING 或者 DELETING 来判断 DML 操作的类型，并显示不同的消息。

（1）创建混合型触发器。

```
create or replace
TRIGGER tr_DMLGOODS
BEFORE INSERT OR UPDATE OR DELETE
ON SCOTT.GOODS
FOR EACH ROW
BEGIN
    IF INSERTING THEN
        DBMS_OUTPUT.PUT_LINE('新商品的名称是' || :NEW.g_NAME);
    ELSIF UPDATING THEN
        DBMS_OUTPUT.PUT_LINE('商品的原有名称是' || :OLD.g_NAME ||
        ',新名称是' || :NEW.g_NAME);
    ELSE
        DBMS_OUTPUT.PUT_LINE('被删除商品的名称是' || :OLD.g_NAME);
    END IF;
END tr_DMLGOODS;
```

（2）验证混合型触发器。为了执行上述触发器代码，可以针对商品表执行任意 DML 操作，相应的 PL/SQL 代码如下：

```
UPDATE          SCOTT.GOODS
SET             g_NAME = '劲霸西服 888'
WHERE           g_ID = '040001';
```

执行结果如下所示:

```
1 rows updated
```
商品的原有名称是劲霸西服,新名称是'劲霸西服 888。

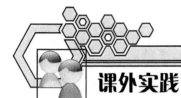

课外实践

【任务1】

在 BookData 数据库中创建一个触发器 tr_BorrowBook,实现在借书表 Borrow 中借出一本书的同时,在图书信息表 BookInfo 中将该书的库存量自动减 1。

【任务2】

编写 PL/SQL,测试触发器 tr_BorrowBook 的执行情况。

【任务3】

在 BookData 数据库中创建一个触发器 tr_DeleteReader,实现如果某一读者在读者表 ReaderInfo 中被删除,系统将自动删除该读者的借书信息和还书信息。

【任务4】

编写 PL/SQL,测试触发器 tr_DeleteReader 的执行情况。

【任务5】

创建一个触发器 tr_Log,实现记录用户登录系统的时间和用户名的功能。

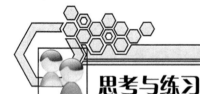

思考与练习

一、填空题

1. 根据服务器或数据库中调用触发器的操作不同,Oracle 的触发器分为_____触发器、_____触发器、系统事件触发器和用户事件触发器。

2. _____变量表用于存储 DELETE 和 UPDATE 语句所影响的行的值。

3. 查询_____数据字典可以查看触发器的类型等信息。

4. _____和_____指定了触发器的触发时间。当为一个表配置了约束时,它们将会特别有用,_____可以规定 Oracle 在应用约束前调用触发器,而_____规定在应用约束后调用触发器。

二、选择题

1. 删除触发器 tr_User 的正确命令是_____。

A. DELETE TRIGGER tr_User   B. TRUNCATE TRIGGER tr_User

C. DROP TRIGGER tr_User   D. REMOVE TRIGGER tr_User

2. 关于触发器的描述不正确的是_____。

A. 它是一种特殊的存储过程

B. 可以实现复杂的商业逻辑

C. 数据库管理员可以通过语句执行触发器

D. 触发器可以用来实现数据完整性

3. 下列哪些操作会同时影响到:NEW 变量和:OLD 变量？ _____

A. SELECT 操作   B. INSERT 操作

C. UPDATE 操作   D. DELETE 操作

4. 下列哪个数据库对象可以用来实现表间的数据完整性？ _____

A. 触发器   B. 存储过程   C. 视图   D. 索引

5. 在创建触发器时，哪一个语句决定了触发器是针对每一行执行一次，还是针对每一个语句执行一次？ _____

A. FOR EACH ROW   B. ON

C. REFERENCING   D. NEW

6. 下列哪个语句用于禁用触发器_____。

A. ALTER TABLE   B. MODIFY TRIGGER

C. ALTER TRIGGER   D. DROP TRIGGER

三、简答题

1. 简述 Oracle 数据库中触发器的类型及其触发条件。

2. 举例说明替代触发器的作用。

第 10 章
数据库安全操作

【学习目标】

本章将向读者介绍数据库安全的基本概述、安全策略、使用 SQL Developer 和 PL/SQL 管理用户、使用 SQL Developer 和 PL/SQL 管理角色、使用 SQL Developer 和 PL/SQL 管理权限、使用 SQL Developer 和 PL/SQL 管理概要文件、数据库审计等基本内容。本章的学习要点主要包括：

（1）数据库安全概述；

（2）数据库安全策略；

（3）使用 SQL Developer 进行用户管理；

（4）使用 PL/SQL 进行用户管理；

（5）使用 SQL Developer 进行角色管理；

（6）使用 PL/SQL 进行角色管理；

（7）授权和撤销权限；

（8）数据库审计。

【学习导航】

数据库安全已经成为计算机和计算机网络安全中很重要的一部分，数据库的安全性问题一直是 DBA 关注的焦点，防止数据丢失及防范数据库被未经授权访问对于 Oracle 数据库应用系统来说都是至关重要的问题，因此有效地提高数据库的安全性能是非常重要的。Oracle 数据库提供了一套比较完备的安全策略，DBA 可以综合应用这些措施有效地保证数据库的安全。本章内容在 Oracle 数据库系统管理与应用中的位置如图 10-1 所示。

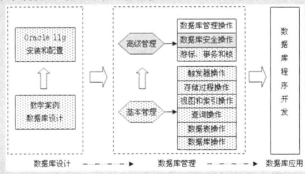

图 10-1　本章学习导航

10.1　数据库安全管理概述

数据库的安全性是指保护数据库，防止非法操作所造成的数据泄露、篡改或损坏。在计算机系统中，安全性问题普遍存在，特别是当大量用户共享数据库中的数据时，安全问题尤其明显。保证数据库安全也成为 DBA 一项最重要的工作。

在计算机系统中，安全措施一般是一级一级地进行设置，如图 10-2 所示。

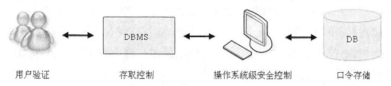

用户验证　　　　　　存取控制　　　　操作系统级安全控制　　　　口令存储

图 10-2　计算机系统安全控制模型

在数据库存储级别上，可以采取口令技术，当物理存储设备丢失后可以起到保密的作用。在数据库系统级别上，提供了两种控制技术：用户验证和数据存取控制。

在 Oracle 多用户数据库系统中，安全机制完成以下任务：

- 防止未经授权的数据存取；
- 防止未经授权的方案对象存取；
- 控制磁盘使用；
- 控制系统资源的使用；
- 审计用户操作。

数据库安全可以分为系统安全和数据安全。系统安全包括在系统级别上，控制数据库的存取和使用的机制，如合法的用户名/口令、用户方案对象的可用磁盘空间、用户的资源限制等。系统安全机制检查用户是否被授权连接到数据库，数据库审计是否是活动的，用户可以执行哪些系统操作等。数据安全包括在方案对象级别上，控制数据库的存取和使用的机制，如哪个用户可以存取指定的方案对象，在方案对象上允许每个用户采取的操作，每个方案对象的审计操作。

Oracle 使用的数据库安全机制包括数据库用户、角色、权限、存储设置和限额、资源限制和审计等。

每个 Oracle 数据库都有一个用户名列表，每个用户名都有相关的口令，以防止未经授权使用。每个用户有一个安全域，它包含一组属性，决定着以下事情：

- 对用户可用的操作；
- 每个用户的表空间限额；
- 每个用户的系统资源限制。

用户的存取权限即被用户安全域的不同设置控制。

10.2　安全策略

保障 Oracle 数据库系统的安全，首先需要为数据库操作创建安全策略，包括系统安全策略、数据安全策略、用户安全策略、口令安全策略和审计策略。

10.2.1　系统安全策略

每个 Oracle 数据库可以设置一个或多个安全管理员，负责维护数据库的安全。当数据库系统较小时，安全管理员的工作可由 DBA 兼管；若数据库很大，则应该有专人作为专职的安全管理员。负责系统安全管理的管理员必须为数据库制定安全策略，至少应该包括以下几个方面。

1．数据库用户管理

用户是在数据库中定义的，可以连接和访问数据库的名称。数据库用户是存取数据库中信息的通道，必须对数据库用户进行严格的安全管理。根据数据库的大小和所需的工作量来管理数据库用户，既可以由安全管理员作为唯一有权限创建、修改和删除数据库用户的用户，也可以由多个有权限的管理员来管理数据库用户。

2．用户验证

为了防止数据库用户未经授权访问，Oracle 提供主机操作系统、网络服务和数据库验证等方法对数据库用户实施验证。一般情况下会使用一种方法验证数据库中的所有用户，但也允许在同一数据库实例中使用多种验证方法。

3．操作系统安全

有时候还要考虑运行 Oracle 和数据库应用程序的操作系统环境的安全：DBA 必须有创建和删除文件的操作系统权限；通常的数据库用户不应该有创建和删除文件的操作系统权限；若操作系统识别用户的数据库角色，则安全管理员必须拥有操作系统权限，以修改系统账户和安全域。

10.2.2　数据安全策略

数据安全包括在对象级控制数据库访问和使用的机制，它决定了哪个用户可以访问特定方案对象，在对象上允许每个用户的特定类型操作，也可以定义审计每个方案对象的操作。

为数据库中数据创建的安全等级决定数据安全策略。若要允许任何用户创建任何方案对象，或将对象的存取权限授予系统中的其他用户，数据库将缺乏安全保障。当希望仅有 DBA 或安全管理员有权限创建对象，并向角色和用户授予对象的存取权限时，必须完全控制数据安全。

数据安全策略应该基于数据的机密程度。若信息是非机密的，数据安全策略可以不那样严密，否则数据安全策略应该严格控制对象的存取。

10.2.3　用户安全策略

用户安全策略包括一般用户、最终用户、管理员、应用程序开发人员和应用程序管理员的安全策略。

1．一般用户安全

对于一般用户安全，主要考虑口令安全和权限管理问题。

（1）口令安全。安全管理员创建一个口令安全策略，以维护数据库的存取安全，如要求数据库用户定期修改自己的口令，或在口令被其他用户知道后修改口令。通过强制口令修改，可以减少未被授权的数据库存取。

（2）权限管理。安全管理员应该为所有类型的用户实行相关的权限管理。如果数据库用户的数量众多，使用角色可以更有效地管理用户权限，角色可以大大简化复杂环境下的权限管理。对于数据库用户数量较少的数据库系统，直接授权也许会更方便。

2．最终用户安全

安全管理员也必须为最终用户定义安全策略。对于拥有大量数据库用户的数据库系统，安全管理员可以确定用户的分组，为用户组创建不同的角色，为每个角色授予所需的权限和应用角色，然后再将角色分配给用户。

3．管理员安全

管理员安全策略也是必须由安全管理员创建的。可以为拥有多个 DBA 的数据库系统创建角色，将不同系统权限授予不同角色，再将不同的角色授予不同用户。

由于 SYSTEM 和 SYS 用户拥有强大的权限，在创建数据库后，应该立即修改 SYSTEM 和 SYS 用户的口令。

4．应用程序开发人员安全

数据库应用程序开发人员是唯一为完成他们的工作而需要指定权限的数据库用户，与最终用户不同的是，应用程序开发人员需要系统权限，如 CREATE TABLE、CREATE TRIGGER 等。安全管理员需要注意，只能向开发人员授予指定的系统权限，而限制其对整个数据库的存取。

5．应用程序管理员安全

在有些拥有数据库应用程序的数据库系统中，可能需要应用程序管理员，他们通常完成以下工作：

● 为应用程序建立角色，管理每个应用程序角色的权限；
● 创建和管理数据库应用程序使用的对象；
● 维护和更新应用程序代码和 Oracle 的存储过程、包等。

为应用程序管理员授权时要注意只分配给属于其工作职责的权限，而严格控制权限的扩大化。

10.2.4 口令管理安全策略

数据库安全系统在任何时候都是依靠口令来保持的，但口令可能容易遭受盗窃、伪造或误用的威胁。考虑到对数据库安全的大量控制，Oracle 的口令管理策略由 DBA 控制。

10.2.5 审计策略

安全管理员必须为数据库的审计定义一个策略。在需要审计时，安全管理员必须决定审计的级别。通常在确定可疑活动的起源后，一般系统审计由更多特定类型的审计跟踪。

10.3 课堂案例1——用户管理

【案例学习目标】掌握 Oracle 中应用 SQL Developer 和 PL/SQL 创建用户、修改用户、删除用户的方法和基本步骤。

【案例知识要点】SQL Developer 创建用户、SQL Developer 修改用户、SQL Developer 删除用户、PL/SQL 创建用户、PL/SQL 修改用户、PL/SQL 删除用户。

【案例完成步骤】

数据库用户是连接数据库、存取数据库对象的名称。用户管理就是一种控制用户拥有存取数据的指定信息和执行指定操作的安全措施。在创建数据库用户的同时，也为该用户创建同名的方案，该方案与同名用户相关联，用户拥有的所有对象都存储在该方案中。在默认情况下，连接数据库后，用户就可以存取相应方案中包含的全部对象。在登录数据库时，Oracle 系统通过用户表来检查用户名和口令是否合法，只有用户表中存在的用户才能和数据库建立连接。用户管理包括用户的创建、修改、删除和监控。

10.3.1 创建用户

在创建新用户之前，了解该用户需要具备的特性是很重要的，如用户名称、验证方式、默认表空间、临时表空间和包含资源限制的批文件等。创建数据库用户的 DBA 必须具有 CREATE USER 系统权限，通常 SYS 用户以 SYSDBA 身份登录就具有该权限。

在 Oracle 11g 中创建用户，既可以使用 SQL Developer 来完成，也可以使用 CREATE USER 这样的 PL/SQL 语句来完成。

1. 使用 SQL Developer 创建用户

在 Oracle 11g 环境中，使用 SQL Developer 创建用户的步骤如下。

（1）以 SYSDBA 角色启动 SQL Developer 后，右键单击 "Other Users"，从弹出的快捷菜单中选择 "Create User" 菜单项，如图 10-3 所示。

（2）在打开的用户对话框内，输入新用户名称、口令和确认口令，并选择默认表空间和临时表空间分别为 USERS 和 TEMP（当然也可以是其他表空间），如图 10-4 所示。

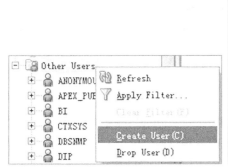

图 10-3 选择创建新用户

图 10-4 创建新用户

（3）单击 "应用" 按钮，成功创建用户后在 "Results" 选项卡中将显示 "Create User succeeded" 的信息。

一般情况下，用户创建成功后，需要指定其所属角色，以方便实现对用户和角色的权限进行管理。为用户指定其所属角色的步骤如下。

（1）在图 10-4 所示的用户对话框中，单击 "Roles" 选项卡，进入角色设置界面，如图 10-5 所示。

（2）在授权（"Granted"）列中，勾选 "CONNECT" 和 "DBA" 角色，单击 "应用" 按钮，即可为用户指定角色，并在 Results 选项卡中显示图 10-6 所示的授权成功的信息。

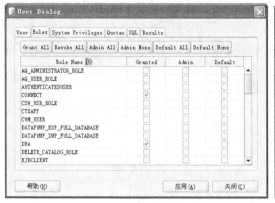

图 10-5　编辑用户所属角色

图 10-6　修改角色

- Oracle 中的用户管理和角色管理是息息相关的，关于角色的详细介绍请参阅 10.4 节
- 用户通常属于一个或多个角色，以便于对用户所拥有的权限进行控制。

2. 使用 PL/SQL 创建用户

使用 PL/SQL 命令 CREATE USER 创建用户的基本语法格式如下：

```
CREATE USER <用户名>
    IDENTIFIED {BY <口令> | EXTERNALLY | GLOBALLY AS '外部名称'}
    [ DEFAULT TABLESPACE <默认表空间>
    | TEMPORARY TABLESPACE <临时表空间>]
    | QUOTA { size | UNLIMITED } ON <表空间>
    …
    | PROFILE <策略文件>
    | PASSWORD EXPIRE
    | ACCOUNT { LOCK | UNLOCK }
] …
;
```

参数说明如下。

- 用户名：指定需要创建的用户名。
- IDENTIFIED：指定 Oracle 的验证方式。
- BY <口令>：指定新用户的登录口令。
- EXTERNALLY：指定用户必须由外部服务（如操作系统、第三方工具）验证。
- GLOBALLY AS '外部名称'：指定用户由 OSS 验证，外部名称用于识别用户。
- DEFAULT TABLESPACE <默认表空间>：指定用户创建对象的默认表空间，对象默认在 SYSTEM 表空间中。
- TEMPORARY TABLESPACE <临时表空间>：指定用户创建对象的临时表空间，临时段默认在 SYSTEM 表空间中。
- QUOTA：允许用户分配表空间中的空间，size 表示创建的限额，即表空间中该用户可以分配的最大空间，单位为 KB 或 MB，默认值 UNLIMITED 表示允许用户在该表空间中分配的空间不受限制。
- PROFILE <策略文件>：分配一个批文件给用户，用来限制用户可以使用的数据库资源数量，默认分配 DEFAULT 批文件给用户。

- PASSWORD EXPIRE：要求用户的口令立即期满，强制用户在首次登录到 Oracle 数据库时更改口令。
- ACCOUNT：是否锁住用户账户，LOCK 表示锁定用户账户，而 UNLOCK 则表示不锁定用户账户。

【例 10-1】 创建用户 LIUZC，执行数据库验证方式。

```
CREATE USER LIUZC
    IDENTIFIEDBY 123456;
```

【例 10-2】 创建用户 WANGYM，执行操作系统验证方式。

```
CREATE USER WANGYM
    IDENTIFIED EXTERNALLY
    DEFAULT TABLESPACE USERS
    TEMPORARY TABLESPACE TEMP;
```

新建的用户还必须被授予 CREATE SESSION 系统权限才可以连接到 Oracle 数据库。

10.3.2 修改用户

在需要的时候，用户可以修改自己的口令；如果用户拥有 ALTER USER 系统权限，则可以修改其他用户安全域的信息，如用户验证方法、默认表空间、表空间限额、资源限制和默认角色等。

在 Oracle 11g 中修改用户，既可以使用 SQL Developer 来完成，也可以使用 ALTER USER 这样的 PL/SQL 命令来完成。

1. 使用 SQL Developer 修改用户

在 Oracle 11g 环境中，使用 SQL Developer 修改用户的步骤如下。

（1）在 SQL Developer 中右键单击需要修改的用户，在弹出的快捷菜单中选择"Edit User"，如图 10-7 所示。

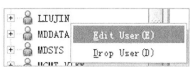

图 10-7 选择编辑用户

（2）在打开的用户对话框中修改用户的信息，如口令、默认表空间、临时表空间、权限、状态等，单击"应用"按钮完成用户修改操作。

2. 使用 PL/SQL 修改用户

使用 PL/SQL 命令 ALTER USER 修改用户的基本语法格式如下：

```
ALTER USER <用户名>
    IDENTIFIED{BY <口令> | EXTERNALLY | GLOBALLY AS '外部名称'}
    [ DEFAULT TABLESPACE <默认表空间>
    | TEMPORARY TABLESPACE <临时表空间>]
    | QUOTA { size | UNLIMITED } ON <表空间>
    …
    | PROFILE <策略文件>
    | DEFAULT ROLE {<规则>[,…n] | ALL [EXCEPT <规则>[,…] | NONE]}
    | PASSWORD EXPIRE
    | ACCOUNT { LOCK | UNLOCK }
] …
;
```

其中，DEFAULT ROLE 子句只可以包括已经直接授予用户的角色，ALL 表示所有角色默认授予该用户，EXCEPT 指定排除在默认角色之外的角色，NONE 表示默认不授予任何角色。

其他的参数和 CREATE ROLE 命令类似。

【例 10-3】　修改用户 LIUZC 的密码为 LIUZC888，并锁定该用户。

```
ALTER USER LIUZC
IDENTIFIED BY LIUZC888
ACCOUNT LOCK;
```

- 用户账户被锁定后，只有通过管理员对该用户解锁后，才可以使用该用户连接数据库。
- 解锁数据库时使用 UNLOCK 选项。
- 修改用户时，也可以设置用户的角色，详见本章 10.4.4 小节。

10.3.3　删除用户

有时候，某用户账户不再需要了，应该将该用户删除。在删除方案中包含对象的用户之前，必须了解方案中的对象和它们的关联，如删除拥有表的用户表，检查是否有视图或过程依赖于该表。要删除用户和它的所有方案对象，就必须拥有 DROP USER 系统权限。

在 Oracle 11g 中删除用户，既可以使用 SQL Developer 来完成，也可以使用 DROP USER 这样的 PL/SQL 命令来完成。

1．使用 SQL Developer 删除用户

在 SQL Developer 中右键单击需要删除的用户，在弹出的图 10-7 所示的快捷菜单中选择 "Drop User" 删除该用户，进入 "确认删除" 页面，如图 10-8 所示，再单击 "应用" 按钮即可完成删除用户的操作。

图 10-8　确认删除用户

2．使用 PL/SQL 删除用户

使用 PL/SQL 命令 DROP USER 删除用户的基本语法格式为

```
DROP USER <用户> [CASCADE];
```

参数说明如下。

- 用户：表示被删除的用户名。
- CASCADE：表示在删除用户前删除该用户方案中的所有对象，包括表、索引等。如果需要删除方案中包含对象的用户就必须使用该选项，否则操作将出错，删除用户失败。需要特别注意的是，该命令不可以被回滚。

【例 10-4】　删除用户 LIUZC 及其方案中包含的全部对象。

```
DROP USER LIUJIN CASCADE;
```

需要注意的是，当前连接到 Oracle 数据库的用户不可以被删除。

10.3.4 监控用户

数据字典保存着每个数据库用户的信息，DBA 可以使用数据字典来查看用户信息，包括：

● 数据库中所有用户的信息；
● 每个用户的默认表空间、表、聚集和索引；
● 每个用户临时段的表空间；
● 每个用户的空间限额。

与用户相关的数据字典见表 10-1。

表 10-1 　　　　　　　　　　　　与用户相关的数据字典

序号	数据字典	说明
1	ALL_USERS	数据库中所有用户的信息
2	USER_USERS	当前用户的信息
3	DBA_USERS	数据库中所有用户的信息
4	USER_TS_QUOTAS	用户表空间限额
5	DBA_TS_QUOTAS	所有用户表空间限额
6	V$SESSION	当前会话的信息
7	V$SESSTAT	当前会话的统计

【例 10-5】　　查看当前数据库中所有以 LIU 开始的用户的详细信息并按用户名降序排列。

```
SELECT      *
FROM ALL_USERS
WHERE USERNAME LIKE 'LIU%'
ORDER BY  USERNAME DESC;
```

运行结果如图 10-9 所示。

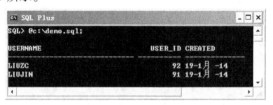

图 10-9　查询包括 LIU 的用户信息

10.4　课堂案例 2——角色管理

【案例学习目标】掌握 Oracle 中应用 OEM 和 PL/SQL 创建角色、修改角色、删除角色、启用/禁用角色的方法和基本步骤。

【案例知识要点】OEM 创建角色、OEM 修改角色、OEM 删除角色、PL/SQL 创建角色、PL/SQL 修改角色、PL/SQL 删除角色、PL/SQL 启用/禁用角色。

【案例完成步骤】

角色（Role）是具有名称的一组相关权限的组合，即将不同的权限集合在一起就形成了角色。可以向角色添加权限，角色也可以被授予用户或其他角色，用户可以行使角色中的权限。Oracle 使用角色来简化数据库权限的管理。例如，数据库管理员要为 3 个用户 A、B 和 C 授予 3 种不同的权限 R1、R2 和 R3，如果不使用角色，需要为每个用户授予 3 种不同的权限，3 个用户一共需要 9 次授权才能完成。而如果采用角色，可以将 3 个不同的权限组合成一个角色，然后将 3 个用户加入到角色即可，最多需要 3 次授权就可以。另外，如果需要增加或减少用户的权限，只需要增加或减少角色的权限即可。

- Oracle 中的角色不属于任何一个用户，也不属于任何一个方案
- 角色首先是一组权限的组合，用户加入到角色后便可以拥有相应的权限。

Oracle 的角色既可以是系统自定义的角色，也可以是用户根据需要自行定义的角色。

使用角色通常具有以下一些优势。

（1）减少权限的授予。DBA 可以将一组相关的用户权限授予某个角色，再将角色授予该组中每个成员，从而不再需要单独为每个用户授予同一批权限。

（2）动态权限管理。在一组权限需要修改时，只需要修改角色的权限即可，被授予该组角色的所有用户的安全域自动反映该角色的修改。

（3）选择权限的可用性。授予用户的角色既可以使之可用，也可以使之不可用，这就允许在一些特定场合中对用户的权限进行特殊控制。

（4）应用程序角色。数据库应用程序可以设计为在用户试图使用该程序时自动使用或不自动使用选择的角色。

在 Oracle 中进行角色（主要是用户自定义角色）管理主要包括创建角色、修改角色和删除角色等操作。

10.4.1 创建角色

在 Oracle 11g 中创建角色，既可以使用 OEM 来完成，也可以使用 CREATE ROLE 这样的 PL/SQL 命令来完成，但用户需要拥有 CREATE ROLE 权限。

1. 使用 OEM 创建角色

在 Oracle 11g 环境中，使用 OEM 创建角色的步骤如下。

（1）使用 SYS 或 SYSTEM 用户账户进入 OEM，单击 OEM 中"数据库实例"的"服务器"页中"安全性"区域的"角色"链接，进入"角色"页面，如图 10-10 所示。在"角色"页面显示了当前数据库实例中所有的角色名信息。

（2）单击"创建"按钮，进入"创建角色"页面，如图 10-11 所示。输入新角色名称（如 super），并选择验证方式。

图 10-10 "角色"页面

图 10-11 "创建角色"页面

（3）单击"确定"按钮，成功创建角色后将进入图 10-12 所示的"创建角色确认"页面。

至此，创建新角色完成，单击新角色名的链接可以查看新角色的相关信息。

2. 使用 PL/SQL 创建角色

使用 PL/SQL 命令 CREATE ROLE 创建角色的基本语法格式为

```
CREATE ROLE <角色名>
[ NOT IDENTIFIED ]
| IDENTIFIED   { BY <口令> | EXTERNALLY | GLOBALLY }
] ;
```

图 10-12   "创建角色确认"页面

参数说明如下。

● 角色名：指定需要创建的角色名。

● NOT IDENTIFIED：指定由数据库认可该角色，不需要口令就可以使用该角色，为默认设置。

● IDENTIFIED：指定在使用该角色之前必须由指定方法认可用户。

● BY <口令>：表示在使用角色时用户必须指定口令。

● EXTERNALLY：表示在使用角色前用户必须由外部服务（如操作系统、第三方工具）来认可。

● GLOBALLY：表示在使用角色前必须由 OSS 验证。

【例 10-6】   创建角色 GENERAL，由数据库使用口令来验证。

```
CREATE ROLE GENERAL
    IDENTIFIED BY 123456;
```

● 数据字典 "DBA_ROLES" 保存了数据库中全部角色的信息。

● 通常情况下，为了 Oracle 数据库的安全，不应该使用任何预定义的角色，应该按实际需求为用户授予自定义角色。

可以通过数据字典 "DBA_ROLES" 查看角色的情况：

```
SELECT * FROM DBA_ROLES;
```

运行结果如图 10-13 所示。

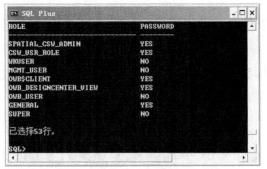

图 10-13　查看角色

10.4.2　修改角色

在需要的时候，可以修改角色的信息。只有用户拥有 ALTER ANY ROLE 系统权限或属于 ADMIN OPTION 角色，该用户才可以修改角色的信息。

在 Oracle 11g 中修改角色，既可以使用 OEM 来完成，也可以使用 ALTER ROLE 这样的 PL/SQL 命令来完成。

1．使用 OEM 修改角色

在 Oracle 11g 环境中，使用 OEM 修改角色的步骤如下。

（1）在图 10-10 所示的"角色"页面中选择需要修改的角色，单击"编辑"按钮，进入"编辑角色"页面，如图 10-14 所示。

图 10-14　"编辑角色"页面

（2）在"编辑角色"页面中修改角色的信息，如验证类型，单击"应用"按钮完成角色修改操作。

2．使用 PL/SQL 修改角色

使用 PL/SQL 命令 ALTER ROLE 修改角色的基本语法格式为

```
ALTER ROLE <角色名>
{ NOT IDENTIFIED
| IDENTIFIED  {BY <口令> | EXTERNALLY | GLOBALLY }
} ;
```

参数的含义和 CREATE ROLE 命令类似。

【例 10-7】　修改角色 GENERAL，设置不需要口令就可以使用该角色。

```
ALTER ROLE GENERAL
     NOT IDENTIFIED;
```

该语句执行后，再通过"DBA_ROLES"查看该 GENERAL，发现其密码由"YES"变成了"NO"。

10.4.3　删除角色

在有些情况下，可能需要删除某个角色。删除角色时，Oracle 将它从授予的所有用户和角色中回收，并从数据库中删除，被删除角色的所有间接授予的角色也从受影响的安全域中被删除，被删除角色自动从所有用户的默认角色列表中删除它。要删除角色，用户必须拥有 DROP ANY ROLE 系统权限或处于 ADMIN OPTION 角色。由于对象的创建不依赖于角色，所以在角色删除时表和其他对象不会被删除。

在 Oracle 11g 中删除角色，既可以使用 OEM 来完成，也可以使用 DROP ROLE 这样的 PL/SQL 命令来完成。

1．使用 OEM 删除角色

进入 OEM 后，在图 10-10 所示的"角色"页面中选择需要删除的角色，单击"删除"按钮，进入"确认删除"页面，如图 10-15 所示。再单击"是"按钮，即可完成删除角色的操作。

图 10-15　"确认删除角色"页面

- 在查看角色页面，如果角色很多，可以通过输入对象名查找指定的对象，以进行快速定位。
- 角色删除后，与该角色相关的用户所具有的权限也将会被撤销。

2．使用 PL/SQL 删除角色

使用 PL/SQL 命令 DROP USER 删除角色的基本语法格式为

```
DROP ROLE <角色>;
```
其中，角色表示被删除的角色名。

【例 10-8】　删除角色 GENERAL。
```
DROP ROLE GENERAL;
```

10.4.4　启用和禁用角色

为用户授予某个角色后，该用户将拥有特定角色所包含的所有权限。数据库管理员可以根据需要禁用某个角色，使角色的权限对该用户无效。通过启用和禁用角色，数据库管理员可以实现对 Oracle 角色所包含权限的动态管理。

使用 PL/SQL 语句的 SET ROLE 可以显式地启用或禁用某一角色。其基本语法格式如下：
```
SET ROLE [role [identified by password] | ,role [identified by password]…] | [ALL [EXCEPT
role [,role] | NONE]
```
参数说明如下。

- ALL：表示将启用用户被授予的所有角色（该用户的所有角色不得设置密码）。
- EXCEPT ROLE：表示除指定的角色之外，启用其他全部角色。
- NONE：表示禁用用户的所有角色。

【例 10-9】 为 GENERAL 角色设置密码 720518。

```
SET ROLE GENERAL
identified by 720518;
```

【例 10-10】 为用户 LIUZC 授予角色 CONNECT、RESOURCE、DBA 和 GENERAL 角色后，禁用该用户的所有角色。

```
GRANT CONNECT, RESOURCE,DBA,GENERAL TO LIUZC;
```

以 LIUZC 用户登录系统后，使用以下 PL/SQL 语句禁用该用户的所有角色：

```
SET ROLE NONE;
```

如果要启用该用户的 CONNECT 角色，可以使用以下 PL/SQL 语句启用 CONNECT 角色：

```
SET ROLE CONNECT;
```

角色启用/禁用后，可以通过查询数据字典视图 "SESSION_ROLES" 查看用户的角色情况：

```
SELECT * FROM SESSION_ROLES;
```

运行结果如图 10-16 所示。

图 10-16　查看用户 LIUZC 所属角色

用户所属角色也可以在修改用户的时候进行启用或禁用。

【例 10-11】 修改用户 LIUZC，为其设置默认角色为 CONNECT。

```
ALTER USER LIUZC
DEFAULT ROLE CONNECT;
```

【例 10-12】 修改用户 LIUZC，禁用该用户的所有角色。

```
ALTER USER LIUZC
DEFAULT ROLE NONE;
```

【例 10-13】 修改用户 LIUZC，启用该用户的 GENERAL 角色之外的所有角色。

```
ALTER USER LIUZC
DEFAULT ROLE ALL EXCEPT GENERAL;
```

● SET ROLE 是当前用户对自身角色进行的设置。
● ALTER USER 是以其他用户身份对指定用户的角色进行的设置。

10.4.5　Oracle 系统预定义角色

Oracle 系统的预定义角色是在安装数据库后由系统自动创建的一些角色，这些角色已经由系统授予了相应的权限。数据库管理员不再需要先创建它，只需要将用户添加到角色中即可。Oracle 中常见的系统预定义角色包括了 CONNECT、RESOURCE、DBA、EXP_FULL_DATABASE、IMP_FULL_DATABASE 等，见表 10-2。

表 10-2   Oracle 的预定义角色

序号	预定义角色	授予的权限
1	CONNECT	ALTER SESSION、CREATE CLUSTER、CREATE VIEW、CREATE SESSION、CREATE DATABASE LINK、CREATE SEQUENCE、CREATE SYNONYM、CREAT TABLE
2	RESOURCE	CREATE CLUSTER、CREATE INDEXTYPE、CREATE OPERATOR、CREATE PROCEDURE、CREATE SEQUENCE、CREATE TABLE、CREATE TIGGER、CREATE TYPE
3	DBA	带 ADMIN OPTION 的所有系统权限
4	EXP_FULL_DATABASE	SELECT ANY TABLE、BACKUP ANY TABLE、SYS.incexp/SYS.incvid/SYS.incifil 上的 INSERT/DELETE/UPDATE
5	IMP_FULL_DATABASE	BECOME USER
6	DELETE_CATALOG_ROLE	所有数据字典包上的 DELETE 权限
7	EXECUTE_CATALOG_ROLE	所有数据字典包上的 EXECUTE 权限
8	SELECT_CATALOG_ROLE	所有目录表和视图上的 SELECT 权限

说明

- 系统预定义角色不能够被删除。
- 通常情况下，为了 Oracle 数据库的安全，不应该使用任何预定义的角色，应该按实际需求为用户授予自定义角色。

10.5　课堂案例 3——权限管理

【案例学习目标】掌握 Oracle 中应用 OEM 和 PL/SQL 授予系统权限、授予对象权限、回收系统权限、回收对象权限的方法和一般步骤。

【案例知识要点】OEM 授予系统权限、OEM 授予对象权限、OEM 回收系统权限、OEM 回收对象权限、PL/SQL 授予系统权限、PL/SQL 授予对象权限、PL/SQL 回收系统权限、PL/SQL 回收对象权限。

【案例完成步骤】

Oracle 系统使用其授权机制来实现用户对数据库及其对象的存取控制和安全保证。用户必须被授予权限才能在数据库中执行对应的操作。

权限（Privilege）是允许用户对数据库进行数据库操作的权力。权限可以分为系统权限和对象权限两类。系统权限允许用户创建、修改和删除各种数据库结构，而对象权限则允许用户对特定对象执行操作。Oracle 数据库中通常存在两大类用户：一类是创建和管理数据库结构和对象的用户，另一类是需要使用现有对象的应用程序用户。前者需要系统权限，后者需要对象权限。

DBA 可以把权限授予用户，也可以从用户手中收回权限。使用角色则是将多个系统和对象的权限合并在一起，可以将角色授予用户，从而简化权限的管理。

10.5.1 授予权限

在 Oracle 中既可以使用 OEM 向角色和用户授予权限,也可以使用 GRANT 这样的 PL/SQL 命令授予权限。

1.使用 OEM 授予权限

（1）系统权限。使用 Oracle 11g 的 OEM 可以为用户和角色授予角色、系统权限、对象权限和使用者组权限。下面以为角色授予权限为例,介绍使用 OEM 授予权限的步骤。

① 打开图 10-15 所示的 "编辑角色"页面,进入"编辑角色"的"系统权限"页面,如图 10-17 所示。在"编辑角色"的"系统权限"页面中显示了当前角色的系统权限。

图 10-17 角色的"系统权限"页面

② 单击 "编辑列表"按钮,进入"角色"的"修改系统权限"页面,如图 10-18 所示。从 "可用系统权限"中选择需要为当前角色授予的权限,单击"移动"按钮,选中的权限将出现在"所选系统权限"列表中。

图 10-18 "角色"的"修改系统权限"页面

③ 单击"确定"按钮,返回"编辑角色"的"系统权限"页面,选择的系统权限会出现在系统权限列表中。选中"管理选项"复选框,单击"应用"按钮,完成授予角色系统权限的过程,显示结果如图 10-19 所示。

（2）对象权限。也可以通过 OEM 为角色或用户设置对象权限,设置对象权限的步骤如下。

① 在图 10-14 所示的"角编辑色"页面中选择"对象权限"选项卡,进入"对象权限"设置页面,选择相应的对象类型（如表）,如图 10-20 所示。

② 选择对象类型后，单击"添加"按钮，进入"表对象权限"设置页面，设置角色的表对象权限，如图 10-21 所示。

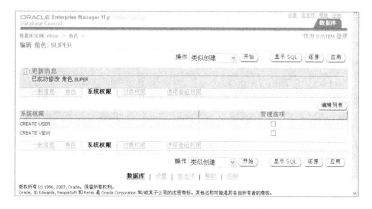

图 10-19　成功授予角色的系统权限

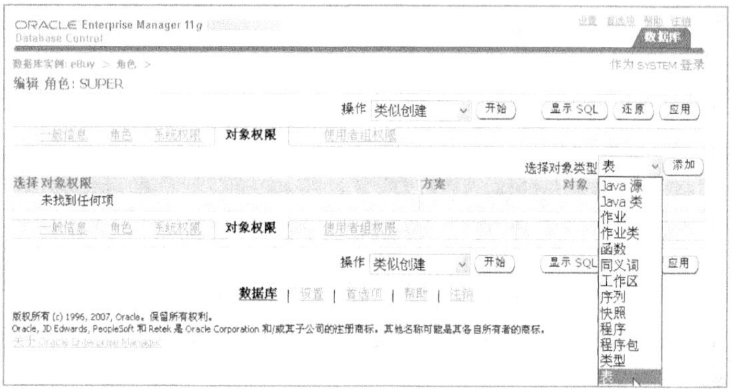

图 10-20　角色的"对象权限"页面

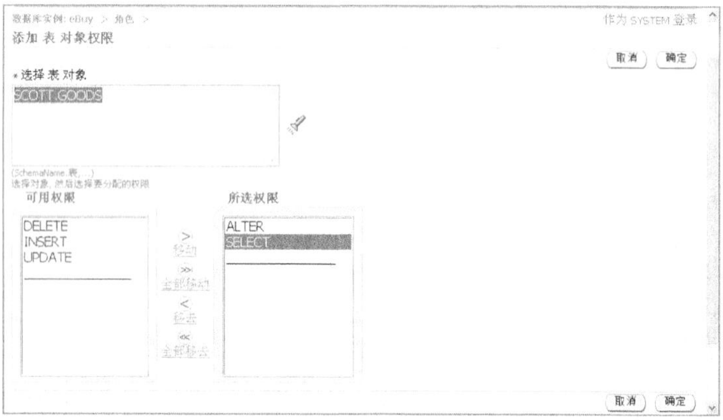

图 10-21　"角色"的"修改对象权限"页面

其中的"表对象"表示选择要设置权限的表（如：SCOTT.GOODS）；"可用权限"包括 ALTER、DELETE、INSERT、UPDATE 和 SELECT 五种。

③ 权限选择完成后，单击"确定"按钮，回到"编辑角色"页面，并显示了当前角色的对象权限列表。再单击"应用"按钮，完成对角色的表对象权限的设置，如图 10-22 所示。

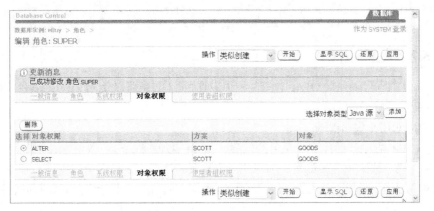

图 10-22　成功授予角色的对象权限

2. 使用 PL/SQL 授予权限

使用 PL/SQL 命令 GRANT 授予系统权限的基本语法格式为

```
GRANT {<系统权限> | <角色>} [, …] TO {<用户> | <角色> | PUBLIC} [, …]
[WITH ADMIN OPTION];
```

参数说明如下。

● 系统权限：需要授予的系统权限。

● 角色：需要授予的角色。

● TO：指定被授予系统权限或角色的用户或角色。

● PUBLIC：表示将系统权限或角色授予所有的用户。

● WITH ADMIN OPTION：将系统权限或角色授予其他用户或角色。

使用 PL/SQL 命令 GRANT 授予对象权限的基本语法格式为

```
GRANT {<对象权限> | ALL [PRIVILEGES]}  [(列 [, …])]
[, …]
ON  [<用户方案>. <对象> | DIRECTORY <目录对象>]
TO {<用户| 角色 | PUBLIC} …
[WITH ADMIN OPTION];
```

参数说明如下。

● 对象权限：需要授予的对象权限。

● ALL [PRIVILEGES]：授予对象的所有权限。

● 列：指定被授予权限的表或视图的列。

● ON：指定被授予权限的对象。

● TO：指定被授予对象权限的用户或角色。

● PUBLIC：表示将对象权限授予所有的用户。

● WITH ADMIN OPTION：将对象权限授予其他用户或角色。

【例 10-14】　授予角色 SUPER 连接数据库的系统权限。

```
GRANT CREATE SESSION TO SUPER;
```

【例 10-15】　将角色 SUPER 授予用户 LIUZC，使之具有连接数据库的权限。

```
GRANT SUPER TO LIUZC;
```

【例 10-16】　将查询、添加、修改和删除用户方案 SCOTT 中的用户表 USERS 的权限授予用户 LIUZC，并允许该用户可以将该权限授予其他用户或角色。

```
GRANT SELECT ON SCOTT.USERS TO LIUZC WITH GRANT OPTION;
GRANT INSERT ON SCOTT.USERS TO LIUZC WITH GRANT OPTION;
```

```
GRANT UPDATE ON SCOTT.USERS TO LIUZC WITH GRANT OPTION;
GRANT DELETE ON SCOTT.USERS TO LIUZC WITH GRANT OPTION;
```

10.5.2 收回权限

在 Oracle 中既可以使用 OEM 向角色和用户收回权限，也可以使用 REVOKE 这样的 PL/SQL
命令收回权限。

1. 使用 OEM 收回权限

使用 OEM 可以收回用户或角色的权限，这里以收回 SUPER 角色的对象权限为例，进入
SUPER 角色的"编辑角色"页面，选择"对象权限"选项卡，显示当前用户的所有对象权限。
选择需要删除的授权选项（如 ALTER）。单击"删除"按钮，收回指定的对象权限，如图 10-23
所示。

图 10-23 成功收回授予用户的对象权限

2. 使用 PL/SQL 收回授予权限

使用 PL/SQL 命令 REVOKE 收回系统权限的基本语法格式为

```
REVOKE {<系统权限> | <角色>} [, …] FROM {<用户> | <角色> | PUBLIC} [, …]
```
参数说明如下。

● 系统权限：需要收回的系统权限
● 角色：需要收回的角色。
● TO：指定从其收回系统权限或角色的用户或角色。
● PUBLIC：表示从所有用户收回系统权限或角色。

使用 PL/SQL 命令 REVOKE 收回对象权限的基本语法格式为

```
REVOKE {<对象权限> | ALL [PRIVILEGES]} [, …]
ON  {[<用户方案>.] <对象> | DIRECTORY <目录对象>}
FROM {<用户| 角色 | PUBLIC} … [CASCADE CONSTRAINTS] [FORCE];
```
参数说明如下。

● 对象权限：需要收回的对象权限。
● ALL [PRIVILEGES]：收回授予者授予的所有对象权限。
● ON：指定在其上收回权限的对象或目录对象。
● FROM：指定要从其收回对象权限的用户或角色。
● CASCADE CONSTRAINTS：删除被授予者使用 REFERENCES 权限或 ALL
  PRIVILEGES 选项定义的引用完整性约束。
● FORCE：收回用户定义类型对象上的 EXECUTE 对象权限。

【例 10-17】 收回用户 LIUZC 对用户方案 SCOTT 中的用户表 USERS 进行更新和删除的权限。

```
REVOKE DELETE ON SCOTT.USERS FROM LIUZC;
REVOKE UPDATE ON SCOTT.USERS FROM LIUZC;
```

【例 10-18】 收回角色 SUPER 拥有的连接数据库的权限。

```
REVOKE CREATE SESSION FROM SUPER;
```

10.6 课堂案例 4——管理概要文件

【案例学习目标】掌握 Oracle 中应用 OEM 和 PL/SQL 创建概要文件、修改概要文件、删除概要文件、为用户指定概要文件的方法和一般步骤。

【案例知识要点】OEM 创建概要文件、OEM 修改概要文件、OEM 删除概要文件、OEM 为用户指定概要文件、PL/SQL 创建概要文件、PL/SQL 修改概要文件、PL/SQL 删除概要文件、PL/SQL 为用户指定概要文件。

【案例完成步骤】

Oracle 数据库为了合理分配和使用系统资源，提出了概要文件的概念。所谓概要文件，就是指怎样使用系统资源的配置文件。将概要文件赋予某个用户，在用户连接数据库时，系统就按概要文件为其分配资源。

10.6.1 创建概要文件

1．使用 OEM 创建概要文件

（1）登录到 OEM 后，依次选择"服务器"、"安全性"，单击"概要文件"链接，进入"概要文件"页面，如图 10-24 所示。

图 10-24 "概要文件"页面

（2）在"概要文件"管理页面中单击"创建"按钮，即可进入图 10-25 所示的创建概要文件的"一般信息"页面和图 10-26 所示的"口令"页面。

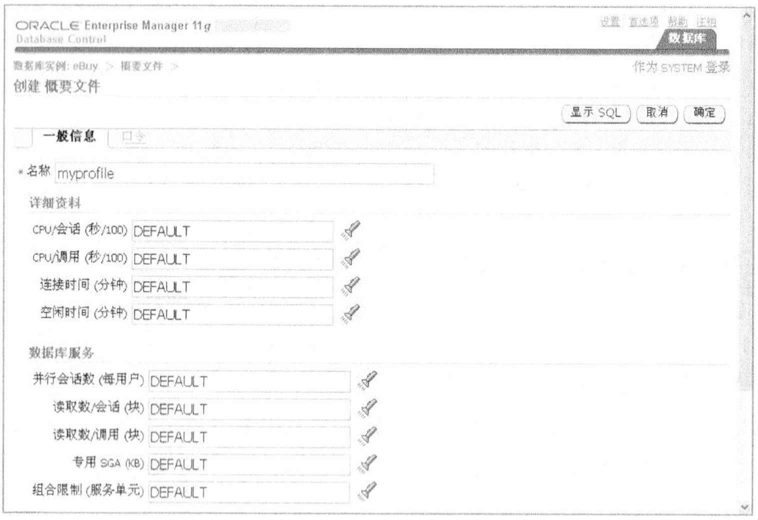

图 10-25　创建概要文件的"一般信息"页面

图 10-26　创建概要文件的"口令"页面

概要文件"一般信息"页面的主要信息如表 10-3 所示。

表 10-3　　　　　　　　　　概要文件"一般信息"页面的主要信息

项　目		说　明
名称		概要文件的名称，在同一数据库中是唯一的
详细资料	CPU/会话（CPU_PER_SESSION）	允许一个会话占用 CPU 的时间总量。该值以秒来表示
	CPU/调用（CPU_PER_CALL）	允许一个会话占用 CPU 的时间最大值。该值以秒来表示
	连接时间（CONNECT_TIME）	允许一个会话持续时间的最大值。该值以分钟来表示
	空闲时间（IDLE_TIME）	允许一个会话处于空闲状态的时间最大值。该值以分钟来表示

项　目		说　明
数据库服务	并行会话（SESSIONS_PER_USER）	允许一个用户进行的并行会话的最大数量
	读取数/会话数（LOGICAL_READS_PER_SESSION）	会话中允许读取数据块的总数
	读取数/调用数（LOGICAL_READS_PER_CALL）	允许一个调用在处理一个 SQL 语句时读取的数据块的最大数量
	专用 SGA（PRIVATE_SGA）	在系统全局区（SGA）的共享池中，一个会话可以分配的专用空间量的最大值。专用 SGA 的限值只在使用多线程服务器体系结构的情况下适用。该限值以千字节（KB）表示
	组合限制（COMPOSITE_LIMIT）	一个会话耗费的资源总量。一个会话耗费的资源总量是会话占用 CPU 的时间、连接时间、会话中的读取数和分配的专用 SGA 空间量几项的加权和

概要文件口令页面的主要信息见表 10-4。

表 10-4　　　　　　　　　　　　　概要文件口令页面的主要信息

项　目		说　明
口令失效	有效期（PASSWORD_LIFE_TIME）	限定多少天后口令失效
	失效后锁定（PASSWORD_GRACE_TIME）	限定口令失效后第一次用它成功登录之后多少天内可以更改此口令
历史记录	保留的口令数（PASSWORD_REUSE_MAX）	指定口令能被重复使用前必须更改的次数
	保留天数（PASSWORD_REUSE_TIME）	限定口令失效后经过多少天才可以重复使用
复杂性函数（PASSWORD_VERIFY_FUNCTION）		在分配了该概要文件的用户登录到数据库中的时候，允许使用一个 PL/SQL 例行程序来校验口令。PL/SQL 例行程序必须在本地可用，才能在应用该概要文件的数据库上执行
登录失败后锁定账号	锁定前允许的最大失败登录次数（FAILED_LOGIN_ATTEMPTS）	限定用户在登录失败后将无法使用该账号
	锁定时间（PASSWORD_LOCK_TIME）	在登录失败达到指定次数后，指定该账号将被锁定的天数。如果指定了无限制，则只有数据库管理员才能为该账号解除锁定

创建完概要文件后，可以在图 10-24 所示的页面中选择"概要文件"下拉列表中的文件名为用户分配概要文件。

2．使用 PL/SQL 创建概要文件

PL/SQL 创建概要文件的基本语法格式如下：

```
CREATE PROFILE <概要文件名>
  LIMIT[CPU_PER_SESSION<值>]
    [CPU_PER_CALL<值>]
      [CONNECT_TIME<值>]
      [IDLE_TIME<值>]
      [SESSIONS_PER_USER<值>]
      [LOGICAL_READS_PER_SESSION<值>]
      [LOGICAL_READS_PER_CALL<值>]
      [PRIVATE_SGA<值>]
      [COMPOSITE_LIMIT<值>]
      [PASSWORD_LIFE_TIME<值>]
      [PASSWORD_GRACE_TIME<值>]
```

```
            [PASSWORD_REUSE_MAX<值>]
            [PASSWORD_REUSE_TIME<值>]
            [PASSWORD_VERIFY_FUNCTION<值>]
            [FAILED_LOGIN_ATTEMPTS<值>]
            [PASSWORD_LOCK_TIME<值>];
```

该语句中选项的参数含义见表 10-1 和表 10-2。

【例 10-19】 使用命令方式创建概要文件 "NEWPRO"，要求空闲时间 10 分钟，登录 3 次后锁定，有效期为 15 天。

```
CREATE PROFILE "AMYPROFILE"
LIMIT
IDLE_TIME 10
FAILED_LOGIN_ATTEMPTS 3
PASSWORD_LIFE_TIME 15;
```

10.6.2 管理概要文件

1. 使用 OEM 管理概要文件

概要文件创建好之后，可以在图 10-25 所示的概要文件查看页面选择要管理的概要文件，单击"编辑"按钮可以对选定的概要文件进行修改操作；单击"查看"按钮，可以查看所选择的概要文件；单击"删除"按钮，可以删除所选择的概要文件。具体请参考概要文件创建时参数设置的说明。

2. 使用 PL/SQL 管理概要文件

格式 1（用于查看数据字典中的参数信息）：

```
DESC <数据字典DBA_PROFILES>;
```

格式 2（用于查看概要文件的存储信息）：

```
SELECT<数据字典字段列表> FROM <数据字典DBA_PROFILES> [WEHRE expresstion];
```

格式 3（修改概要文件）：

```
ALTER  PROFILE 语句;
```

格式 4（删除概要文件）：

```
DROP  PROFILE <概要文件名>;
```

格式 5（为用户分配概要文件）：

```
ALTER USER <用户名> PROFILE <概要文件名>;
```

参数说明如下。

● 格式 1、2 的使用请参考查看用户信息的命令格式说明；

● 格式 3 的参数与创建时的所有参数一致，参数说明请参考表 10-3 和表 10-4；

● 格式 4 的使用请参考本章中删除用户的命令格式说明。

【例 10-20】 使用命令方式为 "LIUZC" 用户分配概要文件 "MYPROFILE"。

```
ALTER USER LIUZC
PROFILE MYPROFILE;
```

10.7 课堂案例 5——数据库审计

审计（Audit）是指对选定的用户进行操作的监控和记录。Oracle 的审计工具用于记录关于数据库操作的信息，如操作的发生时间、执行者。当怀疑某些用户的活动时，审计就尤为重要了。通过审计，该活动的记录可以用于跟踪有问题的当前用户。

尽管审计提供了诸多好处，但使用审计带来的副作用也是非常明显的，那就是在 CPU 和磁盘开销方面的代价是极其高昂的。所以，应该有选择地使用审计，尽可能限制审计事件的数量，从而使被审计语句执行的性能竞争最小，使审计踪迹的大小最小。

10.7.1 审计策略

在准备使用审计前，应该根据不同的需求，确定需要审计什么内容，它不仅包括要审计的活动，也包括要审计的用户账户。

制定审计策略时首先需要确定审计目标。可能需要审计的原因很多，通过确定原因，可以在审计规划中将它们更好地结合在一起。审计的原因主要有以下几种。

- 信息目的：可以使用审计保存关于系统的特定历史信息，这可以提供一些有价值的内容。
- 可疑行为：可以使用审计踪迹来调查 Oracle 数据库中发生的可疑活动。

明确了使用审计的原因，接着应该遵循审计指导思想。

（1）信息目的的审计。如果需要审计历史信息，应该确定哪些数据库活动可以为审计提供有价值的信息。统计好相关的活动，就只应该审计这些活动。

（2）可疑行为的审计。在审计可疑行为时，通常需要审计大多数数据库活动。若限制准备审计的数据库活动，可能会错过一些可以帮助用户解决可疑行为的线索。一旦记录和分析了初步的审计信息，一般审计选项应该被关闭，使用更特殊的选项。该过程应该持续到收集到了足够的证据，做出关于可疑行为起因的具体结论。

同时，在审计可疑行为时，要注意保护好审计记录，因为可疑行为的作祟者可能曾经或正在试图删除审计踪迹的信息。

10.7.2 审计类型

Oracle 支持的审计类型有语句审计、权限审计和对象审计。

1．语句审计

语句审计是指对指定的 SQL 语句进行审计，而不是它操作的方案对象或结构。

语句审计又可以分为两类：DDL 语句审计和 DML 语句审计，前者审计所有的 CREATE 和 DROP TABLE 语句，后者审计所有的 SELECT … FROM 语句，不管是表、视图还是快照。

语句审计可以是广泛的或聚焦的，可以设置语句审计来审计数据库中选择的用户或每个用户的活动。

2．权限审计

权限审计是对被允许使用系统权限的语句的审计。例如，SELECT ANY TABLE 系统权限的审计就是审计使用 SELECT ANY TABLE 系统权限执行的用户语句。

权限审计可以审计所有系统权限。在权限审计时，所有者权限和对象权限在系统权限之前审计，若所有对象权限满足允许动作，则不对该动作进行审计。

与语句审计一样，可以设置权限审计来审计选择的用户或数据库中每个用户的活动。

3．对象审计

对象审计用于审计指定对象上的 GRANT、REVOKE 及指定 DML 语句。对象审计对于审计对象特权允许的操作，如指定表上的 SELECT 或 UPDATE 语句。

使用对象审计，可以审计引用表、视图、序列、独立的存储过程、函数和包的语句。引用聚集、数据库链或同义词的语句不可以直接审计，但可以审计影响基表的操作来间接审计这些对象。

对象审计应用于数据库的所有用户，它不可以为特定用户列表设置，但可以为所有可审计的对象设置默认对象审计。

视图、存储过程、函数、包和触发器在定义中引用基本的对象，因此它们的审计可以生成多个审计记录：视图、存储过程、函数、包或触发器的使用服从使能的审计选项，作为使用视图、存储过程、函数、包或触发器的结果发出的 SQL 语句服从对象使用审计选项。

10.7.3　审计踪迹

Oracle 数据库审计踪迹 SYS.AUD$是每个数据库数据字典中的一个表，表中的数据记录包括有疑问事件的大量信息，如用户名、会话标识符、终止标识符、存取对象的名称、执行或尝试的操作、操作的完成代码、日期和时间信息等。

决定使用审计时，以 SYS 用户的 SYSDBA 身份连接到 Oracle 数据库，并运行 CATAAUDIT.SQL 脚本，建立审计视图。当不用审计时，则运行 CATNOAUD.SQL 脚本来删除它们。

1．默认的审计事件

不管在 Oracle 数据库中是否显式使用审计，Oracle 总是会审计特定的数据库相关活动到操作系统审计踪迹中，包括以下内容。

（1）实例启动。当 Oracle 实例启动时，Oracle 自动进行审计，生成的审计记录详细地描述了操作系统用户启动实例、终止标识符、日期和时间信息以及数据库审计是否使用。实例启动被审计到操作系统审计踪迹中。

（2）实例关闭。Oracle 审计实例关闭生成的审计记录详细地描述了操作系统用户关闭实例、终止标识符、日期和时间信息等内容。

（3）用管理员权限连接到数据库。审计管理员连接 Oracle 数据库生成的审计记录详细地描述了操作系统用户作为 SYSDBA 或 SYSOPER 连接 Oracle，提供有管理权限的用户的责任。

2．审计 SQL 语句和权限

在数据库审计启用时，可以使用 OEM 或 PL/SQL 命令实现对 SQL 语句和权限的审计。

（1）使用 OEM 进行数据库审计。在 OEM 中提供了"审计设置"页面用于进行数据库审计设置，单击"数据库实例"的"服务器"页面中"安全性"区域的"审计设置"链接，进入图 10-27 所示的"审计设置"页面。

图 10-27　"审计设置"页面

如果需要审计 SQL 语句，可以单击"审计的语句"进入"审计设置"页的"审计的语句"选项卡，单击"添加"按钮，进入"添加审计的语句"页面，如图 10-28 所示。

图 10-28　"添加审计的语句"页面

在"SQL 语句选项"中，从"可用语句"区域中选择需要进行审计的语句，单击"移动"按钮，这些语句将出现在"所选语句"区域。同时，在"审计方式"的"用户"文本框内指定需要被审计的用户名称。

单击"确定"按钮，显示成功添加审计的信息，在"审计的语句"页内输入用户名，并单击"搜索"按钮，将显示该用户下的所有语句审计，包括前面创建的语句审计，如图 10-29所示。

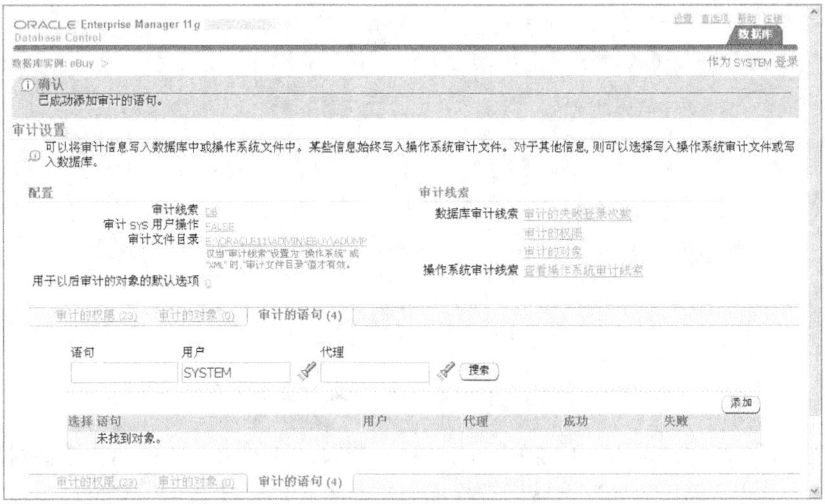

图 10-29　添加语句审计确认

（2）使用 PL/SQL 语句审计 SQL 语句和权限。使用 PL/SQL 语句中的 AUDIT 命令实现 SQL语句和权限的审计，其基本语法格式为

```
AUDIT {SQL 语句 | 权限} [, …] [ BY <用户> [, …] ]
[ BY { SESSION | ACCESS } [ WHENEVER [ NOT ] SUCCESSFUL ] ] ;
```

参数说明如下。

● SQL 语句：指定要审计的 SQL 语句。

● 权限：指定要审计的由指定系统权限认可的 SQL 语句。

● BY <用户>：选择只审计由指定用户发出的 SQL 语句，默认审计所有用户的 SQL 语句。

- BY SESSION：引起 Oracle 为在同一会话中发出的同一类型的所有 SQL 语句写入一条审计记录。
- BY ACCESS：引起 Oracle 为每个审计语句写入一条审计记录，若指定审计 DDL 语句选项或系统权限，则自动使用 BY ACCESS。
- WHENEVER SUCCESSFUL：只对成功执行的语句进行审计，NOT 表示只审计失败或产生错误的语句，默认审计所有的 SQL 语句，而不管成功与否。

【例 10-21】 审计用户 LIUZC 执行的添加、更新和删除表或视图中的数据行的语句。

```
ADDIT INSERT TABLE, UPDATE TABLE, DELETE TABLE BY LIUZC;
```

【例 10-22】 审计成功执行创建、修改、删除或设置角色的每个语句。

```
ADDIT ROLE WHENEVER SUCCESSFUL;
```

【例 10-23】 审计使用 CREATE ANY TABLE 系统权限发出的语句。

```
ADDIT CREATE ANY TABLE;
```

3．审计对象

审计对象与审计语句非常类似，既可以使用 OEM 也可以使用 PL/SQL 命令实现对对象的审计。

（1）使用 OEM 进行对象审计。在 OEM 中提供的"审计设置"页中单击"审计的对象"选项卡，进入"审计设置"中的"审计的对象"页面，如图 10-30 所示。

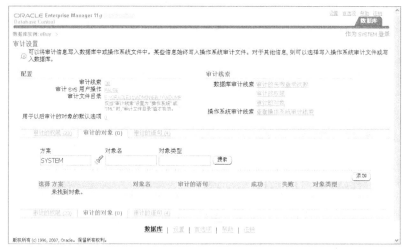

图 10-30 "审计设置"中的"审计的对象"页面

单击"添加"按钮，进入"添加审计的对象"页面，如图 10-31 所示。选择对象类型和对象类型的属性，从"可用语句"区域中选择需要进行审计的语句，单击"移动"按钮，这些语句将出现在"所选语句"区域，同时选择语句执行条件。

图 10-31 "添加审计的对象"页面

单击"确定"按钮，显示成功添加审计的信息，在"审计设置"页内输入方案名，并单击"搜索"按钮，将显示该方案下的所有对象审计，包括前面创建的对象审计，如图 10-32 所示。

图 10-32 添加对象审计确认

（2）使用 PL/SQL 语句审计对象。使用 PL/SQL 语句中的 AUDIT 命令实现 SQL 语句和权限的审计，其基本语法格式为

```
AUDIT {操作} [, …]
ON   { [方案.]<对象> | DIRECTORY <目录> | DEFAULT}
[ BY { SESSION | ACCESS } [ WHENEVER [ NOT ] SUCCESSFUL ] ] ;
```

参数说明如下。

● 操作：指定要审计的特定操作。

● 方案：包含要审计对象的方案，默认表示在用户自己的方案中。

● 对象：指定要审计的对象，对象必须为表、视图、序列、存储过程、函数、包、快照或库。

● ON DEFAULT：为以后创建的对象指定对象选项作为默认对象选项，一旦创建默认对象选项，后面创建的对象自动被选项审计。

- DIRECTORY <目录>：指定要审计的目录名。
- BY SESSION：引起 Oracle 为在同一会话中发出的同一对象上同一类型的所有操作写入一条审计记录，也是默认方式。
- BY ACCESS：引起 Oracle 为每个审计操作写入一条审计记录。
- WHENEVER SUCCESSFUL：只对成功执行的语句进行审计，NOT 表示只审计失败或产生错误的语句，默认审计所有的 SQL 语句，而不管成功与否。

【例 10-24】 审计查询 SCOTT 用户方案中商品表 GOODS 的 SELECT 语句。

```
ADDIT SELECT ON SCOTT.GOODS;
```

4.停止审计

使用 OEM 或 PL/SQL 语句都可以停止指定的 SQL 语句、权限或对象的审计，但用户必须具有 AUDIT SYSTEM 权限。

（1）使用 OEM 停止数据库审计。以停止审计对象为例，在图 10-32 所示的"审计设置"页面的"审计的对象"选项卡中，选择指定的要停止的审计对象，单击"移去"按钮，进入"停止审计确认"页面，如图 10-33 所示。单击"是"按钮，即可完成对指定 SQL 语句审计的停止操作。

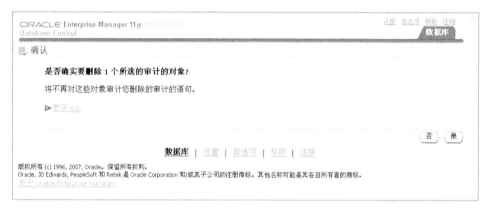

图 10-33　停止审计确认

（2）使用 PL/SQL 语句停止数据库审计。使用 PL/SQL 语句的 NOAUDIT 命令可以实现对 SQL 语句、权限或对象的停止审计操作。

使用 NOAUDIT 停止对 SQL 语句或权限审计的基本语法格式为

```
NOAUDIT {SQL 语句 | 权限} [, …]
BY <用户> [, …] [ WHENEVER [NOT] SUCCESSFUL ] ;
```

其中，各个参数的含义和使用 AUDIT 命令审计 SQL 语句或权限中的类似。

使用 NOAUDIT 停止对对象审计的基本语法格式为

```
NOAUDIT {操作} [, …]
ON   { [方案.]<对象> | DIRECTORY <目录> | DEFAULT}
[ WHENEVER [ NOT ] SUCCESSFUL ] ;
```

其中，各个参数的含义和使用 AUDIT 命令审计对象中的类似。

【例 10-25】 停止审计用户方案 SCOTT 中执行查询表或视图的操作。

```
NOAUDIT SELECT TABLE BY SCOTT;
```

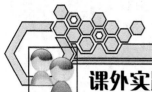

课外实践

【任务1】

使用 SQL Developer 方式完成以下操作。

（1）创建用户"NEWUSER"。

（2）查看用户"NEWUSER"的信息。

（3）将用户"NEWUSER"添加到 CONNECT 角色。

【任务2】

使用 PL/SQL 语句完成以下操作。

（1）使用命令方式创建用户"ANOTHERUSER"。

（2）使用命令方式修改用户"ANOTHERUSER"。

（3）使用命令方式收回"ANOTHERUSER"用户所拥有的能对"SCOTT.BookInfo"表的添加记录进行操作的权限。

（4）使用命令方式删除"ANOTHERUSER"用户。

（5）使用命令方式创建名为"NEWROLE"的角色，并授予"DBA"角色。

（6）使用命令方式查看"DBA_ROLES"字典存储的角色信息。

（7）使用命令方式创建概要文件"NEWPRO"，要求空闲时间 10 分钟，登录 3 次后锁定，有效期为 15 天。

（8）使用命令方式为"ANOTHERUSER"用户分配概要文件"NEWPRO"。

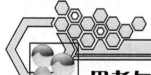

思考与练习

一、填空题

1. 在 Oracle 数据库中将权限分为两类，即_____和_____。_____是指在系统级控制数据库的存取和使用机制，_____是指在模式对象上存取和使用的机制。

2. _____是具有名称的一组相关权限的组合。

3. 在用户连接到数据库后，可以查询数据字典_____了解用户所具有的系统权限。

二、选择题

1. 下面哪一个不是系统权限？_____

A. SELECT TABLE   B. ALTER TABLE

C. SYSDAB   D. CREATE INDEX

2. 想在另一个模式中创建表，用户最少应该具有什么系统权限？_____

A. CREATE TABLE   B. CREATE ANY TABLE

C. RESOURCE　　　　　　　　D. DBA

3. 用户查询下列哪一个数据字典视图可以查看它向其他用户授予的对象权限? _____

A. DBA　SYS　PRIVS　　　　　B. USER　TAB　PRIVS　MADE

C. USER　TAB　PRIVS　　　　　D. USER　OBJ　PRIVS

4. 下面哪个系统预定义角色允许一个用户创建其他用户? _____

A. CONNECT　　　　　　　　B. DBA

C. RESOURCE　　　　　　　　D. SYSDBA

5. 如果要启用所有角色, 则应该使用哪一个命令? _____

A. SET ROLE ALL　　　　　B. SET ROLE ENABLE ALL

C. ALTER SESSION ALL　　　　D. ALTER USER ROLE ALL

三、简答题

1. 举例说明使用角色的优点有哪些。

2. 在 Oracle 中审计有哪几种类型? 举例说明审计在保障数据库安全中的重要作用。

## PART 11

第 11 章
数据库管理操作

【学习目标】

本章将向读者介绍数据库故障概述、数据库备份类型、数据库备份操作、数据库恢复操作、Oracle 数据导入/导出操作等基本内容。本章的学习要点主要包括：

（1）数据库故障概述；

（2）备份数据库概述；

（3）使用 OEM 管理数据库备份；

（4）使用 PL/SQL 管理数据库备份；

（5）使用 OEM 恢复数据库；

（6）使用 PL/SQL 恢复数据库；

（7）使用 OEM 实现导入/导出；

（8）使用命令实现导入/导出。

【学习导航】

数据库的高级管理包括数据库备份/恢复和数据导入/导出。数据备份是 DBA 的一项重要日常操作，科学合理地进行 Oracle 数据库备份，可以有效地防止由于数据库故障和磁盘故障所导致的数据丢失等问题。结合数据库备份可以实现完全或部分恢复数据库。数据导入/导出则为数据库备份和恢复提供了一种简化的方案，可以作为数据库备份和恢复的一种辅助措施。本章内容在 Oracle 数据库系统管理与应用中的位置如图 11-1 所示。

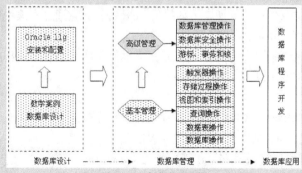

图 11-1 本章学习导航

11.1 备份数据库

虽然现在的计算机软、硬件系统的可靠性都比以前有了很大的改善，甚至还可以采用 RAID（Redundant Array of Independent Disks，独立磁盘冗余阵列）设备来提高系统的容错能力，但这些措施还是无法保证系统不出错。在每个数据库系统中，总可能存在软件故障或硬件故障的可能性，特别是磁盘等介质故障更是无法避免，还有由于操作员的意外操作、蓄意破坏、病毒的攻击或自然灾害等原因所引起的系统故障也时有发生。对于 DBA 来说，定期进行数据库备份是其进行数据库管理的经常性工作之一，备份数据库是保证系统安全的一项重要措施。当意外发生时，DBA 可以通过数据库备份来恢复数据库，将损失减少到最小。

11.1.1 数据库故障概述

造成数据库故障的原因多种多样，包括人为的操作错误，也包括介质的损坏，但只要备份得当，它们都不是灾难，都是可以被恢复的。

1．用户错误

用户错误是指用户增加或删除数据库中的数据导致的错误，如用户意外地删除或者截断了一个表、删除了表中的所有数据等。

如果发生错误的表有逻辑备份，则可以通过将逻辑备份导入到表中恢复，有时候可能需要执行非完全介质恢复来纠正这些错误。

用户错误可以要求数据库被恢复到发生错误之前的某个时间点，为此，Oracle 提供了精确的及时点恢复，如数据库及时点恢复、表空间及时点恢复等。

2．语句故障

当 Oracle 程序中语句处理有逻辑错误时可能发生语句故障，如 SQL 无效。对于语句故障，通常不需要执行动作或恢复步骤，Oracle 返回错误代码或消息，该语句的结果被自动撤销，Oracle 通过回滚语句的结果自动纠正语句故障，返回控制到应用程序，用户可以重新执行 SQL 语句。

3．进程故障

进程故障是指数据库实例的用户、服务器或者后台进程中的故障，如连接不正常、用户会话被异常中断等。当发生用户进程故障时，该进程不可以继续工作，但数据库和其他用户进程可以继续工作。

Oracle 后台进程 PMON 自动侦查失败的 Oracle 进程，它通过回滚失败进程的当前事务释放进程正在使用的资源来解决故障。

用户进程和服务器进程发生故障后的恢复是自动进行的，但后台进程故障的恢复通常无法正常继续运行，需要关闭和重新启动数据库实例。

4．介质故障

在读写 Oracle 数据库的文件时，如果存储介质发生了物理问题，可能会出现介质故障。介质故障是数据库数据面临的最大威胁，它主要包括：

● 磁盘磁头故障使磁盘驱动器上所有文件丢失；
● 数据文件、联机或归档重做日志、控制文件被意外删除、覆盖或损坏。

介质故障的恢复取决于受影响的文件。联机重做日志或控制文件介质故障后的数据库操作依赖于它们是否是多元的。多元的联机重做日志或控制文件只表示被维护文件的第二个复制。如果介质故障损坏单个磁盘，且有多元的联机重做日志，则数据库通常会继续操作而没有明显的中断。对于非多元联机重做日志的损坏引起的数据库操作中断，则可能造成数据的永久丢失。对于控制文件，一旦 Oracle 试图读写被损坏的控制文件，数据库操作就会被中断。

11.1.2 备份的类型

备份 Oracle 数据库有多种选择，每种选择提供不同的保护措施。Oracle 数据库备份通常分为以下两种类型：

● 逻辑数据备份；
● 物理数据备份。

尽管逻辑数据备份和物理数据备份可以相互替代，但将两者有效地结合在一起可以使 Oracle 数据库避免数据丢失。

1．逻辑数据备份

导出方式是数据库的逻辑数据备份，脱机备份和联机备份都是物理数据备份。实现数据库的逻辑备份包括读一个数据库记录集和将记录集写入一个二进制文件中，这些记录的读出与其物理位置无关。Export 实用程序就是 Oracle 用来完成逻辑数据备份的工具，而 Import 则是用来恢复导出文件的工具。

使用导出方式可以导出整个数据库、指定方案和指定表，也可以选择是否导出与表相关的数据字典信息，如权限、索引或其他相关的约束条件。已导出的数据不必导入到同一个数据库实例中，也不必导入到同一个方案中，可以由用户指定导入位置。

导出所写的文件包括完全重建全部被选对象所需的命令，导入工具读取由导出工具创建的二进制导出转储文件并执行发现的命令，这些命令中包括 CREATE TABLE 命令和随后执行的 INSERT INTO 命令。

2．物理数据备份

物理备份是指复制构成数据的物理文件而不管其逻辑内容如何，也称为文件系统备份。物理备份需要使用 Oracle 实例所在操作系统的命令。

Oracle 支持两种类型的物理文件备份：

● 脱机备份（Offline Backup）；
● 联机备份（Online Backup）。

（1）脱机备份（"冷备份"）。当数据库已经正常关闭时使用脱机备份，需要备份下列文件：

● 所有数据文件；
● 所有控制文件；
● 所有联机重做日志；
● init.ora 文件（可选择）。

如果数据库文件结构规范，备份数据文件就很容易。当关闭 Oracle 数据库时，对这些文件进行全部备份可以提供一个数据库关闭时的完整镜像，以后可以从备份中获取整个文件集并恢复数据库的功能。除非正在执行联机备份，否则当数据库正在运行时不允许对数据库执行文件系统备份。

（2）联机备份（"热备份"）。可以为处于 ARCHIVELOG 方式运行的 Oracle 数据库执行联机备份，此时，Oracle 数据库实例依然可以处于运行状态。

进行联机备份时，联机重做日志被归档，在数据库内创建一个所有事务的完整记录。Oracle 以循环方式写入联机重做日志文件：在填满第一个日志文件后，开始写第二个文件，填满后再开始写第三个文件，直至最后一个联机重做日志也被填满后，Oracle 的 Log Writer 后台进程才开始重写第一个重做日志文件。在以 ARCHIVELOG 方式运行 Oracle 时，Archiver 后台进程在写入前将每个重做日志文件做一次复制，这些归档的重做日志文件通常被写入一个磁盘设备(也可以写入磁带)。

数据库可以从一个联机备份中完全恢复，并且可以通过归档的重做日志，回滚到任意时刻。只要数据库处于运行状态，在数据库中任意提交的事务都将被恢复，任何未提交的事务都被回滚。

联机备份包括将每一个表空间设为备份状态，接着备份其数据文件，最后再将表空间恢复为正常状态。当数据库处于运行状态时，执行联机备份，备份以下文件：

● 所有数据文件；

● 所有归档的重做日志文件；

● 一个控制文件。

使用联机备份通常可以带来至少两个优势：提供完全的时间点恢复和在文件系统备份时允许数据库保持运行状态。在 Oracle 数据库处于运行状态时可以避免 SGA 被重置，避免内存重新设置可以减少数据库对物理 I/O 数量的要求，改善数据库的性能。

11.1.3 课堂案例1——使用 OEM 执行数据库备份

【案例学习目标】掌握 Oracle 中应用 OEM 进行数据库备份的方法和基本步骤。

【案例知识要点】设置首选身份证明、配置备份设备、调度备份、管理当前备份。

【案例完成步骤】

1．设置首选身份证明

在 OEM 中，当 DBA 需要执行数据库备份和恢复操作时，需要设置首选身份证明，包括设置主机身份证明、设置数据库首选身份证明和设置监听程序首选身份证明。

首先，设置主机身份证明时，必须存在一个操作系统用户，它具有高级用户权限，即在 DBA 计划提交作业的任何一个运行智能代理的节点机器上都有"作为批处理作业登录"的权限。在本例中，指定 Windows 高级用户 orcl 作为批处理登录的权限。

（1）在 Windows 操作系统环境中创建一个名称为 orcl 的用户。

（2）给 Windows XP 管理员 orcl 授予批处理作业权限。

① 在操作系统界面中依次选择"设置"、"控制面板"、"管理工具"、"本地安全策略"，打开"本地安全设置"窗口，在左侧列表中选择"安全设置"、"本地策略"、"用户权利指派"，如图 11-2 所示。

② 在右侧列表中双击"作为批处理作业登录"，打开"作为批处理作业登录属性"对话框，如图 11-3 所示。

图 11-2　"本地安全设置"窗口

③ 单击"添加用户或组"按钮，弹出"选择用户或组"对话框。然后单击"高级"、"立即查找"按键，在下拉列表中选择"orcl"账号。最后单击"确定"按钮，即可完成添加用户或组的设置操作，如图 11-4 所示。

图 11-3　"作为批处理作业登录属性"对话框

图 11-4　"选择用户或组"对话框

④ 单击"确定"按钮后，再单击"应用"按钮即可完成给 orcl 授予批处理作业权限。

（3）在 OEM 中配置首选身份证明。

① 用户以 SYSDBA 的身份（如 SYS）登录 OEM 后，单击"首选项"链接，进入"首选项"页面，单击"首选身份证明"链接，进入"首选身份证明"页面，如图 11-5 所示。该页面提供了 OEM 环境中所有首选身份证明集的顶级视图。用户可以在该页面上为首选身份证明表中列出的任何受管理目标设置首选身份证明。

图 11-5　"首选身份证明"页面

② 单击"主机"项的"设置身份证明"链接图标，进入"主机首选身份证明"页面，如图 11-6 所示。该页面可用于指定主机或群集目标类型的身份证明，其中名称列表示主机的名称，"普通用户名"和"普通口令"表示需要普通操作系统访问权限的用户名称及其口令，"授权用户名"和"授权口令"表示需要高级访问权限的用户名称及其口令。

图 11-6　"主机首选身份证明"页面

设置好普通用户名（orcl）和普通口令（123456）后，单击"测试"按钮可以测试是否能够正常连接到主机。测试成功后，单击"应用"按钮将保存主机首选身份证明。

③ 单击"数据库实例"项的"设置身份证明"链接，进入"数据库首选身份证明"页面，如图 11-7 所示。

图 11-7　"数据库首选身份证明"页面

该页面可用于指定数据库和聚集数据库目标的身份证明。其中，"名称"表示数据库实例的名称，"用户名"和"口令"表示需要普通数据库访问权限的用户名称及其口令，"SYSDBA 用户名"和"SYSDBA 口令"表示需要 SYSDBA 数据库访问权限的用户名称及其口令，"主机用户名"和"主机口令"表示需要普通操作系统访问权限的用户名称及其口令。

设置好用户名和口令（这里为 SCOTT、123456）、SYSDBA 用户和口令（这里为 SYS、123456）以及主机用户名和主机口令（orcl、123456）后，单击"测试"按钮可以对数据库验证目标身份证明进行测试，包括使用普通身份证明和使用 SYSDBA 身份证明连接到 Oracle 数据库的过程。

测试成功后，单击"应用"按钮将保存数据库首选身份证明。

2．配置备份设置

（1）配置备份设备。在 OEM 中可以对备份进行配置，登录 OEM 后，单击"可用性"选项卡中"设置"区域的"备份设置"链接，进入"备份设置"页面，如图 11-8 所示。

在"备份设置"页面中的"设备"选项卡中，DBA 可以设置磁盘备份设置和磁盘备份类型，单击"测试磁盘备份"按钮可以确保备份可以正常使用。在"磁带设置"部分可以指定备份要使用的磁带机数和磁带备份类型，单击"测试磁带备份"按钮可以测试磁带设置是否可用。在测试磁带之前，首先必须安装磁带机，输入主机身份证明（orcl，123456）才能继续。

（2）配置备份集。单击"备份集"选项卡，进入"备份设置"的"备份集"页面，如图 11-9 所示。在"备份集"页面中，可以指定备份集的参数并输入主机身份证明，还可以将备份集或备份片段的大小限制在指定大小之内。备份片段是指包含备份数据的 RMAN 特定格式的文件。在默认情况下，每个备份集都包含 4 个或 4 个以下的数据文件，以及 16 个或 16 个以上的归档日志，它们都分布在备份片段之中。也可以在"备份集"页面设置磁带备份的复制参数。

图 11-8　"备份设置"的"设备"页面

图 11-9　"备份设置"的"备份集"页面

（3）配置备份策略。单击"策略"选项卡，进入"备份设置"的"策略"页面，如图 11-10 所示。

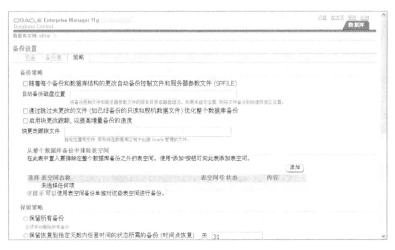

图 11-10 "备份设置"的"策略"页面

在"策略"页面中，可以在启动备份之前设置各种备份策略和保留策略。用户可以自动备份控制文件和服务器参数文件（SPFILE），并设置自动备份的位置。选择此选项后，可实现控制文件的自动备份，从而实现每当进行备份或做出更改时都备份控制文件和 SPFILE。

在"策略"页面还可以中断跟踪更改的支持功能，该功能可以提高增量备份的速度。DBA可以选择跳过只读和脱机文件，从而优化数据库的备份操作。在"保留策略"部分可以定义是否保留所创建的备份集，以及备份集保留的时间和数量。

备份设置完成后后，单击"确定"按钮，OEM 将应用所定义的备份设置属性。

3．调度备份

当配置了备份设置之后，可以继续使用 OEM 的调度备份功能来调度备份。在 OEM 中执行调度备份的步骤如下。

（1）单击"可用性"选项卡中"管理"区域的"调度备份"链接，进入"调度备份"的"备份策略"页面，如图 11-11 所示。

图 11-11 "调度备份"的"备份策略"页面

（2）单击"调度定制备份"按钮，进入"调度定制备份：选项"页面，如图 11-12 所示，用户可以选择备份类型为完全备份或增量备份，甚至使用增量备份将磁盘上最新的数据文件副本刷新到当前时间。

在"高级"部分，用户还可以删除过时的备份，使用介质管理软件支持的代理复制来执行备份。

图 11-12　"调度定制备份：选项"页面

（3）单击"下一步"按钮，进入"调度定制备份：设置"页面，如图 11-13 所示。其中显示了备份的类型为磁盘，并显示了磁盘备份位置。

图 11-13　"调度定制备份：设置"页面

（4）继续单击"下一步"按钮，进入"调度定制备份：调度"页面，如图 11-14 所示。在其中可以安排开始备份的日期和时间，既可以选择立即开始备份作业，也可以选择以后再执行，还可以重复结束时间设置各种参数以便重复备份。

图 11-14　"调度定制备份：调度"页面

（5）单击"下一步"按钮，进入"调度定制备份：复查"页面，如图 11-15 所示。通过"调度定制备份：复查"页面可以复查用户在调度备份向导的前面各步骤中所作的选择。在 RMAN 脚本区域可以更改根据前面各个步骤中所作的选择而生成的 RMAN 脚本。

图 11-15　"调度定制备份：复查"页面

（6）单击"提交作业"按钮，OEM 将提交所定义的调度作业，按照定义的属性选项进行调度备份，显示结果如图 11-16 所示。

图 11-16　调度定制备份作业被成功提交

4．管理当前备份

OEM 提供了"管理当前备份"功能，能够搜索和显示备份集或备份副本的列表，并可对所选的副本、备份集或文件执行管理操作。

登录 OEM 后，单击"可用性"选项卡中"管理"区域的"管理当前备份"链接，进入"管理当前备份"的"备份集"页面，如图 11-17 所示。单击"映射副本"选项卡，可以进入"管理当前备份"的"映射副本"页面，如图 11-18 所示。

在"搜索"部分，可利用"状态"过滤器和"完成时间"过滤器来分离出一些特定的对象，从而查找备份集或副本。

利用"将其他文件列入目录"功能可以将磁盘上的备份文件列入目录；通过执行"全部交叉检验"功能并将该操作作为作业调度，可以确保恢复目录或控制文件中有关备份的数据与磁盘上或介质管理目录中相对应的数据同步；使用"删除所有过时记录"功能可以删除过时的或符合删除条件的备份；使用"删除所有失效记录"功能可以创建删除失效的记录这一作业。

图 11-17　"管理当前备份"的"备份集"页面

图 11-18　"管理当前备份"的"映射副本"页面

11.1.4　课堂案例 2——使用命令执行数据库备份

【案例学习目标】掌握 Oracle 中应用相关命令完成数据库备份的方法和基本步骤。

【案例知识要点】进行完全数据库备份、进行联机表空间备份、进行脱机表空间备份、进行控制文件备份。

【案例完成步骤】

1．完全数据库备份

在通过命令执行完全数据库备份之前，需要先查询要备份的文件。

● 查询要备份的数据文件。

在执行完全数据库备份之前，应该先确定要备份哪些文件，通过查询 V$DATAFILE 视图可以获取数据文件的列表。

```
SELECT      name
FROM      V$DATAFILE ;
```

● 查询要备份的日志文件

通过查询 V$LOGFILE 视图可以获取联机重做日志文件的列表。

```
SELECT      member
FROM      V$LOGFILE ;
```

● 查询要备份的控制文件

通过使用下面的语句可以获取数据库的当前控制文件名称。

```
SHOW PARAMETER CONTROL_FILES;
```

- 在进行控制文件备份时，保存所有数据文件和联机重做日志文件的列表。
- 在第一次备份 Oracle 数据库时，最好进行一次完全数据库备份。

实现完全数据库备份，通常包括实现一致的完全数据库备份和检验备份两个步骤。

（1）实现一致的完全数据库备份。为了确保 Oracle 数据库的数据文件是一致的，在执行完全数据库备份之前总是使用 NORMAL、IMMEDIATE 或 TRANSACTIONAL 选项关闭 Oracle 数据库。在 Oracle 数据库发生实例故障或使用 ABORT 选项关闭数据库后，不可执行完全数据库备份，除非在 ARCHIVELOG 模式中。

实现完全数据库备份的步骤如下。

首先，关闭数据库，可以使用如下命令实现：

```
SHUTDOWN NORMAL;
SHUTDOWN IMMEDIATE;
SHUTDOWN TRANSACTIONAL;
```

然后，备份组成数据库的所有文件，使用操作系统提供的命令即可完成该项操作。例如：

```
XCOPY E:\Oracle11\oradata\EBUY F:\BAK01
```

最后，在备份结束后重新启动 Oracle 数据库：

```
STARTUP;
```

（2）检验备份。完成完全数据库备份后，进行对备份文件的检验是必要的。DBV（它的名字和位置依赖于操作系统）是 Oracle 适用于 Windows 操作系统的一个脱机数据库检验程序，它是一个外部命令行程序，可以在脱机数据库上执行物理数据结构完整性检查。在恢复数据库前或遇到数据损坏问题时可以使用 DBV 程序确保备份数据库的有效性。

DBV 的语法如下：

```
DBV
{
    FILE = filename
    | START = block_address
    | END = block_address
    | BLOCKSIZE = block_size
    | LOGFILE = logfile_name
    | FEEDBACK = n
    | PARFILE = parfile_name
    | USERID = user_id
    | SEGMENT_ID = segment_id
    | HIGH_SCN = scn
}
```

参数说明如下。

- FILE：要检验的数据库文件名。
- START：要检验的起始块，默认为文件的第一个块。
- END：要检验的结束块，默认为文件的最后一个块。
- BLOCKSIZE：要检验的逻辑块的大小，默认为 8 192B（8KB）。
- LOGFILE：指定日志信息应写入的文件，默认输出到终端显示。
- FEEDBACK：指示检验进度的显示，若 n 取默认值 0，则没有进度显示。

- PARFILE：指定要使用的参数文件名。
- USERID：指定用户名和口令。
- SEGMENT_ID：指定段 ID。
- HIGH_SCN：指定要检验的最高块 SCN。

例如，在 Windows XP 操作系统中，当执行完 Oracle 的完全数据库备份后，进入操作系统的控制台，输入 DBV 命令可以检验相应的 Oracle 数据库文件的有效性，检验语句如下所示：

```
C:\>DBV FILE=F:\BAK01\SYSTEM01.DBF
```

2．联机表空间备份

实现联机表空间备份通常包括确定数据文件、标记联机表空间备份开始、备份联机数据文件和标记联机表空间备份结束这 4 个步骤。

（1）确定数据文件。在开始备份整个表空间之前，使用 DBA_DATA_FILES 数据字典视图以确定所有表空间的数据文件，例如：

```
SELECT          TABLESPACE_NAME, FILE_NAME
FROM       SYS.DBA_DATA_FILES ;
```

（2）标记联机表空间备份开始。使用 ALTER TABLESPACE 命令，标记表空间联机备份开始，例如：

```
ALTER TABLESPACE USERS BEGIN BACKUP;
```

如果没有标记联机表空间备份开始，或忽视在备份联机表空间前保证已经完成 BEGIN BACKUP 命令，则该备份数据文件对将来的恢复操作不起作用。而且，尝试这样的备份是危险的，它可能返回导致以后数据不一致的错误。

（3）备份联机数据文件。使用操作系统提供的命令即可完成备份联机数据文件的操作，例如：

```
COPY E:\Oracle11\oradata\EBUY\USERS01.DBF  F:\BAK01\TSBAK0
```

（4）标记联机表空间备份结束。在备份联机表空间的数据文件后，使用带 END BACKUP 选项的 ALTER TABLESPACE 命令指出联机备份的结束，例如：

```
ALTER TABLESPACE USERS END BACKUP;
```

如果没有指出联机表空间备份结束，并发生数据库实例故障或 SHUTDOWN ABORT，则在下一个实例启动时 Oracle 指定需要介质恢复。

联机备份完成后，可以使用 V$BACKUP 数据字典表查看数据文件的备份状态。该表列出了所有联机文件及其状态，可以使用该信息确定是否有表空间处于备份方式。需要注意的是，若当前使用的控制文件是某恢复的备份，或是自发生介质故障以来建立的新控制文件，则 V$BACKUP 是不起作用的。

例如，显示数据文件的当前备份状态的语句可以表示如下：

```
SELECT          FILE#, STATUS
FROM       V$BACKUP ;
```

显示备份状态如图 11-19 所示。

图 11-19　显示备份状态

- 图 11-19 中，STATUS 列中的 NOT ACTIVE 表示该文件当前没有备份，ACTIVE 表示该文件被标记为当前正在备份。
- 当必须备份多个联机表空间时，可以选择并行备份或连续备份。

3．脱机表空间备份

在表空间脱机时，可以备份表空间的全部或部分数据文件，此时 Oracle 数据库的其他表空间依然可以处于打开状态。

备份脱机表空间的过程和备份联机表空间的步骤类似，主要由以下步骤组成。

（1）确定脱机表空间的数据库。在使表空间脱机之前，通过查询 DBA_DATA_FILES 数据字典视图以确定所有表空间的数据文件。例如：

```
SELECT    TABLESPACE_NAME, FILE_NAME
FROM      SYS.DBA_DATA_FILES ;
```

（2）使表空间脱机。执行表空间脱机操作的当前用户必须具有 MANAGE TABLESPACE 系统权限，使用带 OFFLINE 选项的 ALTER TABLESPACE 命令将表空间和所有相关的数据文件脱机，并尽可能地使用 NORMAL 选项。

例如，使表空间 USERS 脱机的命令如下：

```
ALTER TABLESPACE USERS OFFLINE NORMAL;
```

使用 NORMAL 选项将表空间脱机后，该表空间的所有数据文件均被关闭。若使用 TEMPORARY 或 IMMEDIAT 选项将表空间脱机，则该表空间可能不能联机，除非执行表空间恢复。

（3）备份脱机的数据文件。使用操作系统提供的命令即可完成备份脱机数据文件的操作，例如：

```
COPY E:\Oracle11\oradata\EBUY\USERS01.DBF  F:\BAK01\TSBAK1
```

（4）将表空间联机。使用带 ONLINE 选项的 ALTER TABLESPACE 命令可以将表空间联机。例如，使表空间 USERS 联机的命令如下：

```
ALTER TABLESPACE USERS ONLINE;
```

在表空间联机后，表空间的数据文件处于打开状态，并且是可用的。

4．控制文件备份

对操作在 ARCHIVELOG 模式中的数据库进行结构性修改后，应该备份数据库的控制文件，此时的操作用户必须具有 ALTER DATABASE 系统权限。

控制文件既可以被备份为物理文件，也可以被备份到跟踪文件。

（1）备份控制文件为物理文件。备份控制文件的主要方法是使用 ALTER DATABASE 命令生成一个二进制文件，步骤如下。

首先，修改数据库。例如，建立一个新的数据文件：

```
ALTER DATABASE
CREATE DATAFILE  'E:\Oracle11\oradata\EBUY\USERS02.DBF'
AS   'E:\Oracle11\oradata\EBUY\USERS01.DBF';
```

然后，备份数据库的控制文件。例如，备份控制文件到指定位置：

```
ALTER DATABASE
BACKUP CONTROLFILE TO 'F:\BAK01\CTRLBAK\CF.BAK'
```

其中，新控制文件备份的名称必须使用全名，REUSE 选项允许新控制文件覆盖当前存在的控制文件。

（2）备份控制文件到跟踪文件。使用 ALTER DATABASE BACKUP CONTROL 命令的 TRACE 选项可以帮助管理和恢复控制文件。

```
ALTER DATABASE
BACKUP CONTROLFILE TO TRACE;
```

TRACE 提示 Oracle 系统写入 SQL 命令到数据库的跟踪文件中，并不需要制作控制文件的物理备份。该命令启动数据库，重建控制文件，根据当前的控制文件适当地恢复和打开数据库。可以从跟踪文件中将这些命令复制到脚本文件中，并根据需要进行编辑，即使发生丢失控制文件的所有复制的情况，DBA 依然可以使用该脚本恢复数据库。

11.2 恢复数据库

如果已经建立了良好的备份，在数据库出现故障时，就可以通过备份来恢复 Oracle 数据库数据。恢复是指为了防止数据库丢失数据并在数据丢失后重建数据所采用的不同策略和过程。

11.2.1 恢复的类型

恢复的基本类型有实例恢复、崩溃恢复和介质恢复 3 种。在 Oracle 实例启动时，Oracle 自动执行前两种恢复，只有介质恢复需要用户发出命令执行。

1. 实例恢复

实例恢复只使用在 Oracle 并行服务器配置环境中，在运行数据库中一个实例并发现其他实例崩溃时执行，其他幸免的实例自动使用重做日志来恢复数据库缓冲区在实例故障时丢失的提交数据。此外，Oracle 取消该失败实例崩溃时的任何事务，恢复完成后，清除崩溃实例保持的任何锁。

2. 崩溃恢复

崩溃恢复只在单个实例数据库配置环境中执行。在崩溃恢复中，实例必须打开数据库，并执行恢复操作。崩溃恢复或实例恢复将数据库恢复到实例故障前的事务一致性。实例故障恢复是自动的，在单实例配置环境中，在 Oracle 数据库重新启动时，Oracle 执行崩溃恢复。在需要时，从装配状态到运行状态可以自动触发崩溃恢复。

3. 介质恢复

与实例恢复和崩溃恢复不同的是，介质恢复使用命令来执行，也是 DBA 进行数据库恢复的主要内容。在介质恢复中，使用联机和归档重做日志与增量备份，从备份来恢复或更新到非当前的特定时间。在执行介质恢复时可以恢复整个数据库、指定表空间或数据文件。在许多情况下，总是使用备份来执行恢复。

介质恢复可以分为完全介质恢复和非完全介质恢复。完全介质恢复使用重做数据或增量备份来将数据库更新到最近的时间点，通常在介质故障损坏数据文件或控制文件后执行完全介质恢复操作。非完全介质恢复使用备份以产生数据库过去某个时间点的版本，不能使用自备份以来生成的所有重做数据，通常在介质损坏的部分或全部联机重做日志。用户错误引起的数据丢失，因为归档重做日志丢失而不能执行介质恢复或丢失了当前控制文件必须使用备份控制文件来打开数据库的情况下，执行非完全介质恢复操作。

11.2.2 使用 OEM 执行数据库恢复

1. 配置恢复设置

在执行恢复之前，首先需要对恢复设置进行配置。OEM 提供了"恢复设备"功能，完成对"恢复设置"的属性配置，如图 11-20 所示。

图 11-20 "恢复设置"页面

要使用"恢复设置",必须以 SYSDBA 身份的用户（如 SYS）登录 OEM。

　　使用"恢复设置"页面,可以设置实例恢复、介质恢复和快速恢复的相关参数。

　　（1）实例恢复。在"实例恢复"部分可指定希望恢复实例所需要的平均时间,它以分钟或秒为时间增量。对于集群而言,如果所有实例预期的平均恢复时间设置各不相同,该字段显示为空白,并且出现一条消息,指明各个实例对该字段的设置有所不同。在这种情况下,在该字段中输入一个数字便可为数据库的所有实例设置平均恢复时间。

　　（2）介质恢复。在"介质恢复"部分可以设置介质恢复所需的参数。但是,必须首先启用归档日志（ARCHIVELOG）模式,才能使数据库在磁盘故障时得到恢复。

　　（3）快速恢复。"快速恢复"部分为 Oracle 管理的目录、文件系统或为备份和恢复文件提供集中磁盘位置的"自动存储管理"磁盘组。Oracle 在快速恢复部分中创建归档日志,OEM 可以在快速恢复区域中存储其备份,并在介质恢复过程中恢复文件时使用它。

2.执行恢复

　　当数据库发生故障时,需要执行数据库恢复操作。使用 OEM 执行恢复的步骤如下所示。

　　（1）单击"可用性"选项卡中"管理"区域的"执行恢复"链接,进入"执行恢复"页面,如图 11-21 所示。

图 11-21 "执行恢复"页面

（2）单击"恢复"按钮，进入"确认"页面，显示数据库即将被关闭并重新启动。单击"是"按钮，进入"恢复向导"页面，如图 11-22 所示。

（3）单击"刷新"按钮后，将回到"数据库实例"的"可用性"页面，再次单击"管理"区域的"执行恢复"链接，将打开"执行恢复：身份证明"页面，如图 11-23 所示。

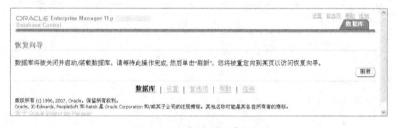

图 11-22 "恢复向导"页面

图 11-23 "执行恢复：身份证明"页面

（4）输入主机身份证明并单击"继续"按钮后，如果出现"数据库登录"页面，请输入数据库登录用户名和口令，并选择连接身份，单击"登录"按钮后，进入"执行恢复：还原控制文件"页面，如图 11-24 所示。

图 11-24 "执行恢复：还原控制文件"页面（1）

（5）单击"继续"按钮，要求用户在"执行恢复：还原控制文件"页面进行备份选择，如图 11-25 所示。

（6）单击"还原"按钮，出现还原确认页面，如图 11-26 所示。

图 11-25 "执行恢复：还原控制文件"页面（2）

图 11-26 "确认"页面

单击"是"按钮，开始进行还原操作，整个过程可能需要一段时间。至此，使用 OEM 执行恢复操作全部完成。

11.2.3 使用命令执行数据库恢复

Oracle 提供了 RECOVER 命令用于执行数据恢复操作，但根据采用的恢复方法的不同，RECOVER 命令的使用也会有所区别。

1．热备份的恢复

对于执行了联机备份（热备份）的数据库，通过以下 4 个步骤即可完成恢复操作。

（1）使用带 OFFLINE 选项的 ALTER DATABASE 命令将出现故障的表空间脱机。例如：

```
ALTER DATABASE
DATAFILE'E:\Oracle11\oradata\EBUY\USERS01.DBF' OFFLINE;
```

（2）使用操作系统自带的命令或其他方式将表空间的备份文件复制到原来的位置，并覆盖原文件。例如：

```
COPY  F:\BAK01\TSBAK0\USERS01.DBF  E:\Oracle11\oradata\EBUY
```

（3）使用 RECOVER 命令进行介质恢复，恢复表空间。例如：

```
RECOVER DATAFILE 'E:\Oracle11\oradata\EBUY\USERS01.DBF';
```

（4）使用带 ONLINE 选项的 ALTER DATABASE 命令将表空间联机。例如：

```
ALTER DATABASE
DATAFILE 'E:\Oracle11\oradata\EBUY\USERS01.DBF' ONLINE;
```

经过上述 4 个步骤，表空间数据的恢复即可完成。

2．基于 CANCEL 的恢复

使用基于 CANCEL 的恢复，可以把数据库恢复到错误发生前的某点状态。执行基于 CANCEL 的恢复操作时，Oracle 执行恢复进程，直到在要求输入名称的位置输入 CANCEL 时结束，具体的操作过程包括以下 4 个步骤。

（1）当遇到数据库错误时，使用 SHUTDOWN IMMEDIATE 命令关闭 Oracle 数据库，并将备份的数据复制到相应的位置。例如：

```
SHUTDOWN IMMEDIATE
```

（2）使用 STARTUP MOUNT 命令启动数据库。例如：

```
STARTUP MOUNT
```

（3）使用 RECOVER 命令对数据库进行基于 CANCEL 的恢复。例如：

```
RECOVER DATABASE UNTIL CANCEL ;
```

（4）恢复操作完成后，使用 RESETLOGS 模式启动 Oracle 数据库。例如：

```
ALTER DATABASE
OPEN RESETLOGS ;
```

3．基于时间点的恢复

使用基于时间点的恢复，可以将数据库恢复到错误发生前的某一个时间点的状态。执行该方法时，Oracle 会自动回滚，直到指定的时间结束，具体过程包括以下 4 个步骤。

（1）当遇到数据库错误时，使用 SHUTDOWN IMMEDIATE 命令关闭 Oracle 数据库，并将备份的数据复制到相应的位置。例如：

```
SHUTDOWN IMMEDIATE
```

（2）使用 STARTUP MOUNT 命令启动数据库。例如：

```
STARTUP MOUNT
```

（3）使用 RECOVER 命令对数据库进行基于时间点的恢复。例如：

```
RECOVER DATABASE UNTIL TIME '29-9月 -08 20:00:00 ';
```

（4）恢复操作完成后，使用 RESETLOGS 模式启动 Oracle 数据库。例如：

```
ALTER DATABASE
OPEN RESETLOGS ;
```

4．基于 SCN 的恢复

使用基于 SCN 的恢复，可以将数据库恢复到错误发生前的某一个事务前的状态。执行该方法时，Oracle 会执行恢复进程，直到恢复到指定的事务前结束，具体过程包括以下 4 个步骤。

（1）当遇到数据库错误时，使用 SHUTDOWN IMMEDIATE 命令关闭 Oracle 数据库，并将备份的数据复制到相应的位置。例如：

```
SHUTDOWN IMMEDIATE
```

（2）使用 STARTUP MOUNT 命令启动数据库。例如：

```
STARTUP MOUNT
```

（3）使用 RECOVER 命令对数据库进行基于 SCN 的恢复。例如：

```
RECOVER DATABASE UNTIL CHANGE 530867106;
```

（4）恢复操作完成后，使用 RESETLOGS 模式启动 Oracle 数据库。例如：

```
ALTER DATABASE
OPEN RESETLOGS ;
```

11.3　数据导入/导出

Export 和 Import 实用程序可以将数据从 Oracle 数据库中导出和导入，为用户提供一个在 Oracle 数据库间移动数据对象的简单方法，也是一种数据库备份和恢复的辅助性操作。Export 将数据按 Oracle 的特定格式从 Oracle 数据库写到操作系统文件中，而 Import 则读取 Export 导出的文件，将相应信息恢复到现有数据库中。

借助于 Export 和 Import 可以完成以下任务：

● 在 Oracle 数据库之间移动数据；
● 将一个表空间或方案的数据移到另一个表空间或方案中；
● 重新分配表中的数据；
● 带数据或不带数据保存数据库对象的定义；
● 存档不活动的数据或保存临时数据；
● 将 Oracle 数据保存到数据库外的操作系统文件中；
● 备份整个 Oracle 数据库，或使用增量或累积导出只备份自上次导出以来修改的数据；
● 选择性地备份数据库的一部分；
● 通过导入增量和累积导出，恢复数据库；
● 恢复被删除的表；
● 在 Oracle 的新老版本之间移动数据；
● 节省空间或减少 Oracle 数据库使用平台的碎片。

11.3.1　导入/导出概述

在 ORACLE 中可以使用 Import 完成导入，使用 Export 完成导出。

1．导入方式

使用 Import 可以在没有用网络连接的机器上的数据库间传输数据或作为正常备份过程之外的备份。Export 导出文件只可以被 Import 程序读取，并且不可以被早期版本的 Import 程序读取。Import 程序只可以读取 Export 导出的文件，而不可以读取其他格式的文件。

Import 程序提供 4 种导入方式，导入的对象取决于选择的导入方式和导出时使用的导出方式。拥有 IMP_FULL_DATABASE 角色的用户可以有以下 4 种选择。

（1）数据库方式。只有拥有权限的用户才可以在该方式下导入全数据库导出文件。

（2）方案方式。该方式允许用户导入属于该方案的全部对象（如表、数据、索引和授权等）。有权限的用户在方案方式中可以导入一个特定组的方案模式中的全部对象。

（3）表方式。该方式允许用户导入方案中指定的表。有权限的用户可以指定包含表的模式限制它们。在默认情况下，导入方案中的所有表。

（4）表空间方式。允许有权限的用户将一组表空间从一个 Oracle 数据库移到另一个 Oracle 数据库中。

可以按以下两种方式导入表和分区。

● 表级导入：从导出文件的指定表中导入全部数据；
● 分区级导入：只从指定源中导入数据。

2．导出方式

Export 从 Oracle 数据库中提取对象定义（如数据表）和数据，接着是其相关的对象（如表上的索引），将它们按 Oracle 二进制格式保存在 Export 导出文件中，通常保存于磁盘或磁带上。这些文件可以被 FTP 或物理传送到不同站点上使用。

使用 Export 程序的用户必须拥有 CREATE SESSION 系统权限，若要导出其他用户方案的表，该用户还必须拥有 EXP_FULL_DATABASE 角色。

Export 提供了 4 种导出方式：数据库方式、方案方式、表方式和表空间方式。所有用户可以按方案方式和表方式导出；拥有 EXP_FULL_DATABASE 角色的用户可以按 4 种方式导出。

（1） 数据库方式。数据库方式可以导出全部数据库对象（SYS 拥有的及 ORDSYS、CTXSYS、MIDSYS 和 ORDPLUGINS 方案中的除外），包括：表空间定义、批文件、用户定义、角色、系统授权、角色授权、默认角色、表空间限额、资源代价、回滚段定义、数据库链、序列号、全部数据库别名、应用上下文、全部外部函数库、全部对象类型、全部聚集定义、默认审计和系统审计等。

（2）方案方式。方案方式可以导出外部函数库、对象类型、数据库链、序列号和聚集定义。对于指定用户拥有的每个表，用户还可以导出/导入的对象包括表前过程动作、表后过程动作、表使用的对象类型定义、表定义、表前动作、表后动作、分区的表数据、嵌套表数据、拥有者的表授权、拥有者的表索引、表约束、分析表、列和表的注释、审计信息、表的安全策略、表引用约束、私有同义词、用户视图、用户存储过程、包、函数、引用完整性约束、操作符、触发器、索引类型、快照和物化视图、快照日志、作业队列、刷新组、维和过程对象等。

（3）表方式。表方式可以导出的对象包括：由表使用的对象类型定义、表定义、表前的动作、表后的动作、表前过程动作、表后过程动作、表使用的对象类型定义、分区的表数据、嵌套表数据、拥有者的表授权、表索引和约束、分析表、列和表的注释、审计信息、表引用约束、拥有者的表触发器等。

有权限的用户还可以导出/导入其他用户拥有的触发器和索引。

（4）表空间方式。表空间方式可以导出的对象为聚集定义。对于当前表空间中的每个表，有权限的用户可以导出/导入的对象包括：表前过程动作、表后过程动作和对象、表使用的对象类型、表定义、表前动作、表后动作、表授权、表索引、表约束、列和表注释、引用完整性约束、非函数和区域的位图索引和触发器等。

在表级导出中，一个完整的分区或非分区的表和它的索引及其他的表依赖的对象被导出。所有导出方式都支持表级导出。在分区级导出中，可以导出表的一个或多个分区。数据库方式、方案方式和表空间方式不支持分区级导出，只有表方式支持它。

11.3.2 课堂案例 3——使用 OEM 实现导出/导入

【案例学习目标】掌握 Oracle 中应用 OEM 进行数据的导出和导入方法和基本步骤。

【案例知识要点】OEM 导出、OEM 导入。

【案例完成步骤】

1. 使用 OEM 导出

OEM 提供了"导出到导出文件"功能，可以实现数据导出功能。使用 OEM 实现数据导出（以表方式导出为例）的步骤如下。

（1）以 SYSTEM 用户的普通用户身份登录 OEM 后，单击"数据移动"页面中"移动行数据"区域的"导出到导出文件"链接，打开"导出：导出类型"页面，如图 11-27 所示。选择导出类型为"表"，输入主机身份证明的用户名和口令（orcl，123456）。

图 11-27 "导出：导出类型"页面

（2）单击"继续"按钮，进入"导出：表"页面，如图 11-28 所示。在初始状态下，并没有表被选择。

（3）单击"添加"按钮，进入"导出：添加表"页面，如图 11-29 所示。输入方案名称和表名称，单击"开始"按钮进行搜索，并显示搜索结果。

（4）单击"搜索结果"中对应表（如 GOODS）前面的复选框，选择要导出的表。再单击"选择"按钮，回到"导出：表"页面，显示了需要导出数据的表（如 SCOTT.GOODS），如图 11-30 所示。

图 11-28 "导出：表"页面

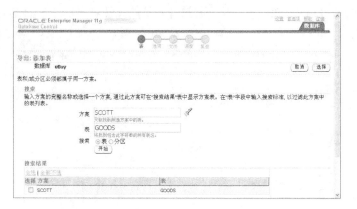

图 11-29　"导出：添加表"页面

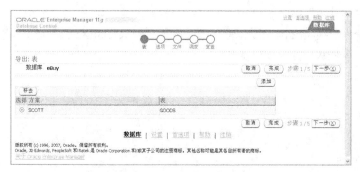

图 11-30　添加表后的"导出：表"页面

（5）单击"下一步"按钮，打开"导出：选项"页面，如图 11-31 所示。

图 11-31　"导出：选项"页面

● 选择目录对象为"DATA_FILE_DIR"。

● 单击"显示高级选项"链接，将显示导出的内容和相关的查询语句。

（6）单击"下一步"按钮，打开"导出：文件"页面，如图 11-32 所示。从"目录对象"

下拉列表框中选择"DATA_FILE_DIR",并选择默认的文件名。

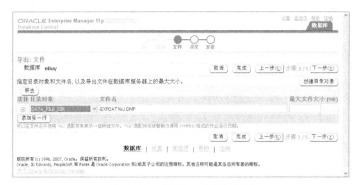

图 11-32 "导出:文件"页面

(7)单击"下一步"按钮,打开"导出:调度"页面,如图 11-33 所示,即将执行的导出操作将作为一个作业被 OEM 调度,输入作业名称"GOODSEXP",选择"立即"方式启动作业,并且作业的重复级别为"仅一次"。

图 11-33 "导出:调度"页面

(8)单击"下一步"按钮,打开"导出:复查"页面,如图 11-34 所示。其中显示了作业调度的信息,如导出类型、并行度、日志文件名等。

图 11-34 "导出:复查"页面

(9)单击"提交作业"按钮,向 OEM 提交导出数据的作业请求,在等候一小段时间后,显示成功创建作业的信息,如图 11-35 所示。

图 11-35　成功创建导出作业

用户可以打开 E:\Oracle11\product\11.1.0\db_1\demo\schema\sales_history 位置的 EXPDAT.LOG
日志文件查看作业的执行情况，如图 11-36 所示。

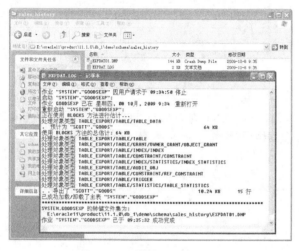

图 11-36　查看 EXPDAT.LOG

2. 使用 OEM 导入

OEM 提供了"从导出文件导入"功能，可以实现从导出的数据中导入的功能。使用 OEM
实现数据导入（以表方式导入为例）的步骤如下。

（1）以 SYSTEM 用户的普通用户身份登录 OEM 后，单击"数据移动"页面中"移动行数
据"区域的"从导出文件导入"链接，打开"导入：文件"页面，如图 11-37 所示。选择目录
对象为"DATA_FILE_DIR"，选择导入类型为"表"，输入主机身份证明的用户名和口令。

图 11-37　"导入：文件"页面

EXPDAT%U.DMP 文件为之前导出的文件，否则请选择其他方式导入。

（2）单击"继续"按钮，显示"已成功读取导入文件"的信息，如图 11-38 所示。在初始状态下，并没有默认的导入表被选中。

图 11-38　导入读取成功

（3）单击"添加"按钮，在"导入：添加表"页面中输入方案名称"SCOTT"、表"GOODS"，单击"开始"按钮，在搜索结果栏将显示相应的表的信息，选择其中的 GOODS 表，如图 11-39 所示。

图 11-39　"导入：添加表"页面

（4）单击"搜索结果"中对应表（如 GOODS）前面的复选框，选择要导入的表。单击"选择"按钮，回到"导入：表"页面，将显示已被添加的导入表，如图 11-40 所示。

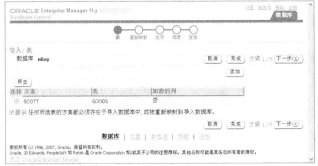

图 11-40　已添加了导入表的"导入：表"页面

（5）选择导入表 GOODS，单击"下一步"按钮，进入"导入：重新映射"页，如图 11-41 所示。用户可以重新映射方案，也可以重新映射表空间。

图 11-41　"导入：重新映射"页面

（6）继续单击"下一步"按钮，进入"导入：选项"页面，如图 11-42 所示，从可选文件中选择目录对象为"DATA_FILE_DIR"。

图 11-42　"导入：选项"页面

单击"显示高级选项"链接，可以查看导入内容和对象操作等高级导入选项。

（7）单击"下一步"按钮，进入"导入：调度"页面，在"作业参数"栏指定作业名称，如输入"GOODSIMP"作为导入作业的名称，如图 11-43 所示。

图 11-43　"导入：调度"页面

（8）单击"下一步"按钮，进入"导入：复查"页面，显示调度的信息，如图 11-44 所示。

（9）单击"提交作业"按钮，完成导入作业的调度，显示"已成功创建作业"的信息，如图 11-45 所示。

用户可以打开 E:\Oracle11\product\11.1.0\db_1\demo\schema\sales_history 位置的 IMPORT.LOG 日志文件查看作业的执行情况。

图 11-44 "导入：复查"页面

图 11-45 成功创建导入作业

11.3.3 课堂案例 4——使用 EXP/IMP 实现导出/导入

【案例学习目标】掌握应用 EXP 命令和 IMP 命令实现数据导出/导入的方法和基本步骤。

【案例知识要点】使用 EXP 导出数据、使用 IMP 导入数据。

【案例完成步骤】

1．使用 EXP 命令导出

为了使用 Oracle 提供的 EXP 命令，在创建 Oracle 数据库后必须运行 CATEXP.SQL 或 CATALOG..SQL 脚本。该脚本为 EXP 创建所需要的导出视图，分配 EXP_FULL_DATABASE 角色需要的所有特权，分配 EXP_FULL_DATABASE 给 DBA 角色。同时，还要确保有足够的磁盘或磁带空间以导出文件，若空间不足，则发生写故障，导致导出中断。

EXP 命令在操作系统的控制台窗口执行，其语法格式如下所示：

```
EXP [ HELP = Y | <用户名>/<口令>@<实例名> 表达式1 | 表达式2]
```

其中，表达式 1 的语法格式为

```
[ FULL = Y [ INCTYPE = { INCREMENTAL | CUMULATIVE | COMPLETE }
    [ RECORD = {Y | N} ] ]
| OWNER =(<用户名> [, … n])
| TABLES = ([用户方案.]<表>[:<分区>] [, … n])
| TRANSPORT_TABLESPACE = Y TABLESPACES =(<表空间> [, … n])]
```

表达式 2 的语法格式为

```
[ PARFILE = <文件名>
| FILE = <文件名> [, … n]
| FILESIZE = n
| DIRECT = { Y | N }
| ROWS = { Y | N }
| FEEDBACK = n
| INDEXES = { Y | N }
| CONSTRAINTS = { Y | N }
| GRANTS = { Y | N }
TRIGGERS = { Y | N }
…
] …
```

参数说明如下。

- HELP：指定是否描述 EXP 的帮助信息。
- FULL：指定在全数据库方式下导出，默认为 N。
- INCTYPE：指定增量备份的类型，即 INCREMENTAL（增量）、CUMULATIVE（累积）或 COMPLETE（完全）。
- RECORD：指出是否记录系统表 SYS.INCEXP、SYS.INCFIL 和 SYS.INCVID 的增量或累积导出，默认为 Y。
- OWNER：指定用户导出方式，并列出要导出对象的用户。
- TABLES：指定导出为表方式，并列出要导出的表名、分区和子分区名。
- TRANSPORT_TABLESPACE：指定是否可以导出可传输表空间元数据。
- PARFILE：指定包含导出参数列表的文件名，即参数文件。
- FILE：指定导出文件的名称，默认扩展名为.DMP。
- FILESIZE：指定每个导出文件的最大字节数。
- DIRECT：指定是否导出路径，默认为 N。
- ROWS：指定导出表数据的行，默认为 Y。
- FEEDBACK：为导出行的数量按点的格式显示进度，默认为 0。
- INDEXES：指定是否导出索引，默认为 Y。
- CONSTRAINTS：指定是否导出表约束，默认为 Y。
- GRANTS：指定在全数据库方式下是否导出表上所有授权，默认为 Y。
- TRIGGERS：指定是否导出触发器，默认为 Y。

【例 11-1】 以表方式导出用户方案 SCOTT 中商品表，包括所有的索引、约束和触发器。

```
EXP
    SCOTT/123456@EBUY
    TABLES=(GOODS)
    INDEXES=Y
    CONSTRAINTS=Y
    TRIGGERS=Y
```

执行该命令，将完成对方案 SCOTT 中商品表的导出操作。

说明

- EXP 命令是在操作系统的提示符下执行，而不是在 SQL Plus 下执行

EXP 命令也可以直接在命令行提示符下执行，通过交互的方式完成最基本的导出操作，详细交互过程如图 11-46 所示。

图 11-46　交互方式执行 EXP

也可以借助于参数文`件来通过 EXP 执行导出操作。

【例 11-2】　通过参数文件完成导出。

假设创建了一个用于数据导出的参数文件 F:\myexp.dat，文件内容如下：

```
FILE          =    mydata.dmp
TABLES        =    (SCOTT.GOODS, SCOTT.CUSTOMERS)
INDEXES       =    Y
CONSTRAINTS   =    Y
TRIGGERS      =    Y
FEEDBACK      =    10
```

使用 EXP 命令执行数据导出的命令如下：

```
EXP SCOTT/123456@EBUY PARFILE=F:\myexp.dat
```

执行该命令，将会完成对 SCOTT.GOODS 表和 SCOTT.CUSTOMERS 表的导出。

2．使用 IMP 命令导入

为了使用 Oracle 提供的 IMP 命令，在创建 Oracle 数据库后必须运行 CATEXP.SQL 或 CATALOG.SQL 脚本。该脚本分配 IMP_FULL_DATABASE 角色所需要的所有特权，分配 IMP_FULL_DATABASE 给 DBA 角色，为 IMP 创建所需要的数据字典视图。

IMP 命令在操作系统的控制台窗口执行，其语法格式如下所示：

```
IMP [ HELP = Y | <用户名>/<口令>@<实例名> 表达式 1 | 表达式 2]
```

其中，表达式 1 的语法格式为

```
[ FULL = Y [ INCTYPE = { SYSTEM | RESTORE }
| FROMUSER =(<用户名> [, … n]) [ TOUSER = (<用户名> [, … n])]
| TABLES = ([用户方案.]<表>[:<分区>] [, … n])
| TRANSPORT_TABLESPACE = Y  TABLESPACES =(<表空间> [, … n])
… ]
```

表达式 2 的语法格式为

```
[ PARFILE = <文件名>
| FILE = <文件名> [, … n]
| FILESIZE = n
| DIRECT = { Y | N }
| ROWS = { Y | N }
| FEEDBACK = n
| INDEXES = { Y | N }
```

```
| CONSTRAINTS = { Y | N }
| GRANTS = { Y | N }
TRIGGERS = { Y | N }
…
] …
```

其中各个参数的说明与 EXP 命令中的参数类似。

【例 11-3】 将用户方案 SCOTT 中商品表 GOODS 的导出数据导入其中，包括所有的索引、约束和触发器。

```
IMP
    SCOTT/123456@EBUY
    TABLES=(GOODS)
    INDEXES=Y
    CONSTRAINTS=Y
```

执行该命令，将会完成 GOODS 表的导入。

也可以直接在命令行提示符下执行 IMP 命令，通过交互的方式完成导入，如图 11-47 所示。

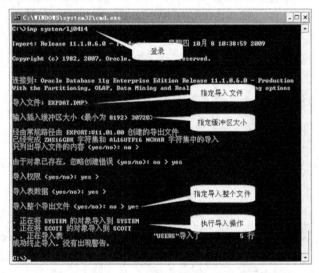

图 11-47　交互方式执行 IMP

　　　　在执行导入操作前，必须确保相应的表在数据库中已经被删除，如本例中的 GOODS 数据表，否则将会产生导入错误。

也可以借助于参数文件来通过 IMP 执行导入操作。

【例 11-4】 假设创建了一个用于数据导入的参数文件 myimp.dat，文件内容如下：

```
FILE          =    mydata.dmp
FROMUSER      =    SCOTT
TABLES        =    (GOODS,CUSTOMERS)
INDEXES       =    Y
CONSTRAINTS   =    Y
FEEDBACK      =    10
```

使用 IMP 命令执行数据导出的命令如下：

```
IMP SCOTT/123456@EBUY PARFILE=F:\myimp.dat
```

执行该命令，将会完成 GOODS 表和 CUSTOMERS 表的导入。

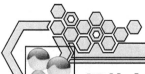

课外实践

【任务 1】

为 Windows 操作系统用户 bookadmin 授予批处理作业权限。

【任务 2】

将 bookadmin 管理员设置成 "BookData" 数据库的首选身份证明。

【任务 3】

使用 OEM 将 "BookData" 数据库中 "SCOTT.BookInfo" 表导出到备份文件 "C:\BAK01.DMP"。

【任务 4】

使用 OEM 从备份文件 "C:\BAK01.DMP" 导入 "BookData" 数据库中的 "SCOTT.BookInfo" 表。

【任务 5】

使用 EXP 命令将 "BookData" 数据库中的 "SCOTT.ReaderInfo" 表导出到备份文件 "C:\BAK02.DMP"。

【任务 6】

使用 IMP 命令从备份文件 "C:\BAK02.DMP" 导入 "BookData" 数据库中的 "SCOTT.ReaderInfo" 表。

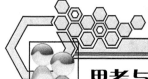

思考与练习

一、填空题

1. 在执行完全数据库备份之前，应该确定备份哪些文件，通过查询_____视图可以获取数据文件的列表。

2. 为了使用 Oracle 提供的 EXP 命令，必须为 EXP 分配_____角色需要的所有特权。

3. Oracle 提供_____命令用于执行数据恢复操作，提供了_____实现数据的导入。

4. 在 EXP 命令中通过_____选项可以指定包含导出参数列表的文件名，即参数文件。

二、选择题

1. 当数据库已经正常关闭时使用脱机备份，下列文件中不一定需要备份的是_____。

A. 所有数据文件　　　　　　　　　　B. 所有控制文件

C. 所有联机重做日志　　　　　　　　D. init.ora 文件

2. 数据库实例的用户、服务器或者后台进程出现连接不正常、用户会话被异常中断等情况，这些异常属于_____。

A. 用户错误　　　　　　　　　　　　B. 语句故障

C. 进程故障　　　　　　　　　　　　D. 介质故障

3. 下列语句中用来标记联机表空间备份结束的是_____。

A. SELECT TABLESPACE_NAME, FILE_NAME   FROM SYS.DBA_DATA_FILES;

B. ALTER TABLESPACE USERS BEGIN BACKUP;

C. COPY   E:\Oracle11\oradata\EBUY\USERS01.DBF   F:\BAK01\TSBAK0

D. ALTER TABLESPACE USERS END BACKUP;

4. 语句"RECOVER DATABASE UNTIL CANCEL；"实现的是_____类型的恢复。

A. 热备份的恢复   B. 基于 CANCEL 的恢复

C. 基于时间点的恢复   D. 基于 SCN 的恢复

三、简答题

1. 简述物理数据备份的形式。

2. 举例说明数据恢复有哪几种类型，各自适用于什么场合。

第 12 章
数据库应用程序开发

【学习目标】

本章将要学习 Oracle 11g 数据库应用程序开发的相关知识，包括数据库应用程序结构、常用的数据库访问技术、Java 平台下 Oracle 11g 数据库程序开发方法以及.NET 平台下 Oracle 11g 数据库程序开发方法。本章的学习要点包括：

（1）C/S 结构和 B/S 结构；

（2）常用的数据库访问技术；

（3）使用 JDBC-ODBC 桥访问 Oracle 11g 数据库；

（4）使用 JDBC Driver 访问 Oracle 11g 数据库；

（5）C#.NET 中使用 ODBC 方式访问 Oracle 11g 数据库；

（6）C#.NET 中使用 OLE DB 方式访问 Oracle 11g 数据库；

（7）C#.NET 中使用 OracleClient 方式访问 Oracle 11g 数据库。

【学习导航】

作为一种大型的关系型数据库管理系统，Oracle 11g 在中、大型的应用程序中充当后台数据库的角色。基于 Oracle 的数据库程序的开发技术也是广大程序员应该掌握的基本技能。在实际开发中，Oracle 既可以应用在 Java 平台中，也可以应用在.NET 平台中。本章内容在 Oracle 数据库系统管理与应用中的位置如图 12-1 所示。

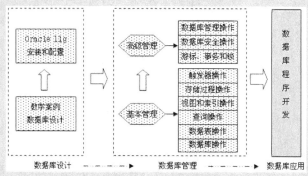

图 12-1 本章学习导航

12.1　数据库应用程序结构

数据库应用程序是指任何可以添加、查看、修改和删除特定数据库（如 Oracle 中的 eBuy）中数据的应用程序。在软件开发领域中，数据库应用程序的设计与开发具有广阔的市场。现在流行的客户机/服务器结构（C/S）、浏览器/服务器结构（B/S）应用大都属于数据库应用编程领域，它们把信息系统中大量的数据用特定的数据库管理系统组织起来，并提供存储、维护和检索数据的功能，使数据库应用程序可以方便、及时、准确地从数据库中获得所需的信息。

数据库应用程序一般包括三大组成部分：一是为应用程序提供数据的后台数据库；二是实现与用户交互的前台界面；三是实现具体业务逻辑的组件。具体来说，数据库应用程序的结构可依其数据处理及存取方式分为主机—多终端结构、文件型结构、C/S（客户机/服务器）结构、B/S（浏览器/服务器）结构、3 层/多层结构等。下面主要介绍 C/S 结构、B/S 结构及 3 层/多层结构。

12.1.1　客户机/服务器结构

C/S（Client/Server）结构即客户机/服务器结构，是大家熟知的软件系统体系结构，通过将任务合理分配到客户端和服务器端，降低了系统的通信开销，可以充分利用两端硬件环境的优势，提高系统的运行效率。早期的软件系统大多是 C/S 结构。

客户机/服务器结构的出现是为了解决费用和性能的矛盾，最简单的 C/S 结构的数据库应用由两部分组成，即客户应用程序和数据库服务器程序。两者可分别称为前台程序与后台程序。运行数据库服务器程序的机器称为应用服务器，一旦服务器程序被启动，就随时等待响应客户程序发来的请求；客户程序运行在用户的计算机上，相对于服务器，可称为客户机。当需要对数据库中的数据进行任何操作时，客户程序就自动地寻找服务器程序，并向其发出请求，服务器程序根据预定的规则做出应答，送回结果。

在客户机/服务器结构中，数据库的管理由数据库服务器完成。而应用程序的数据处理，如数据访问规则、业务规则、数据合法性校验等则可能有两种情况：一是客户端只负责一些简单的用户交互，客户机向服务器传送结构化查询语言 SQL，运算和商业逻辑都在服务器端运行的结构也称为瘦客户机；二是数据处理由客户端程序代码来实现，像这种运算和商业逻辑可能会放在客户端进行的结构也称为胖客户机。C/S 结构的系统结构如图 12-2 所示。

由于 C/S 结构通信方式简单，软件开发起来容易，现在还有许多的中小型信息系统是基于这种两层的客户机/服务器结构建立的，但这种结构的软件存在以下问题。

（1）伸缩性差。客户机与服务器联系很紧密，无法在修改客户机或服务器时不修改另一个，这使软件不易伸缩、维护量大，软件互操作起来也很难。

（2）性能较差。在一些情况下，需要将较多的数据从服务器端传送到客户机进行处理。这样，一方面会出现网络拥塞，另一方面会消耗客户端机的主要系统资源，从而使整个系统的性能下降。

（3）重用性差。数据库访问、业务规则等都固化在客户端或服务器端应用程序中。如果客户另外提出的其他应用需求中也包含了相同的业务规则，程序开发者将不得不重新编写相同的代码。

（4）移植性差。当某些处理任务是在服务器端由触发器或存储过程来实现时，其适应性和可移植性较差。因为这样的程序可能只能运行在特定的数据库平台下，当数据库平台变化时，这些应用程序可能需要重新编写。

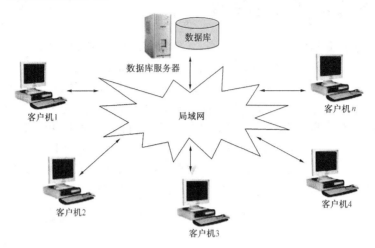

图 12-2　客户机/服务器结构

12.1.2　浏览器/服务器结构

B/S（Browser/Server）结构即浏览器/服务器结构，是随着 Internet 技术的兴起，对 C/S 结构的进行改进而产生的结构。在 B/S 结构下，用户界面完全通过 WWW 浏览器实现，一部分事务逻辑在前端实现，但是主要事务逻辑在服务器端实现。B/S 结构利用不断成熟和普及的浏览器技术实现原来需要通过复杂专用软件才能实现的强大功能，并节省了开发成本，是一种全新的软件系统构造技术。

基于 B/S 结构的软件的系统安装、修改和维护全在服务器端解决。用户在使用系统时，仅仅需要一个浏览器就可运行程序的全部功能，真正实现了"零客户端"。B/S 结构还提供了异种机、异种网和异种应用服务的开放性基础，这种结构已成为当今应用软件的首选体系结构。

B/S 结构与 C/S 结构相比，C/S 结构是建立在局域网的基础上的，而 B/S 结构是建立在 Internet/Intranet 基础上的，虽然 B/S 结构在电子商务和电子政务等方面得到了广泛的应用，但并不是说 C/S 结构没有存在的必要。相反，在某些领域中 C/S 结构还将长期存在，C/S 结构和 B/S 结构的区别主要表现在支撑环境、安全控制、程序架构、可重用性、可维护性和用户界面等方面。

1．支撑环境

C/S 结构一般建立在专用的小范围内的局域网络环境中，局域网之间通过专门的服务器提供连接和数据交换服务；而 B/S 结构是建立在广域网之上的，它有比 C/S 结构更广的适应范围，客户端一般只需要有操作系统和浏览器。

2．安全控制

C/S 结构一般面向相对固定的用户群，对信息安全的控制能力很强。一般高度机密的信息系统采用 C/S 结构比较合适；B/S 结构建立在广域网之上，面向不可知的用户群，对安全的控制能力较弱，可以通过 B/S 结构发布部分可公开的信息。

3．程序架构

C/S 结构的程序注重流程，可以对权限进行多层次校验，对系统运行速度较少考虑；B/S 结构对安全以及访问速度的多重考虑建立在需要更加优化的基础之上，比 C/S 结构有更高的要求，B/S 结构的程序架构是发展的趋势。Microsoft 公司.NET 平台下的 Web Service 技术以及 SUN 公司的 JavaBean 和 EJB 技术将使 B/S 结构更加成熟。

4．可重用性

C/S 结构侧重于程序的整体性，程序模块的重用性不是很好；B/S 结构一般采用多层架构，使用相对独立的中间件实现相对独立的功能，能够很好地实现重用。

5．可维护性

C/S 结构由于侧重于整体性，处理出现的问题以及系统升级都比较难，一旦要升级可能要求开发一个全新的系统；B/S 程序由组件组成，通过更换个别的组件，可以实现系统的无缝升级，系统维护开销减到最小，用户从网上自己下载安装就可以实现升级。

6．用户界面

C/S 结构大多是建立在 Window 平台上，表现方法有限，对程序员普遍要求较高；B/S 结构建立在浏览器上，有更加丰富、生动的表现方式与用户交流，开发难度降低，开发成本下降。

通过上面的对比分析可以看出，传统的 C/S 结构并非一无是处，而 B/S 结构也并非十全十美，在以后相当长的时间里 C/S 结构和 B/S 结构将会继续同时存在。另外，在同一个系统中根据应用的不同要求，可以同时使用 C/S 结构和 B/S 结构，以发挥这两种结构的优点。

12.1.3　三层/N 层结构

所谓三层体系结构，是在客户端与数据库之间加入了一个"中间层"，也叫做组件层。这里所说的三层结构，不是简单地放置三台机器，三层可以是逻辑上的也可以是物理上的三层，B/S 应用和 C/S 应用都可以采用三层体系结构。三层结构的应用程序将业务规则等放到了中间层进行处理。通常情况下，客户端不直接与数据库进行交互，而是通过中间层（动态链接库、Web 服务或 JavaBean）实现对数据库的存取操作。

三层体系结构将二层结构中的应用程序处理部分进行分离，将其分为用户界面服务程序和业务逻辑处理程序。分离的目的是使客户机上的所有处理过程不直接涉及数据库管理系统，分离的结果将应用程序在逻辑上分为三层。

（1）用户界面层：实现用户界面，并保证用户界面的友好性、统一性。

（2）业务逻辑层：实现数据库的存取及应用程序的商业逻辑计算。

（3）数据服务层：实现数据定义、存储、备份、检索等功能，主要由数据库系统实现。

在三层结构中，中间层起着双重作用，对于数据层是客户机，对于用户层是服务器，图 12-3 所示就是一个典型的三层结构应用系统。

三层结构的系统具有如下特点。

（1）业务逻辑放置在中间层可以提高系统的性能，使中间层业务逻辑处理与数据层的业务数据紧密结合在一起，而无须考虑客户的具体位置。

（2）添加新的中间层服务器，能够满足新增客户机的需求，大大地提高了系统的可伸缩性。

（3）将业务逻辑置于中间层，从而使业务逻辑集中到一处，便于整个系统的维护和管理及代码的复用。如果将 3 层结构中的中间层进一步划分为多个完成某一特定服务独立的层，那么三层体系结构就成为多层体系结构。一个基于 Web 的应用程序在逻辑上可能包含如下几层。

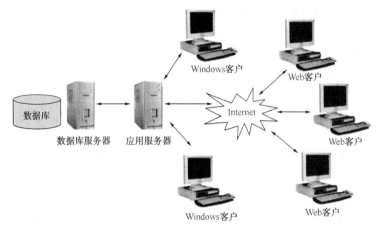

图 12-3　三层客户机/服务器结构

① 由 Web 浏览器实现的一个界面层。

② 由 Web 服务器实现的一个 Web 服务器层。

③ 由类库或 Web 服务器实现的应用服务层。

④ 由关系型数据库管理系统实现的数据层。

- 无论是 3 层还是多层，层次的划分是从逻辑上的实现的。
- 每个逻辑层次可以对应一个物理层次，例如，一台物理机器充当 Web 服务器（配置好 IIS 或安装好 Tomcat），一台物理机器充当应用服务器（提供 Web 服务），一台物理机器充当数据库服务器（安装好 Oracle 11g），一台机器充当客户端（安装好 IE）。
- 多个逻辑层次也可以集中在一台物理机器上，即在同一台机器上配置好 IIS、Web 服务、Oracle 数据库和 IE 浏览器。

12.2　课堂案例 1——Java 平台 Oracle 数据库程序开发

【案例学习目标】学习使用 ODBC–JDBC 桥访问 Oracle 数据库、使用 JDBC 驱动程序直接访问 Oracle 数据库、在 Java 程序中调用 Oracle 数据库中存储过程的方法和一般步骤。

【案例知识要点】ODBC 数据源的配置、部署 ojdbc6_g.jar 包、连接 Oracle 数据库、访问 Oracle 数据库、处理 Oracle 数据库数据、编写存储过程、编写 Java 程序、Java 程序调用存储过程。

【案例完成步骤】

12.2.1　JDBC 概述

数据库是存储和处理数据的重要工具，是许多企业应用系统的基础结构。对于目前最常用的关系模型数据库而言，结构化查询语言（Structured Query Language，SQL）是查询和操纵关系数据库的标准语言，Java 语言通过内嵌 SQL 语句来完成对数据库的操作。

在使用 Java 开发应用系统时，Java 应用不可直接与数据库通信来递交与检索查询结果，因为关系型数据库管理系统只能理解 SQL 语句，并不能理解 Java 语言的语句；另外，RDBMS 商品种类繁多，如 Oracle、MS SQL Server、MS Access 等，Java 程序应该能够与任何类型的 RDBMS 通信，即 Java 应用应该是独立于 RDBMS 的。

JDBC（Java Database Connection）作为一种中间件，可以实现 Java 应用程序与数据库之间的接口功能。Sun Microsystems 公司已将 JDBC 作为 JDK 的一部分，包括这些 JDBC API，使 Java 应用与数据库通信。JDBC API 把 Java 命令转换为通用的 SQL 语句，将此查询提交给 JDBC Driver，由 JDBC Driver 把查询转换为特定数据库所能理解的形式；JDBC Driver 也检索 SQL 查询的结果，并把它转换为可为 Java 应用使用的等价的 JDBC API 类与对象，如图 12-4 所示。

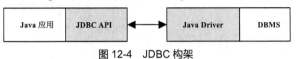

图 12-4　JDBC 构架

JDBC 实际上包含了一组类与接口，这些编程接口定义在 Java API 的 java.sql 程序包（支持 JDBC 2.0 及之前版本）和 javax.sql 程序包（支持 JDBC 3.0）中。

12.2.2　JDBC 连接 Oracle 数据库

JDBC 应用程序访问数据库时，通过以下步骤来实现。
● 向 JDBC 驱动器管理器注册所使用的数据库驱动程序。
● 通过 JDBC 驱动器管理器获得一个数据库连接。
● 向数据库连接发送 SQL 语句并执行。
● 获得 SQL 语句的执行结果，完成对数据库的访问。
下面按照以上步骤详细介绍每一步骤的编码工作。

1．注册数据库驱动程序

（1）JDBC-ODBC 桥接方式。Java 应用程序访问 Oracle 数据库，我们可以通过配置数据源的方法来实现，即 ODBC 方式。配置 Oracle 数据源后，应用程序再使用 JDBC 提供的编程接口，通过数据源名称访问指定类型的数据库。JDBC 使用驱动器管理器管理各种数据库驱动程序，应用程序使用统一的方式访问数据库。

采用 JDBC-ODBC 桥接驱动器作为 JDBC 的驱动器时，需要配置 ODBC 数据源，使得 ODBC 能通过相应的数据库驱动程序访问数据库。下面以 Windows XP 为操作系统平台，以 Oracle 数据库 EBUY 为数据源，举例说明配置 ODBC 数据源的方法。其配置步骤如下。

① 从 Windows XP 系统的"开始"菜单中选择"控制面板"，并从控制面板窗口中打开"管理工具"项，再双击"数据源（ODBC）"项，将打开"ODBC 数据源管理器"对话框，如图 12-5 所示。

② 选择"系统 DSN"选项卡，单击"添加"按钮，系统将弹出"创建新数据源"对话框，从中选择驱动器程序类型为"Oracle in OraDb11g_home1"，再单击"完成"按钮后将弹出"Oracle ODBC Driver Configuration"对话框，指定 Data Source Name（数据源名称）为"mydata"，选择 TNS Service Name（监听服务名称）为"EBUY"，如图 12-6 所示。

③ 单击"Test Connection"按钮，可以测试

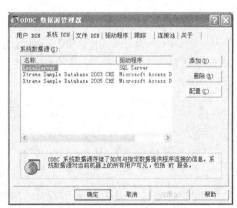

图 12-5　"ODBC 数据源管理器"对话框

ODBC 与 Oracle 11g 数据库 EBUY 的连接情况。在打开的"Oracle ODBC Driver Connect"对话框内，输入 User Name（用户名）和 Password（口令）分别为"SCOTT"和"123456"，如图 12-7 所示。单击"OK"按钮，如果设置正确，将弹出连接成功的确认对话框。

图 12-6　创建到 Oracle 的新数据源 mydata　　　　　　图 12-7　测试连接

④ 连续单击"确定"按钮，完成数据源的配置。

ODBC 数据源配置完成后，为了建立与数据库的连接，我们需要通过调用 Class 类的 forName()方法来装入数据库特定的驱动器。JDBC-ODBC 桥接驱动器作为 Java 应用的一种常用数据库驱动程序，它随 JDK 一起安装，完整的类名为"sun.jdbc.odbc.JdbcOdbcDriver"。因此，JDBC 应用程序注册数据库驱动程序的功能可以通过以下语句完成：

```
Class.forName ("sun.jdbc.odbc.JdbcOdbcDriver");
```

（2）JDBC 直接连接方式。实际上，除了 JDBC-ODBC 桥接方式可以使 Java 应用程序连接 Oracle11g 数据源以外，JDBC 还提供了直接连接数据源的方法，即不需要进行烦琐的 JDBC-ODBC 配置，不再需要通过"ODBC 数据源管理器"配置数据源，而是通过以下方法直接访问数据源。

① 从"E:\oracle11\product\11.1.0\db_1\jdbc\lib"文件夹找到 ojdbc6_g.jar，或者从 Oracle 的官方网站上免费下载 JDBC 驱动程序 ojdbc6_g.jar（下载地址为"http://download.oracle.com/otn/ utilities_drivers/jdbc/111060/lib/ojdbc6_g.jar"）。

② 将 ojdbc6_g.jar 复制到"jdk1.6.0_06\lib"位置（必须预先设置好环境变量 CLASSPATH）。JDBC 直接连接数据源的包部署完成后，将注册数据库驱动程序的语句修改为

```
Class.forName("oracle.jdbc.driver.OracleDriver ");
```

或者修改为

```
DriverManager.registerDriver (new oracle.jdbc.driver.OracleDriver());
```

2．获得数据库连接

（1）JDBC-ODBC 桥接方式。向驱动器管理器注册驱动程序之后，JDBC 应用程序可通过 JDBC 的驱动器管理器的工具类 DriverManager 提供的静态方法 getConnection()建立与数据库的连接。该方法常用的重载形式为

```
static Connection getConnection(String url)
static Connection getConnection(String url,String user,String password)
```

getConnection()方法的返回值为一个 Connection 对象，该对象代表与数据库的连接，在应用中我们可以有若干个 Connection 对象与一个或多个数据库连接。

参数 url 为提供识别数据库方式的字符串，由 jdbc、subprotocol、subname 这 3 部分组成，其中 jdbc 表示使用 JDBC 驱动方式；subprotocol 子协议表示数据库连接机制的名称，如对于 ODBC-JDBC 桥接，此子协议必须是 odbc；subname 表示在 ODBC 中配置的数据源名称，以

标识数据库。

参数 user 和 password 分别表示数据源所对应的登录 ID 和口令。

连接前面配置好的数据源 MyData 的语句表示如下:

```
String url="jdbc: odbc: MyData";
String user="SCOTT";
String password="123456";
Connection conn=DriverManager.getConnection(url,user,password);
```

- 字符串变量 url 中的 MyData 部分表示在前面配置的 ODBC Oracle 数据源的名称。
- 使用 JDBC 驱动直接连接方式有 JDK 版本的要求,请读者注意 JDK 版本的选择。

(2)JDBC 直接连接方式。如果是采用 JDBC 直接访问数据源的形式,将获得和数据库的连接语句修改为

```
conn=DriverManager.getConnection("jdbc:oracle:thin:@SD04:1521:EBUY","SCOTT","123456");
```

其中,SD04 表示服务器名称,也可以使用 IP 地址代替,如 127.0.0.1;EBUY 表示 Oracle 全局数据库名称;1521 表示相应的连接端口。

3．发送和执行 SQL 语句

成功获得和数据库的连接后,JDBC 应用程序可以创建不同的 SQL 语句对象将不同请求的 SQL 语句发送到数据库。JDBC API 提供了 3 种接口来实现发送 SQL 语句到数据库并请求执行:Statement 接口、PreparedStatement 接口和 CallableStatement 接口,它们分别通过 Connection 类的 createStatement()、preparedStatement()和 prepareCall()方法来创建,以实现发送静态 SQL 语句、带参数的动态 SQL 语句或存储过程调用语句的功能,其方法声明如下:

```
Statement createStatement();
PreparedStatement preparedStatement(String sql);
CallableStatement preparedCall(String sql);
```

其中,CallableStatement 接口是 PreparedStatement 接口的子接口,PreparedStatement 接口则是 Statement 接口的子接口。

(1)Statement 接口。Statement 接口对象用于将静态 SQL 语句发送到数据库并获得 SQL 产生的结果,该接口定义了 3 种执行 SQL 语句的方法来处理返回不同结果的 SQL 命令:

```
public ResultSet executeQuery(String sql)throws SQLException
public int executeUpdate(String sql)throws SQLException
public int execute(String sql)throws SQLException
```

executeQuery ()方法执行 DML 中的数据查询语句,并返回 ResultSet 接口对象。

executeUpdate()方法一般执行 DML 中的数据更新语句(如 INSERT、UPDATE 或 DELETE),其返回值为所影响的行数;也可以执行 DDL 语句 (如 CREATE TABLE),此时不返回任何内容。

Execute()方法通常用来执行返回多个值的 SQL 语句。如果 SQL 返回 ResultSet 接口对象,则 execute()方法返回 boolean 值 true;如果 SQL 语句返回的是更新行数,则 execute()方法返回 false。

ResultSet 接口对象表示数据库结果集的数据表,通常通过执行查询数据库的语句生成。ResultSet 对象具有指向其当前数据行的指针。最初,指针被置于第一行之前。使用 next 方法将指针移动到下一行,当 ResultSet 对象中没有下一行时该方法返回 false,我们通常在循环中使用它来迭代结果集。

默认的 ResultSet 对象不可更新,仅有一个向前移动的指针。因此,只能迭代它一次,并且只能按从第一行到最后一行的顺序进行。可以生成可滚动或可更新的 ResultSet 对象:

```
Statementstat= conn.createStatement(ResultSet.TYPE_SCROLL_INSENSITIVE,
ResultSet.CONCUR_UPDATABLE);
```

ResultSet 接口提供用于从当前行检索列值的获取方法 getX。可以使用列的索引编号或列的名称检索值，此时，列名称不区别大小写。一般情况下，使用列索引较为高效。列从 1 开始编号。为了获得最大的可移植性，应该按从左到右的顺序读取每行中的结果集列，而且每列只能读取一次。

常用的 getX 方法有：

```
int getInt(int columnIndex);
int getInt(String columnName);
int getDouble(int columnIndex);
int getDouble(String columnName);
int getString(int columnIndex);
int getString(String columnName);
int getDate(int columnIndex);
int getDate(String columnName);
```

（2）PreparedStatement 接口。PreparedStatement 接口用于实现发送带参数的预编译 SQL 语句到数据库并返回执行结果的功能，预编译意味着这些语句可以比单个语句更有效，尤其是在循环中重复执行某条语句时。

PreparedStatement 接口对象可以为作为 IN 参数的变量设置占位符 "?"，这些参数使用 setX 方法进行设置，PreparedStatement 接口为所有的 SQL 数据类型提供 setX 方法，设置 IN 参数的 setX 方法必须指定与定义的输入参数的 SQL 数据类型兼容的类型。常用的 setX 方法有：

```
void setInt(int parameterIndex, int x)
void setDouble(int parameterIndex, double x)
void setString(int parameterIndex, String x)
void setDate(int parameterIndex, Date x)
```

（3）CallableStatement 接口。CallableStatement 接口用于实现调用数据库存储过程的功能。使用 CallableStatement 接口既支持直接存储过程调用，也支持带占位符的存储过程调用。

12.2.3 ODBC–JDBC 桥访问 Oracle 数据库

在配置好 ODBC 数据源后，Java 应用程序就可以访问 Oracle 数据库的内容了，既可以查询 Oracle 数据库的内容（包括数据和元数据），也可以更新数据库的内容。

【例 12-1】 使用 ODBC 方式查询 Oracle 数据库，并显示用户方案 SCOTT 中商品表 GOODS 的信息。

文件名：JavaToOracle01.java

```java
import java.sql.*;
public class JavaToOracle01
{
    public static void main(String[] args)
    {
        String strQuery="SELECT g_ID,t_ID,g_Name,g_Number FROM SCOTT.GOODS";
        Connection conn;
        Statement stat;
        ResultSet rs;
        String gid,tid,gname;
        int gnumber;
        try
        {
            //注册驱动程序
            Class.forName("sun.jdbc.odbc.JdbcOdbcDriver");
            //获得和 Oracle 数据库的连接
            conn=DriverManager.getConnection("jdbc:odbc:MyData","SCOTT","123456");
            stat=conn.createStatement();
            //向 Oracle 数据库发送 SQL 请求
```

```
                  rs=stat.executeQuery(strQuery);
                  //操作结果集对象
                  while(rs.next())
                  {
                      gid=rs.getString(1);
                      tid=rs.getString(2);
                      gname=rs.getString(3);
                      gnumber =rs.getInt(4);
                      System.out.println(gid+","+tid+","+gname+","+gnumber);
                  }
                  //关闭相关对象
                  rs.close();
                  stat.close();
                  conn.close();
              }
          catch(Exception err)
          {
              err.printStackTrace();
          }
      }
  }
```

编译、运行 JavaToOracle01.java，运行结果如图 12-8 所示。

图 12-8　JavaToOracle01.java 运行结果

根据上例可以知道 Java 应用程序访问 Oracle 数据库的过程分一般为以下 6 步。

（1）使用 "import　java.sql. *;" 引入 JDBC API 所在的包。

（2）注册 Oracle 数据库驱动程序：

```
Class.forName("sun.jdbc.odbc.JdbcOdbcDriver");
```

（3）获得和 Oracle 数据库的连接：

```
Connection conn=DriverManager.getConnection ("jdbc:odbc:MyData","SCOTT","123456");
```

（4）发送 SQL 请求：

```
Statement stat=conn.createStatement();
ResultSet rs=stat.executeQuery(sQuery);
```

（5）操作结果集对象。

（6）关闭相关对象。

12.2.4　JDBC 驱动直接访问 Oracle 数据库

在部署好 ojdbc6_g.jar 包后，Java 应用程序就可以访问 Oracle 数据库的内容了，既可以查询 Oracle 数据库的内容（包括数据和元数据），也可以更新数据库的内容。

【例 12-2】 使用 JDBC 方式查询 Oracle 数据库，并显示用户方案 SCOTT 的商品表 GOODS

中商品类别编号为"02"的商品信息。

文件名：JavaToOracle02.java

```java
import java.sql.*;
public class JavaToOracle02
{
    public static void main(String[] args)
    {
        String  strQuery="SELECT  g_ID,t_ID,g_Name,g_Number  FROM  SCOTT.GOODS  WHERE
t_ID='02'";
        Connection conn;
        Statement stat;
        ResultSet rs;
        String gid,tid,gname;
        int gnumber;
        try
        {
            //注册驱动程序
            //Class.forName("sun.jdbc.odbc.JdbcOdbcDriver");
            Class.forName("oracle.jdbc.driver.OracleDriver");
            //获得和Oracle数据库的连接
            //conn=DriverManager.getConnection("jdbc:odbc:MyData","SCOTT","123456");
conn=DriverManager.getConnection("jdbc:oracle:thin:@SD04:1521:EBUY","SCOTT","123456");
            stat=conn.createStatement();
            //向Oracle数据库发送SQL请求
            rs=stat.executeQuery(strQuery);
            //操作结果集对象
            while(rs.next())
            {
                gid=rs.getString(1);
                tid=rs.getString(2);
                gname=rs.getString(3);
                gnumber =rs.getInt(4);
                System.out.println(gid+","+tid+","+gname+","+gnumber);
            }
            //关闭相关对象
            rs.close();
            stat.close();
            conn.close();
        }
        catch(Exception err)
        {
            err.printStackTrace();
        }
    }
}
```

编译、运行JavaToOracle02.java，运行结果如图12-9所示。

图12-9　JavaToOracle02.java运行结果

12.2.5 Java 程序调用 Oracle 存储过程

【例 12-3】 编写 Java 程序，调用 Oracle 数据库中的存储过程 up_GetByID，实现根据商品的编号获得商品的名称和类别编号。

定义存储过程。创建存储过程 up_GetByID，实现根据商品的编号获得商品的名称和类别编号（带 IN 和 OUT 参数）。

```
CREATE OR REPLACE PROCEDURE up_GetByID(gid in VARCHAR2,gname out GOODS.g_Name%TYPE,tid out
GOODS.t_ID%TYPE)
    AS
    BEGIN
      SELECT g_Name,t_ID INTO gname,tid
      FROM SCOTT.Goods
      WHERE g_ID=gid;
    EXCEPTION
      WHEN NO_DATA_FOUND THEN
      gname:=null;
      tid:=null;
END up_GetByID;
```

该存储过程有 3 个参数，即输入参数 gid 和输出参数 gname、tid。这 3 个参数在调用时都需要使用占位符 "？"，调用存储过程的格式如下：

```
{CALL SCOTT. up_GetByID (?,?,?)}
```

输入参数通过 setX 方法设置，输出参数通过 registerOutParameter 方法设置，最终通过 executeUpdate 方法实现存储过程的调用,存储过程的输出参数通过 CallableStatement 对象的 getX 方法获得。

文件名：JavaToOracle3.java

```
import java.sql.*;
public class JavaToOracle3
{
    public static void main(String args[ ])
    {
        Connection conn;
        CallableStatement stat;
        int rows;
        String gid = "020001";
        String gname,tid;
        try
        {
            //Class.forName("oracle.jdbc.driver.OracleDriver");
//conn=DriverManager.getConnection("jdbc:oracle:thin:@SD04:1521:EBUY","SCOTT","123456");
            //注册驱动程序
            Class.forName("sun.jdbc.odbc.JdbcOdbcDriver");
            //获得和 Oracle 数据库的连接
            conn=DriverManager.getConnection("jdbc:odbc:MyData","SCOTT","123456");
            //调用存储过程并设置占位符
            stat=conn.prepareCall("{CALL SCOTT.up_GetByID(?,?,?)}");
            //设置输入参数
            stat.setString(1,gid);
            //设置输出参数
            stat.registerOutParameter(2,java.sql.Types.VARCHAR);
            stat.registerOutParameter(3,java.sql.Types.VARCHAR);
            rows=stat.executeUpdate();
            if(rows>0)
            {
                //获得输出参数
                gname= stat.getString(2);
                tid=stat.getString(3);
```

```
        System.out.println("商品编号为"+gid);
        System.out.println("商品名称:"+gname+"-"+"商品类别编号:"+tid);
      }
      conn.close();
    }
    catch(Exception err)
    {
      err.printStackTrace();
    }
  }
}
```

编译、运行 JavaToOracle3.java，运行结果如图 12-10 所示。

图 12-10　JavaToOracle03.java 运行结果

12.3　课堂案例 2——.NET 平台 Oracle 数据库程序开发

【案例学习目标】学习使用.NET 平台连接 Oracle 数据库、访问 Oracle 数据库、处理 Oracle 数据库数据的方法。

【案例知识要点】　DataGridView 控件绑定连接 Oracle 数据库、ODBC 方式访问 Oracle 数据库、OLE DB 方式访问 Oracle 数据库、OracleClient 方式访问 Oracle 数据库、.NET 平台调用 Oracle 存储过程。

【案例完成步骤】

12.3.1　ADO.NET 简介

1．ADO.NET 概述

ADO.NET 提供对 Microsoft SQL Server 等数据源以及通过 OLE DB 和 XML 公开的数据源的一致访问。数据共享使用者应用程序可以使用 ADO.NET 来连接到这些数据源，并检索、操作和更新数据。ADO.NET 包含用于连接到数据库、执行命令和检索结果的.NET Framework 数据提供程序，我们可以直接处理检索到的结果，或将其放入 ADO.NET DataSet 对象，以便与来自多个源的数据或在层之间进行远程处理的数据组合在一起，以特殊方式向用户公开。ADO.NET DataSet 对象也可以独立于.NET Framework 数据提供程序使用，以管理应用程序本地的数据或源自 XML 的数据。

ADO.NET 是重要的应用程序接口，用于在 Microsoft .NET 平台中提供数据访问服务。在 ADO.NET 中，可以使用新的.NET Framework 数据提供程序来访问数据源，这些数据提供程序可以满足各种开发要求。这些数据提供程序主要包括以下几种：

（1）SQL Server .NET Framework 数据提供程序；

（2）OLE DB .NET Framework 数据提供程序；

（3）ODBC .NET Framework 数据提供程序；

（4）Oracle .NET Framework 数据提供程序。

ADO.NET 提供了多种数据访问方法，如果在 Web 应用程序或 XML Web 服务中需要访问多个数据源中的数据，或者需要与其他应用程序（包括本地和远程应用程序）进行互操作，这时可以使用数据集（DataSet）。如果要直接进行数据库的操作，例如运行查询和存储过程、创建数据库对象、使用 DDL 命令直接更新和删除等，这时可以使用数据命令（如 sqlCommand）和数据读取器（如 sqlDataReader）以便与数据源直接通信。

2．ADO.NET 结构

设计 ADO.NET 组件的目的是为了将数据访问从数据操作中分离出来。ADO.NET 的两个核心组件 DataSet 和.NET Framework 数据提供程序会完成此任务，后者是一组包括 Connection、Command、DataReader 和 DataAdapter 对象在内的组件。

ADO.NET DataSet 是 ADO.NET 的断开式结构的核心组件。DataSet 的设计目的是为了实现独立于任何数据源的数据访问，因此，它可以用于多种不同的数据源，可以用于 XML 数据，也可以用于管理应用程序本地的数据。DataSet 包含一个或多个 DataTable 对象的集合，这些对象由数据行和数据列、主键、外键、约束以及有关 DataTable 对象中数据的关系信息组成。

ADO.NET 结构的另一个核心元素是.NET Framework 数据提供程序，其组件的设计目的是为了实现数据操作和对数据的快速、只进、只读访问。Connection 对象提供与数据源的连接，使我们能够访问用于返回数据、修改数据、运行存储过程以及发送或检索参数信息的数据库命令；DataReader 从数据源中提供高性能的数据流；最后，DataAdapter 提供连接 DataSet 对象和数据源的桥梁。DataAdapter 使用 Command 对象在数据源中执行 SQL 命令，以便将数据加载到 DataSet 中，并使对 DataSet 中数据的更改与数据源保持一致。ADO.NET 结构如图 12-11 所示。

ADO.NET 允许以 SQL Server、OLE DB 和 ODBC 这 3 种不同的方式访问数据库。由于不同的访问方式对数据库的操作有所差异，访问类需要指明是针对哪种数据库访问方式，它们之间有一个重要的区别就是这些类都有类似于 Sql、OldDb 或 Odbc 的前缀。

Sql 前缀表示该组类只用于访问 MS SQL Server 7.0 或更高版本的 SQL Server 数据库；OleDb 前缀表示该组类用于访问 OLE DB 数据库，如 Oracle、Access 等；而 Odbc 前缀则表示以 ODBC 方式访问支持 ODBC 的数据库，但 ODBC 方式访问数据库的速度要慢于前两种方式。

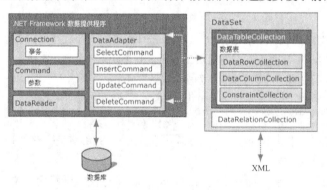

图 12-11　ADO.NET 体系结构

另外，ADO.NET 针对 Oracle 也特别推出了以 Oracle 为前缀的系列类，用户需要在项目中引入 System.Data.OracleClient.dll 引用，并使用添加名称空间命令：

```
using System.Data.OracleClient;
```

使用 SQL Server、OLE DB 和 ODBC 方式访问数据库时，并不需要特别添加对动态链接库的引用，只需要分别引入名称空间"System.Data.SqlClient"、"System.Data.OleDbClient"或"System.Data.Odbc"即可。

12.3.2 ADO.NET 对象

1．数据连接类

数据连接类用于建立与特定数据源的连接。所有连接类对象的基类均为 DbConnection 类。

（1）构造连接类对象。构造连接类对象的格式为

```
OleDbConnection conn = new OleDbConnection(连接字符串);
OracleConnection conn = new OracleConnection(连接字符串);
OdbcConnection conn = new OdbcConnection(连接字符串);
```

其中，连接字符串参数为 string 类型。不同的数据库访问方式，连接字符串的表示有所不同，使用 OLE DB 方式访问 Oracle 数据库的连接字符串形如：

```
Provider=OraOLEDB.Oracle;Data Source=EBUY;User ID=SCOTT;Password=123456
```

使用 OracleClient 方式访问 Oracle 数据库的连接字符串形如：

```
Data Source=EBUY;User ID=SCOTT;Password=123456
```

使用 ODBC 方式访问 Oracle 数据库的连接字符串形如：

```
DSN=MyData;UID=SCOTT;PWD=123456
```

其中，Provider 用于指定提供器的名称，Data Source 和 DSN 用于指定数据源，User ID 和 UID 表示登录 Oracle 数据库的合法用户名，Password 和 PWD 表示登录口令。

（2）连接类的常用方法。构造数据连接类对象后，需要显式调用 Open()方法打开连接，调用格式为

```
conn.Open();
```

对数据库访问完毕后，需要显式调用 Close()方法及时关闭数据库连接，调用格式为

```
conn.Close();
```

但也有一个例外，当使用数据适配器类的 Fill()方法或 Update()方法操作数据库时，不需要显式调用 Open()方法打开连接，ADO.NET 会自动打开连接，操作完成后会自动关闭连接。

（3）State 属性。连接类的 State 属性标识连接对象的当前连接状态，当值为 Open 时，表示连接已经打开；当值为 Closed 时，表示连接已经关闭。可以通过对 State 属性的判别来识别当前的连接状态。

2．命令类

命令类用于对数据源执行命令。公开 Parameters，并且可以通过连接类对象在事务的范围内执行。所有命令类对象的基类均为 DbCommand 类。

（1）构造命令类对象。构造命令类对象的格式如下：

```
OleDbCommand comm = new OleDbCommand(命令文本,连接对象);
OracleCommand comm = new OracleCommand(命令文本,连接对象);
OdbcCommand comm = new OdbcCommand(命令文本,连接对象);
```

其中，命令文本参数为 string 类型，它既可以是一个 SQL 语句，也可以是一个存储过程名。连接对象参数表示连接对象。

（2）命令类的常用方法。命令类的 ExecuteReader()方法用于将命令文本发送到数据连接类对象，并生成一个数据读取器类对象，它多用于执行数据查询命令。

```
OleDbDataReader dr = comm.ExecuteReader();
OracleDataReader dr = comm.ExecuteReader();
OdbcDataReader dr = comm.ExecuteReader();
```

命令类的 ExecuteNonQuery()方法针对数据连接类对象执行 SQL 语句，并返回受影响的行数，它多用于执行数据更新命令。

```
int rows = comm.ExecuteNonQuery();
```

（3）Parameters 属性。命令类的 Parameters 属性用于获取或设置命令文本中的参数。为命令对象的命令文本设置占位符后，通过 Parameters 属性可以为占位符填充值。可以通过两种方式

填充占位符的值。

方式一:

```
comm.Parameters.Add(参数名称,数据类型,长度).Value = 值;
```

方式二:

```
OleDbParameter param = new OleDbParameter(参数名称,数据类型,长度);
// 或 OracleParameter param = new OracleParameter (参数名称,数据类型,长度);
// 或 OdbcParameter param = new OdbcParameter (参数名称,数据类型,长度);
comm.Parameters.Add(param);
```

3．数据读取器类

（1）填充数据行。数据读取器类用于从数据源中读取只进且只读的数据流。所有数据读取器类对象的基类均为 DbDataReader 类。填充数据读取器对象的格式如下所示:

```
OleDbDataReader dr = comm.ExecuteReader();
OracleDataReader dr = comm.ExecuteReader();
OdbcDataReader dr = comm.ExecuteReader();
```

（2）数据读取器类的常用方法。数据读取器类的 Read()方法使数据指针向前移动一条记录，返回类型为 bool，如果返回值为 false，则表示数据读取器中没有数据行。Read()方法通常用于循环读取数据表的数据记录。

```
while(dr.Read())
{
    //依次处理每一条数据记录
}
```

Close()方法用于关闭数据读取器对象，以释放其占有的资源。

（3）数据读取器类的常用属性。数据读取器类的 HasRow 属性用于获取对象中是否包含了数据行，为 bool 类型；FieldCount 属性用于获取当前数据行的列数；IsClosed 属性指示当前数据读取器是否已经关闭。

4．数据适配器类

数据适配器类使用数据源填充 DataSet 并解析更新。所有数据适配器类对象的基类均为 DbDataAdapter 类。

（1）构造数据适配器对象。构造数据适配器对象的格式如下:

```
OleDbDataAdapter da = new OleDbDataAdapter(命令文本, 连接对象);
OracleDataAdapter da = new OracleDataAdapter (命令文本, 连接对象);
OdbcDataAdapter da = new OdbcDataAdapter (命令文本, 连接对象);
```

需要注意的是，按上述方式成功构造数据适配器对象后，就可以使用它填充数据集对象，而无需显式调用连接对象的 Open()方法了。

（2）数据适配器类的常用方法。数据适配器类的 Fill()方法用于填充数据集，并返回填充的行数，其使用格式为

```
da.Fill(数据集对象,表名);
```

Update()方法用于更新数据表，并返回受影响的行数，其使用格式为

```
da.Update(数据集,表名);
```

使用 Fill()方法填充数据集后，.NET 应用程序和数据库的连接立即被断开，除非需要提交新的查询。使用 Update()方法更新数据集，并将数据集同步更新到数据库中，同时也断开与数据库的连接。这种即时断开与数据库连接的方式也正是 ADO.NET 最大的优势所在，即无连接体系特点。

（3）数据适配器类的常用属性。数据适配器类的 SelectCommand 属性用于设置或获取 SQL 语句或存储过程，以从数据源中查询数据记录；InsertCommand 属性用于设置或获取 SQL 语句或存储过程，以向数据源中插入数据记录；UpdateCommand 属性用于设置或获取 SQL 语句或

存储过程，以更新数据源中的数据记录；DeleteCommand 属性用于设置或获取 SQL 语句或存储过程，以删除数据源中的数据记录。

5．数据集类

数据集类是 ADO.NET 中一种最常用的数据存储类，它的实例存储数据库中的信息在本地内存中的复制，可以修改这个本地复制，并通过数据适配器在数据集与数据库之间同步这些改变。

数据集类 DataSet 位于 System.Data 名称空间，数据集对象可以表示数据表、行和列等数据结构，也可以表示 XML 数据。

Tables 属性是数据集类的常用属性，表示数据集中表的集合。一个数据集对象可以由若干个数据表对象组成，并通过索引运算。

12.3.3　DataGridView 控件绑定 Oracle 数据库数据源

【**案例学习目标**】学习在.NET 环境中实现数据控件与 Oracle 数据源的绑定并显示数据。

【**案例知识要点**】DataGridView 控件、Oracle 数据源的创建。

【**案例完成步骤**】

在 DataGridView 控件中绑定显示用户方案 SCOTT 中商品表 GOODS 的所有信息的步骤如下所示。

（1）在 Visual Studio .NET 2005 下新建解决方案 NetToOracle01，并在该解决方案中新建 C#类型的 Windows 应用程序，项目名称为"NetToOracle01"。

（2）从工具箱的数据项中将一个 DataGridView 控件拖曳到 Form1 窗体中，从弹出的"DataGridView 任务"对话框中的"选择数据源"下拉框内选择"添加项目数据"，如图 12-12 所示。

（3）打开"数据源配置向导"对话框，如图 12-13 所示。

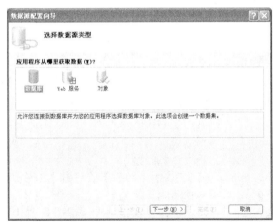

图 12-12　"DataGridView 任务"对话框　　图 12-13　"数据源配置向导"对话框

（4）选择数据源类型为"数据库"，单击"下一步"按钮，打开图 12-14 所示的选择数据连接对话框。

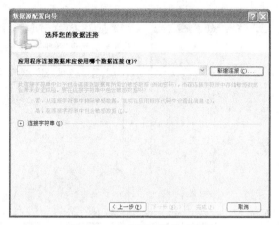

图 12-14　选择数据连接对话框

（5）在第一次连接 Oracle 数据源时，单击"新建连接"按钮，打开"选择数据源"对话框，创建新的 Oracle 连接，如图 12-15 所示。默认的数据源是 Microsoft SQL Server 数据源，将其更改为"Oracle 数据库"。

（6）单击"继续"按钮，打开"添加连接"对话框，如图 12-16 所示。

设置服务器名为 EBUY，用户名和密码分别为"scott"和"123456"。单击"测试连接"按钮，测试与 Oracle 数据库服务器 EBUY 的连接是否成功，如果连接成功，将打开"测试连接成功"的对话框。

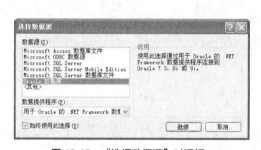

图 12-15　"选择数据源"对话框

图 12-16　"添加连接"对话框

（7）单击"确定"按钮后，将再次打开选择数据连接对话框，出现刚刚创建的数据连接，选择"是，在连接字符串中包含敏感数据"，展开连接字符串，可以看到其内容为"Data Source=EBUY；User ID=SCOTT；Password=123456；Unicode=True"，其中包含有登录口令等敏感数据，如图 12-17 所示。

（8）单击"下一步"按钮，打开"将连接字符串保存到应用程序配置文件中"对话框，如图 12-18 所示。

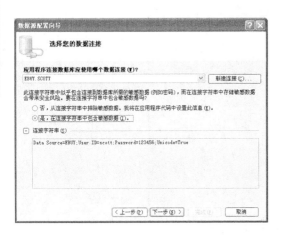

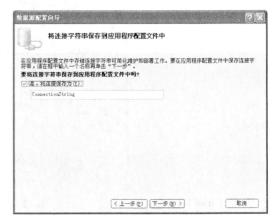

图 12-17   设置连接字符串形式   图 12-18   保存连接字符串

（9）单击"下一步"按钮，打开"选择数据库对象"对话框，选择需要在 DataGridView 控件会显示的数据表及其列（这里选择商品表 GOODS 的所有列），如图 12-19 所示。

（10）单击"完成"按钮，完成数据源的绑定操作。按 F5 键启动应用程序，打开 NetToOracle01 应用程序窗口，如图 12-20 所示。在该窗口中，DataGridView 控件会显示商品表 GOODS 中所有商品的信息。

　　　　在.NET 中使用绑定方式连接 Oracle 数据库时，.NET 应用程序与 Oracle 数据库服务器的连接由 ADO.NET 自动管理，甚至填充数据集等操作也由 ADO.NET 自动完成。绑定方式对于快速构建.NET 应用是非常方便的，但在应用的灵活性上存在很大的不足。

图 12-19   "选择数据库对象"对话框   图 12-20   NetToOracle01 运行结果

12.3.4   ODBC 方式访问 Oracle 数据库

使用 ODBC 方式连接 Oracle 数据库之前，首先需要创建基于 Oracle 的 ODBC 数据源，其过程如 12.2 节中所示，然后通过 OdbcConnection 连接对象建立与 Oracle 数据库的连接，并通过 OdbcCommand 命令对象向 Oracle 数据库发送 SQL 查询语句，最后使用 OdbcDataReader 数据读取器对象保存返回的数据记录，并以逐条访问的方式处理数据表中的每一条数据记录。

【**例 12-4**】 使用 ODBC 方式访问 Oracle 数据库，并在控制台输出用户方案 SCOTT 中商品表 GOODS 的所有信息。

（1）创建名称为 NetToOracle02 的控制台项目。

（2）编写连接 Oracle 数据库的数据库程序（C#），完整代码如下：

```csharp
using System;
using System.Collections.Generic;
using System.Text;
using System.Data.Odbc;          //引入 ODBC 访问 Oracle 方式所用的名称空间
namespace NetToOracle02
{
    class Program
    {
        static void Main(string[] args)
        {
            OdbcConnection conn = null;       //数据连接对象
            OdbcCommand comm = null;          //数据命令对象
            OdbcDataReader dr = null;         //数据读取器对象
            String gid, tid, gname;
            int gnumber;
            try
            {
                //建立和 Oracle 数据库的连接
                conn = new OdbcConnection("DSN=MyData;UID=SCOTT;PWD=123456");
                //向 Oracle 数据库发送 SQL 语句
                comm = new OdbcCommand("SELECT * FROM SCOTT.GOODS", conn);
                //打开 Oracle 数据库连接
                conn.Open();
                //获取提交 SQL 语句返回的结果
                dr = comm.ExecuteReader();
                System.Console.WriteLine("商品编号\t商品类别编号\t商品名称\t商品数量");
                System.Console.WriteLine("---------------------------------------------");
                while (dr.Read())
                {//逐条处理数据记录
                    gid = dr.GetString(0).Trim();
                    tid = dr.GetString(1).Trim();
                    gname = dr.GetString(2).Trim();
                    gnumber=dr.GetInt16(3);
                    System.Console.WriteLine(gid + "\t" + tid + "\t" + gname + "\t" + gnumber);
                }
                Console.ReadLine();
                //关闭数据库连接
                conn.Close();
            }
            catch (Exception err)
            {
                System.Console.WriteLine(err.ToString());
            }
        }
    }
}
```

（3）程序编译成功后，运行该项目，运行结果如图 12-21 所示。

图 12-21 【例 12-4】运行结果

12.3.5 OLE DB 方式访问 Oracle 数据库

使用 OLE DB 方式访问 Oracle 数据库时，需要引入名称空间 System.Data.OleDb，并且数据连接类、数据命令类和数据读取器类均以 OleDb 为前缀。

【例 12-5】 使用 OLE DB 方式访问 Oracle 数据库，并在控制台输出用户方案 SCOTT 中商品表 GOODS 的所有信息。

（1）创建名称为 NetToOracle02 的控制台项目。

（2）编写连接 Oracle 数据库的数据库程序（C#）。与 ODBC 访问 Oracle 数据库不同的代码如下所示（请注意粗体部分）。

```csharp
using System;
using System.Collections.Generic;
using System.Text;
//using System.Data.Odbc;          //引入 ODBC 访问 Oracle 方式所用的名称空间
using System.Data.OleDb;          //引入 OLE DB 访问 Oracle 方式所用的名称空间
namespace NetToOracle02
{
    class Program
    {
        static void Main(string[] args)
        {
            //OdbcConnection conn = null;    //数据连接对象
            //OdbcCommand comm = null;       //数据命令对象
            //OdbcDataReader dr = null;      //数据读取器对象
            OleDbConnection conn = null;    //数据连接对象
            OleDbCommand comm = null;       //数据命令对象
            OleDbDataReader dr = null;      //数据读取器对象
            String gid, tid, gname;
            int gnumber;
            try
            {
                //建立和 Oracle 数据库的连接
                //conn = new OdbcConnection("DSN=MyData;UID=SCOTT;PWD=123456");
                conn = new OleDbConnection("Provider=OraOLEDB.Oracle;Data Source=EBUY;User ID=SCOTT;Password=123456");
                //向 Oracle 数据库发送 SQL 语句
                // comm = new OdbcCommand("SELECT * FROM SCOTT.GOODS", conn);
                comm = new OleDbCommand("SELECT * FROM SCOTT.GOODS", conn);
                //打开 Oracle 数据库连接
                conn.Open();
                //获取提交 SQL 语句返回的结果
```

```
        dr = comm.ExecuteReader();
        System.Console.WriteLine("商品编号\t商品类别编号\t商品名称\t商品数量");
        System.Console.WriteLine("-------------------------------------------");
        while (dr.Read())
        {//逐条处理数据记录
            gid = dr.GetString(0).Trim();
            tid = dr.GetString(1).Trim();
            gname = dr.GetString(2).Trim();
            gnumber=dr.GetInt16(3);
            System.Console.WriteLine(gid + "\t" + tid + "\t" + gname + "\t" + gnumber);
        }
        Console.ReadLine();
        //关闭数据库连接
        conn.Close();
    }
    catch (Exception err)
    {
        System.Console.WriteLine(err.ToString());
    }
    }
}

}
```

（3）程序编译成功后，运行该项目，运行结果如图 12-21 所示。

12.3.6　OracleClient 方式访问 Oracle 数据库

使用 OracleClient 方式访问 Oracle 数据库时，需要引入名称空间 System.Data.OracleClient，并添加对 System.Data.OracleClient.dll 的引用。以 OracleClient 方式访问 Oracle 数据库时，数据连接类、数据命令类和数据读取器类均以 Oracle 为前缀。

【例 12-6】　使用 OracleClient 方式访问 Oracle 数据库，并在控制台输出用户方案 SCOTT 中商品表 GOODS 的所有信息。

（1）创建名称为 NetToOracle02 的控制台项目。

（2）添加对动态链接库 System.Data.Oracle Client.dll 的本地引用。

依次选择"项目"→"添加引用"菜单，打开"添加引用"对话框，选择 System.Data.OracleClient.dll 后单击"确定"按钮，如图 12-22 所示。

图 12-22　"添加引用"对话框

（3）编写连接 Oracle 数据库的数据库程序（C#）。与 ODBC 访问 Oracle 数据库不同的代码如下所示（请注意粗体部分）。

```
using System;
using System.Collections.Generic;
using System.Text;
//using System.Data.Odbc;          //引入 ODBC 访问 Oracle 方式所用的名称空间
using System.Data.OracleClient;    //引入 OracleClient 访问 Oracle 方式所用的名称空间
namespace NetToOracle02
{
    class Program
    {
        static void Main(string[] args)
        {
            //OdbcConnection conn = null;    //数据连接对象
            //OdbcCommand comm = null;       //数据命令对象
            //OdbcDataReader dr = null;      //数据读取器对象
            OracleConnection conn = null;    //数据连接对象
            OracleCommand comm = null;       //数据命令对象
            OracleDataReader dr = null;      //数据读取器对象
            String gid, tid, gname;
            int gnumber;
            try
            {
                //建立和 Oracle 数据库的连接
                //conn = new OdbcConnection("DSN=MyData;UID=SCOTT;PWD=123456");
                conn = new OracleConnection("Data Source=EBUY;User ID=SCOTT; Password= 123456");
                //向 Oracle 数据库发送 SQL 语句
                // comm = new OdbcCommand("SELECT * FROM SCOTT.GOODS", conn);
                comm = new OracleCommand("SELECT * FROM SCOTT.GOODS", conn);
                //打开 Oracle 数据库连接
                conn.Open();

                //获取提交 SQL 语句返回的结果
                dr = comm.ExecuteReader();
                System.Console.WriteLine("商品编号\t 商品类别编号\t 商品名称\t 商品数量");
                System.Console.WriteLine("------------------------------------------------");
                while (dr.Read())
                {//逐条处理数据记录
                    gid = dr.GetString(0).Trim();
                    tid = dr.GetString(1).Trim();
                    gname = dr.GetString(2).Trim();
                    gnumber=dr.GetInt16(3);
                    System.Console.WriteLine(gid + "\t" + tid + "\t" + gname + "\t" + gnumber);
                }
                Console.ReadLine();
                //关闭数据库连接
                conn.Close();
            }
            catch (Exception err)
            {
                System.Console.WriteLine(err.ToString());
            }
        }
    }
}
```

（4）程序编译成功后，运行该项目，运行结果如图 12-21 所示。

12.3.7　C#.NET 程序调用 Oracle 存储过程

Oracle 存储过程经编译后存储在服务器上，在调用存储过程时，虽然存储过程内包含一系列的 SQL 语句，但整个调用过程只当作一条语句处理，有效地降低了客户端和服务器之间的网络流量，大大提高了应用程序的处理效率。通过 ADO.NET 调用 Oracle 存储过程和提交普通 SQL

请求大致相同，只是需要为存储过程的参数设置输入/输出类型，但不需要为存储过程调用显式指定占位符。

【例 12-7】　调用第 7 章例 3-5 中的存储过程 SCOTT.UP_GETBYID，根据商品编号获得商品的名称和类别编号。

（1）新建名称为 OracleDemo03 的控制台项目。

（2）编写存储过程 up_GetByID（同 12.2.5 节）。

（3）编写.NET 程序中调用 Oracle 存储过程的程序（C#），程序代码如下所示。

```csharp
using System;
using System.Collections.Generic;
using System.Text;
using System.Data.OracleClient;//引入 OracleClient 访问 Oracle 方式所用的名称空间
using System.Data;
namespace NetToOracle03
{
    class Program
    {
        static void Main(string[] args)
        {
            OracleConnection conn = null;        //数据连接对象
            OracleCommand comm = null;           //数据命令对象
            try
            {
                //建立和 Oracle 数据库的连接
                conn = new OracleConnection("Data Source=EBUY;User ID=SCOTT;Password=123456");
                comm = new OracleCommand();
                //指定命令的连接对象
                comm.Connection = conn;
                //指定命令类型为执行存储过程
                comm.CommandType =CommandType.StoredProcedure;
                //指定命令文本为存储过程的名称
                comm.CommandText = "SCOTT.UP_GETBYID";
                //定义存储过程的参数
                OracleParameter param1 = new OracleParameter("gid",OracleType.Char, 10);
                OracleParameter param2 = new OracleParameter("gname",OracleType.VarChar, 500);
                OracleParameter param3 = new OracleParameter("tid", OracleType.VarChar, 500);
                //设置存储过程参数的输入/输出类型
                param1.Direction = ParameterDirection.Input;
                param2.Direction = ParameterDirection.Output;
                param3.Direction = ParameterDirection.Output;
                //指定存储过程输入/输出参数的值
                param1.Value = "020001";
                param2.Value = null;
                param3.Value = null;
                //将存储过程参数填充到数据命令的占位符
                comm.Parameters.Add(param1);
                comm.Parameters.Add(param2);
                comm.Parameters.Add(param3);
                //打开 Oracle 数据库连接
                conn.Open();
                //获取调用存储过程返回的结果
                int rows = comm.ExecuteNonQuery();
                System.Console.WriteLine("商品编号\t 商品名称\t 商品价格");
                System.Console.WriteLine("----------------------------------------------");
                if (rows > 0)
                {
```

```
              System.Console.WriteLine(param1.Value + "\t" + param2.Value + "\t" +
param3.Value);
            }
            Console.ReadLine();
            //关闭数据库连接
            conn.Close();
        }
        catch (Exception err)
        {
            System.Console.WriteLine(err.ToString());
        }
    }
  }
}
```

（4）程序编译成功后，运行该项目，运行结果如图 12-23 所示。

图 12-23　【例 12-7】运行结果

通过对本例的分析，可以得到在.NET 程序中调用 Oracle 存储过程的大致步骤。

（1）建立与 Oracle 数据库的连接。

（2）构造数据命令对象（包括指定连接对象、设置命令文本和指定存储过程名称）。

（3）定义存储过程的参数（包括设置参数的名称、数据类型、长度和值，设置参数的输入/输出类型）。

（4）填充参数到数据命令对象。

（5）打开连接。

（6）调用存储过程。

（7）处理输出参数。

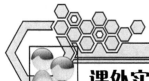

课外实践

【任务 1】

编写显示 BookData 数据库借阅表中信息的 Java 程序 Borrow.java，并编译执行该程序。

【任务 2】

编写访问 BookData 数据库 ReaderInfo 表中信息的 WebForm 应用程序，并编译执行该程序。

思考与练习

一、填空题

1. 在 3 层或多层系统中_____可以实现数据库的存取及应用程序的商业逻辑计算功能。

2. 在 JDBC 的 API 中 Statement 接口提供了 3 种执行 SQL 语句的方法，其中用于产生单个结果集的方法是_____。

3. 在 ADO.NET 中使用_____方法，表示要对 Oracle 数据库执行的一个存储过程。

二、选择题

1. JDBC API 中用来获取结果集的对象是_____。

A. Connection　　　　B. Statement　　　　C. ResultSet　　　　D. DriverManager

2. 下面关于 B/S 模式描述错误的是_____。

A. B/S 是建立在 Internet 之上的

B. B/S 一般面向相对固定的用户群，对信息安全的控制能力很强

C. B/S 一般采用多重结构，要求构件相对独立的功能

D. B/S 属于胖客户型

3. 在.NET 平台中，如果要使用 ODBC 数据源的方式访问 Oracle 数据库，应使用的连接类是_____。

A. OdbcConnection　　　　　　　B. OledbConnection

C. OracleClientConnection　　　　　D. SqlConnection

4. 在 ADO.NET 中，_____对象提供连接 DataSet 对象和数据源的桥梁。

A. DataAdapter　　　　　　　　　B. DataTable

C. DataReader　　　　　　　　　　D. Connection

5. 下面关于 ADO.NET 中 DataSet 对象的描述错误的是_____。

A. DataSet 表示数据在内存中的缓存

B. DataSet 是 ADO.NET 结构的主要组件

C. DataSet 是从数据源中检索到的数据在内存中的缓存

D. 对 DataSet 操作就是对数据库的操作

三、简答题

1. 举例说明多层架构应用系统中各层次的功能。

2. 简要说明在 Java 程序中访问 Oracle 数据库的一般步骤。

3. 简要说明在 C#.NET 程序中访问 Oracle 数据库的一般步骤。

附录
综合实训

一、实训目的

1．知识目标

通过综合实训进一步巩固、深化和扩展大家的 Oracle 11g 数据库管理和开发的基本知识和技能。

（1）熟练掌握 Oracle 11g 数据库的操作；

（2）熟练掌握 Oracle 11g 表的操作；

（3）熟练掌握 Oracle 11g 视图的操作和应用；

（4）掌握 Oracle 11g 索引的操作；

（5）熟练掌握 PL/SQL 编程技术和 Oracle 11g 存储过程的操作和使用；

（6）熟练掌握 Oracle 11g 触发器的操作和应用；

（7）掌握 Oracle 11g 数据安全性操作；

（8）熟练掌握 Oracle 11g 数据管理操作；

（9）了解 Oracle 11g 数据库程序开发技术。

2．能力目标

培养学生运用所学的知识和技能解决 Oracle 11g 数据库管理和开发过程中所遇到的实际问题的能力、掌握基本的 SQL 脚本编写规范、养成良好的数据库操作习惯。

（1）培养学生通过各种媒体搜集资料、阅读资料和利用资料的能力；

（2）培养学生基本的数据库应用能力；

（3）培养学生基本的编程逻辑思想；

（4）培养学生通过各种媒体进行自主学习的能力。

3．素质目标

培养学生理论联系实际的工作作风、严肃认真的工作态度以及独立工作的能力；

（1）培养学生观察问题、思考问题、分析问题和解决问题的综合能力；

（2）培养学生的团队协作精神和创新精神；

（3）培养学生学习的主动性和创造性。

二、实训内容

StudentMis 教务管理系统是用来实现学生学籍的管理、学生成绩的管理、课程的管理、学生选课管理等功能的信息系统。该系统采用 Oracle 11g 为关系型数据库管理系统，该系统主要满足来自 3 方面的需求，这 3 个方面分别是学生、教务管理人员和系统管理员。

学生：

● 注册入学；

● 选择每学期学习的课程；

● 查询每学期课程考试成绩。

教务管理人员：

● 管理学生学籍信息异动；

● 管理学生选课信息；

● 管理每学期课程考试成绩。

系统管理员：

● 管理系统用户；

● 管理课程；

● 管理部门；

● 管理专业；

● 管理班级。

作为一个数据库管理员或数据库程序开发人员，需要从以下几个方面完成数据库的管理操作。

（一）数据库对象的管理

1. 数据库

数据库实例名称：Student。

2. 表

创建 Student 数据库中的所有表（参考结构见表 A-1 至表 A-7）。添加样本数据到所创建的表中（根据自己学校和班级情况自行设计数据）。

（1）学生信息表。学生信息表的参考结构如表 A-1 所示。

表 A-1　　　　　　　　　　　　　　学生信息表参考结构

学号	姓名	性别	身份证号	班级编号	籍贯	学籍	出生年月	民族编号
200503100101	苑俊芳	女	430725198603022535	2005031001	湖南省	在籍	1982-5-18	04
…	…	…	…	…	…	…	…	

● 籍贯：包括我国所有的省、直辖市和自治区。

● 学籍：包括在籍、未注册、转出、休学、退学、开除和毕业。

● 民族：我国 56 个民族。

● 也可以通过籍贯表、学籍表和民族表来存放籍贯、学籍和民族信息。

（2）课程信息表。课程信息表的参考结构如表 A-2 所示。

表A-2 　　　　　　　　　　　课程信息表参考结构

课程编号	课程名称	专业编号	学　分	总　课　时	课程类型	授课形式编号
031007	软件工程	0310	4	60	01	01
…	…	…	…	…	…	…

- 课程类型：包括必修课、限选课和任选课。
- 授课形式：包括讲授、实训、实习、课程设计、毕业设计、毕业实习、电化教学、多媒体教学、体育、理论实践一体化、顶岗实习、社会实践、入学教育、军训和劳动等。

（3）专业信息表。专业信息表的参考结构如表A-3所示。

表A-3 　　　　　　　　　　　专业信息表参考结构

专业编号	专业名称	专业负责人	联系电话	学　制	部门编号	开设年份
0310	软件技术	刘志成	8208290	3	03	2003
…	…	…	…	…	…	…

（4）部门信息表。部门信息表的参考结构如表A-4所示。

表A-4 　　　　　　　　　　　部门信息表参考结构

部门编号	部门名称	部门负责人	联系电话
03	信息工程系	彭勇	2783857
…	…	…	…

（5）班级信息表。班级信息表的参考结构如表A-5所示。

表A-5 　　　　　　　　　　　班级信息表参考结构

班级编号	班级名称	部门编号	专业编号
2005031001	软件051	03	0310
…	…	…	…

（6）学生成绩表。学生成绩表的参考结构如表A-6所示。

表A-6 　　　　　　　　　　　学生成绩表参考结构

学　号	课程编号	正考成绩	补考成绩	重修成绩
200503100101	031007	87	0	0
…	…	…	…	…

（7）管理员信息表。管理员信息表的参考结构如表A-7所示。

表A-7 　　　　　　　　　　　管理员信息表参考结构

用户ID	用户名	密码	用户类型	启用日期
1	admin	123	系统管理员	2007-2-10
2	A类用户	123	超级用户	2007-2-10
…	…	…	…	…

（8）约束。请参阅第1章教学样例数据库设置各表的约束。

3．视图

（1）创建指定部门的专业信息的视图 vw_Major（专业名称、专业负责人、专业负责人联系电话、所属部门名称、部门负责人、部门负责人联系电话、专业开设年份），参考结构如表A-8所示。

表A-8　　　　　　　　　　　　　　vw_Major 参考结构

专 业 名 称	专业负责人	联 系 电 话	部 门 名 称	部门负责人	联 系 电 话	专业开设年份
软件技术	刘志成	8208290	信息工程系	彭勇	2783857	2003
…	…	…	…	…	…	…

（2）创建学生成绩的视图 vw_Score（学号、姓名、课程编号、课程名称、正考成绩），参考结构如表 A-9 所示。

表A-9　　　　　　　　　　　　　　vw_Score 参考结构

学　　号	姓　　名	课 程 编 号	课 程 名 称	正 考 成 绩
200503100101	苑俊芳	031007	软件工程	87
…	…	…	…	…

4．索引

（1）在学生信息表中创建"学生名称"为关键字的非聚集索引。

（2）在课程信息表中创建"课程名称"为关键字的唯一索引。

（3）在专业信息表中创建"专业名称"为关键字的唯一索引。

（4）在班级信息表中创建"班级名称"为关键字的唯一索引。

5．存储过程

（1）创建根据指定的学号查询学生所有课程成绩信息的存储过程 up_MyScore，并执行该存储过程查询学号为"200503100101"的学生的成绩信息。

（2）创建根据指定的管理员信息实现添加管理员的存储过程 up_AddAdmin，并执行该存储过程，将管理员（8，A 类用户，888，超级用户，2007-10-10）添加到管理员表中。

（3）创建统计每门课程总成绩和平均成绩的存储过程，并将课程总成绩和平均成绩以输出参数形式输出。

（4）执行以上步骤所创建的存储过程。

6．触发器

（1）创建在删除"学生信息表"中的学生信息时，删除"学生成绩表"中该学生信息的触发器 tr_DeleteStudent，并设置删除语句验证该触发器的工作。

（2）创建在修改"部门信息表"中的部门编号时，修改"班级信息表"和"专业信息表"的触发器 tr_UpdateDeptNo，并设置修改语句验证该触发器的工作。

（二）数据库安全策略

（1）创建用户 MyLogin，并将该用户添加到 CONNECT 角色中。

（2）查看用户 MyLogin 的基本信息。

（3）创建数据库角色 MyRole。

（4）为角色 MyRole 添加系统权限。

（5）为角色 MyRole 添加 Student 数据库中表的相关权限。

（6）查看角色 MyRole 的基本信息。

（三）数据查询

（1）查询学生信息表中的所有数据。

（2）查询部门编号"03"，专业负责人为"刘志成"的专业信息并显示汉字标题。

（3）查询所有年龄在 20 岁以下的学生的名称、籍贯和年龄。

（4）查询学生名字中包含有"芳"的学生的详细信息，并要求按年龄升序排列。

（5）查询所有"软件技术"专业的专业编号、专业名称、所属部门名称和部门负责人。

（6）查询每一门课程的平均成绩，并根据平均成绩进行降序排列。

（7）查询学生"苑俊芳"的所有课程的成绩信息。

（8）查询不比"苑俊芳"小的学生的详细信息。。

（9）查询每个班级男女学生的平均年龄，并将结果保存到"t_Age"表中。

（10）查询年龄到 20 岁以上以及班级编号为"2005031001"的学生信息（使用联合查询）。

（四）数据管理

（1）将 Student 数据库中的"学生信息表"的信息导出到 stu.dmp 文件中。

（2）删除 Student 数据库中的"学生信息表"，并通过 stu.dmp 文件导入"学生信息表"的信息。

（五）数据库程序开发

（1）编写根据输入学生的学号查询学生信息的 Win Form 程序。

（2）编写显示所有课程信息的 Java 程序。

提示：

● 教师在实训过程中可以根据实际情况提出具体要求；

● 以上操作要求将参考表中的数据添加到数据库中。

三、实训要求

1．完成方式

（1）要求使用 OEM 和 PL/SQL 语句分别完成实训内容。

（2）将 OEM 的关键过程截图并加以说明保存到 Word 文档中上交。

（3）将完成实训任务的 PL/SQL 语句以 SQL 文件的形式保存（可分成多个文件）上交。

2．实训纪律

课程综合实训是操作性很强的教学环节，针对实训的培养目标和特点，教学的方式和手段可以灵活多样。

（1）要求学生在机房上机的时间不低于 40 学时，并且要求一人一机。学生上机时间可以根据具体情况进行适当增减。

（2）在实训期间的非上机时间，学生应通过各种媒体获取相关资料进行上机准备工作。

（3）实训过程中可以互相讨论，发现问题后找出解决问题的方法，但不允许互相抄袭、复制程序。

四、实训安排

实训内容和时间安排如表 A-10 所示。

表 A-10   实训进程表

序 号	实 训 内 容	课 时
1	（1）创建数据库 （2）创建学生信息表并输入数据 （3）创建课程信息表并输入数据 （4）创建专业信息表并输入数据	4
2	（1）创建部门信息表并输入数据 （2）创建班级信息表并输入数据 （3）创建学生成绩表并输入数据 （4）创建管理员信息表并输入数据 （5）创建表间的关系 （6）添加表中的约束	4
3	（1）创建视图 （2）创建索引	4
4	（1）创建存储过程 （2）使用存储过程	4
5	（1）创建触发器 （2）使用触发器	4
6	（1）进行安全控制 （2）验证安全策略	4
7	实现数据查询	4
8	（1）数据库备份和恢复 （2）数据库的导入和导出	4
9	（1）Win Form 数据库程序开发 （2）Java 数据库程序开发	4
10	（1）学生进行项目演讲 （2）教师评分并对实训情况讲评	4
11	合计	40

- 课程综合实训建议为两周，共 40 课时。教师可以根据实际情况进行调整；表中的"课时"是指机房上机时间。

五、实训考核

1．考核方式

考核方式分为过程考核和终结考核两种形式。过程考核主要考查学生的出勤情况、学习态度和学习能力情况；终结考核主要考查学生综合运用 Oracle 11g 中的 OEM 进行数据管理的能力、编写 PL/SQL 脚本能力、数据库程序开发能力以及文档的书写能力。

2．考核标准

实训的考核标准如表 A-11 所示。

表 A-11　　　　　　　　　　　实训考核表

序　号	考　核　内　容	考 核 比 例
1	实训期间出勤 学习态度 学习能力	10%
2	使用 OEM 和 PL/SQL 管理数据库 使用 PL/SQL 语句管理数据库 PL/SQL 脚本编写规范 进度控制	50%
3	主动发现问题、分析问题和解决问题	10%
4	是否有创新 是否采用优化方案	10%
5	相关文档 实训报告书	10%
6	项目陈述情况 回答问题情况	10%
合计		100%

参考文献

[1] 盖国强. 深入解析 Oracle——DBA 入门、进阶与诊断案例[M]. 北京：人民邮电出版社，2008.

[2] 盖国强. 循序渐进 Oracle——数据库管理、优化与备份恢复[M]. 北京：人民邮电出版社，2007.

[3]（美）Sam R.Alapati. Oracle 10g 数据库管理艺术[M]. 北京：人民邮电出版社，2007.

[4] 路川，胡欣杰. Oracle 11g 宝典[M]. 北京：电子工业出版社，2009.

[5] 吴海波. Oracle 数据库应用与开发实例教程[M]. 北京：电子工业出版社，2007.

[6] 马晓玉，等. Oracle 10g 数据库管理、应用与开发标准教程[M]. 北京：清华大学出版社，2007.

[7] http://www.oracle.com/technology/global/cn/index.html（Oracle 中国公司）.

[8] http://www.cnoug.org/（中国 Oracle 用户组）.

[9] http://www.onlinedatabasevcn/（数据库在线）.

[10] http://www.oraclefan.net/JonsonHuo（Oracle 爱好者之家）.

[11] http://www.chinaitlab.com/（中国 IT 认证实验室）.

[12] http://www.itpub.net/（ITPUB 论坛）.

[13] http://www.oracle.com/Oracle（Oracle 官方站点）.